高等院校创新创业教育规划教材

INNOVATIVE THINKING AND METHODS

创新思维与创新方法

罗玲玲 武青艳 代岩岩 > 主编

机械工业出版社
CHINA MACHINE PRESS

本书以大学生为对象,以创造力开发为目标,运用国内外创造力研究的最新理论,吸收国内外一些大学开设此类课程的成果,并结合作者多年从事教学的实践及最新的研究成果编写而成。全书共分五章:第1章主要介绍创造与创新的基本理论;第2章主要介绍创造性思维训练;第3章主要介绍创造方法;第4章主要介绍发明方法;第5章主要进行创造性解决问题综合训练。

本书既可作为高校创新创业教育或本科相关专业的教材,也可作为广大相关从业人员的辅导用书。

图书在版编目(CIP)数据

创新思维与创新方法 / 罗玲玲,武青艳,代岩岩主编.
—北京:机械工业出版社,2019.6(2024.1重印)
高等院校创新创业教育规划教材
ISBN 978-7-111-63064-7

Ⅰ.①创… Ⅱ.①罗… ②武… ③代… Ⅲ.①创造性思维-高等学校-教材 Ⅳ.①B804.4

中国版本图书馆 CIP 数据核字(2019)第 125808 号

机械工业出版社(北京市百万庄大街22号 邮政编码100037)
策划编辑:裴 泱　　责任编辑:裴 泱 孟晓琳 商红云
责任校对:梁 静　　责任印制:单爱军
北京瑞禾彩色印刷有限公司印刷
2024年1月第1版第7次印刷
184mm×260mm・20.5印张・405千字
标准书号:ISBN 978-7-111-63064-7
定价:54.80元

电话服务　　　　　　　　网络服务
客服电话:010-88361066　　机 工 官 网:www.cmpbook.com
　　　　　010-88379833　　机 工 官 博:weibo.com/cmp1952
　　　　　010-68326294　　金 书 网:www.golden-book.com
封底无防伪标均为盗版　　　机工教育服务网:www.cmpedu.com

前言

创造从何而来？是神赐的，还是少数天才的功劳？经过漫长的历史发展，人类才回身认识自己，发现创造既不是神的旨意，也不是少数天才的功劳，人人都有创造力，人人都可以进行创造。

在人类面临环境问题、资源问题、人口问题的时候，在世界经济、政治、科技竞争日益激烈的今天，世界上每一个国家都期待他的国民发挥出创造力。国际教育界已把21世纪作为"创造教育"的世纪，许多国家都在竭尽全力地培养具有创造精神和创造才能的人才。让我们也跟上时代的步伐，向世人展示中国人的创造才华吧！

本书的宗旨就是给大学生提供一个发展创造力的契机，通过我们的努力，打破束缚创造性人格发展的框框，接通创新思维之源，点亮创造之灯，释放大学生内在的创造激情，让创造能力迸发，让创意破壳而出，带来人生的升华！

全书共分五章，各章既相互独立又彼此联系。

第1章 创造与创新的基本理论

进入21世纪后，"创新"概念的出现频率之高，正是标志着创造和创新已成为当今时代的主题和最强音。近年来，有关创造力的理论研究出现一种汇合取向，吉尔福特综合了创造力的不同视角，寻求学科整合，提出创造力的4P（Person，Product，Process，Press and place）理论。

创造性思维是创造力的核心。本书重点培养思维的发散和逆向思考，体验逻辑的跳跃会有什么效果，从而大胆地迈向创造之路。

第2章 创造性思维训练

思维定式在生活中能够帮助我们快捷地解决很多问题，但是在创造的天空里，思维定式往往会禁锢我们的创造力，陷入陈旧设想和故步自封的思维方式上。创造性思维就是要突破常规和思维定式，从而激发创意。

第3章 创造方法

人人都渴望发挥自己的智慧，去独立思考问题，得出自己的解答，而不是一味地模仿别人。那么，怎样才能更流畅、更灵活、更独特、更有效地完成独立思考的任务呢？本章介绍的一些创造方法将引导大学生提高对问题的敏感性、解决问题的想象力、联想能力和思维变换能力，形成团体合作的良好气氛，走向成功的彼岸。

第4章 发明方法

发明是人类进步的突破口，发明使人类从愚昧走向了文明。发明并不神秘，人人都可以成为发明家。书中讲到的有些发明，就是在校学生的杰作，只要敢于探索，善于动脑，勤于实践，学生也可以以自己的智慧和发明造福于人类。本书所介绍的有关发明的故事和思路分析都将启发读者学会许多发明的方法和技巧。它们就像一把把闪光的金钥匙，为你打开一扇扇发明的大门，进入发明创造的世界。

第5章 创造性解决问题综合训练

本章主要训练学生掌握创造性解决问题的过程规律，培养学生的创意设计能力，即要让学生整合多门学科知识，亲身经历和体验设计活动的全过程，充分发挥想象力，构思出解决问题的各种独特的方案，并且能够进行产业化。在参与创造性解决问题的过程中，增强学生探究的动力，强化学生的科学素养，提高学生的创新能力和实践能力。

本书经过十几位作者的共同努力，终于与读者见面了。大部分作者是东北大学、沈阳建筑大学、沈阳理工大学长年从事创造力研究和技术创新研究与教育实践的教师或研究生，为了使理论研究转化为可供实际应用的教材，大家花费了大量心血，诚愿我们的努力和探索能够得到读者的认可。由于时间紧、任务重，加之经验有限，书中错误在所难免，敬请读者批评指正。

罗玲玲负责全书的整体结构设计，罗玲玲、武青艳修改定稿。具体分工为：第1章由罗玲玲、武青艳、张嵩、刘永睿编写；第2章由罗玲玲、武青艳、张晶、吴夺编写；第3章由武青艳、张嵩、董炀、吴哲、史清华、宫园园编写；第4章由李大鹏、刘永睿、尹照涵编写；第5章由武青艳、代岩岩、吴夺编写。为了让教师在教学中更好地使用本教材，我们还提供了与教材配套的授课PPT，授课PPT的制作主要由武青艳负责。

本书在编写过程中参考了国内外的一些著作、文章和教材，已在参考文献中列出，在此一并向这些作者表示感谢。

编　者

目录

前言

第1章 创造与创新的基本理论

1.1 创造和创造力 002
    1.1.1 创造和创造力的概念 003
    1.1.2 创造力开发的理论 006

1.2 创新的基本理论 012
    1.2.1 广义的创新与专门的创新概念 012
    1.2.2 创新的分类 013
    1.2.3 创新的过程 017
    1.2.4 世界创新的变化 020

1.3 创造性思维的理论 023
    1.3.1 创造性思维的脑神经生理基础 024
    1.3.2 创造性思维的核心——非逻辑思维形式 028
    1.3.3 创造性思维方向 033

第2章 创造性思维训练

2.1 想象训练 046
    2.1.1 感知意象的调动 047
    2.1.2 想象：意象的加工和变化 049
    2.1.3 想象：情感体验和审美 052
    2.1.4 想象：超越时间和空间 054
    2.1.5 想象：探究和建构功能 057

2.2 发散思维训练 060
    2.2.1 向唯一性挑战 060
    2.2.2 向完美挑战 065
    2.2.3 向未来挑战 068

2.3 思维灵活性训练 077
    2.3.1 向概念挑战 077
    2.3.2 向主导观念挑战 080
    2.3.3 向复杂性挑战 082

2.4 批判性思维与逆向思维 086
2.4.1 批判性思维训练 086
2.4.2 逆向思维训练 089
2.4.3 缺点逆用 093

第3章 创造方法

3.1 环境心理方法 100
3.1.1 头脑风暴法 100
3.1.2 水平思考法和六顶思考帽 106
3.1.3 交朋友小组法——弹弓法 110

3.2 发现型创造方法 116
3.2.1 穆勒五法 116
3.2.2 假设——演绎法 124
3.2.3 思想实验方法 127

3.3 联想型创造方法 130
3.3.1 联想的概念 131
3.3.2 自由联想法和强制联想法 133

3.4 类比型创新方法 147
3.4.1 直接类比法 150
3.4.2 亲身类比法 153
3.4.3 幻想类比法 157
3.4.4 符号类比法 158

3.5 系统转化方法 164
3.5.1 感官利用法 164
3.5.2 要素重组法 168
3.5.3 省略替代法 174
3.5.4 感官补偿法 178
3.5.5 侧向移植法和侧向外推法 181

3.6 分析型创造方法 187
3.6.1 5W2H法 187
3.6.2 形态分析法 193
3.6.3 关联分析法——间接注意法 199
3.6.4 系统分析方法 201
3.6.5 穷问法 205

第4章 发明方法

- 4.1 TRIZ：最具代表性的发明方法 210
  - 4.1.1 TRIZ 的形成与发展 211
  - 4.1.2 TRIZ 的理论基础 215
  - 4.1.3 TRIZ 的解题流程与技术思维 220
- 4.2 理想化最终结果（IFR）与资源分析 226
  - 4.2.1 理想化最终结果（IFR） 226
  - 4.2.2 资源分析 230
- 4.3 TRIZ 的 40 个发明措施 235
  - 4.3.1 发明措施简介 236
  - 4.3.2 发明措施的金字塔 239
  - 4.3.3 分类运用的发明措施 241
- 4.4 TRIZ 的矛盾分析 245
  - 4.4.1 管理矛盾、技术矛盾和物理矛盾 245
  - 4.4.2 矛盾的分析 247
  - 4.4.3 解决物理矛盾的分离原理 252

本章附录：消除技术矛盾的 40 个典型发明措施 268

第5章 创造性解决问题综合训练

- 5.1 创造性解决问题的元认知训练 280
  - 5.1.1 创造性解决问题的元认知理论 280
  - 5.1.2 发现问题训练 282
  - 5.1.3 确定问题训练 286
  - 5.1.4 提出解决方案训练 291
  - 5.1.5 评价方案的训练 297
- 5.2 新产品开发中的解题训练 300
  - 5.2.1 创意形成与概念设计 301
  - 5.2.2 新产品功能结构设计与生产 303
  - 5.2.3 新产品市场开发策略 311
  - 5.2.4 知识产权保护 313

参考文献 317

第1章
创造与创新的基本理论

本章关键词：

- 创造
- 创造力
- 创新
- 创造性思维
- 创业

随着新经济时代的到来,特别是进入21世纪以来,人们对创新和创造的关注程度已陡然超过历史上的任何时期。特别是"创新"概念的出现频率之高,体现了创造和创新已成为当今时代的主题和最强音。

1.1 创造和创造力

引导案例

3D 打印技术[一]

3D 打印技术(如图1-1所示)是快速成型技术的一种,它是一种以数字模型文件为基础,运用粉末状金属或塑料等可黏合材料,通过逐层打印的方式来构造物体的技术。该技术在珠宝、鞋类、工业设计、建筑、工程和施工(AEC)、汽车、航空航天、牙科和医疗产业、教育、地理信息系统、土木工程、枪支以及其他领域都有所应用。人们已经使用该技术打印出了灯罩、身体器官、珠宝、根据球员脚型定制的足球靴、赛车零件、固态电池以及为个人定制的手机、小提琴等,有些人甚至使用该技术制造出了机械设备。比如,美国麻省理工学院(MIT)的博士生彼得·施密特就打印出了一个类似于祖父辈使用的钟表的物品。在进行了几次尝试之后,他最终用打印机打印出了塑料钟表,将其挂在墙上,结果,钟表开始嘀嗒嘀嗒地走动起来。

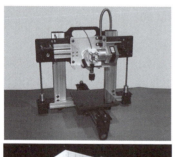
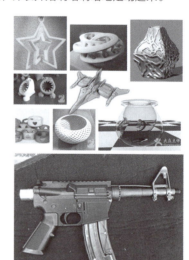

图 1-1 3D 打印技术

一 http://baike.so.com/doc/5352696.html [2014-8-20]

三维打印机的应用领域也在随着技术进步而不断扩展。美国科学家已经研发出了能打印皮肤、软骨、骨头和身体其他器官的三维"生物打印机"。人们还使用三维打印机来制造雕塑并修复雕塑,制造由塑料和聚合物制成的三维物体并打印出了食品。三维打印技术排除了使用工具加工、机械加工和手工加工,而且改动技术细节的效率非常高。在英国,相同的技术被戈登·默里设计公司用来帮助制造前卫 T25 型城市"生态汽车",这款汽车已于 2010 年 7 月面世。隶属于欧洲宇航防务集团(EADS)的一个科研小组正致力于利用此技术打印出飞机的整个机翼。截至 2011 年 3 月,研究者已使用该技术制造出了飞机起落架的支架和其他飞机零件,其打印出的支架同一只鞋子的大小一样。

在 2013 年全国两会上,全国政协委员、中航工业副总工程师、中国航母舰载机歼—15 总设计师孙聪透露,歼—15 项目率先采用了数字化协同设计理念:三维数字化设计改变了设计流程,提高了试制效率;五级成熟度管理模式,冲破设计和制造的组织壁垒,而这与 3D 打印技术关系紧密。他透露,钛合金和 M100 钢的 3D 打印技术已应用于新机试制过程,主要是主承力部分。在解决了材料变形和缺陷控制的难题后,中国生产的钛合金结构部件迅速成为中国航空力量的一项独特优势。目前,中国先进战机上的钛合金构件所占比例已超过 20%。

1.1.1 创造和创造力的概念

1. 创造

创造是人类最美好的行为,是最高尚的劳动。人类社会的文明史,就是一部创造发明史。在原始社会,若没有燧人氏发明钻木取火,人类恐怕还得生吃食物;若没有工具的发明,人类就不会与动物相揖而别。在近代,若没有大机器的发明,我们可能仍处在扶犁耕田、手摇纺纱的落后状态;若没有人工接种牛痘的发明,成千上万人的生命将被天花吞噬;若没有电灯的发明,我们至今还得靠油灯照明……

创造推动了人类的进步,创造带来了今天的文明,创造还将把人类推向更美好的未来。创造是人类最高智慧的体现,创造改变了世界的面貌。

人类永不磨灭的好奇心在问自己:

人类为什么要创造?

人类为什么能创造?

有的人为什么不能创造?

人怎样做才能实现创造?

对上述问题的探讨,形成了有关创造和创造力的理论。

英文的"创造"一词是由拉丁语"Creare"一词派生而来的。"Creare"的大意是创造、创建、生产、造成。从词源上分析,创造的含义是在原先一无所有的情况下,创造出新东西。创造特别强调独创性,然而,任何创造都不是无中生有,而是在前人创造的基础上有所突破,所以要论创造二字的含义,中国语言中的创造更贴合实际。根据《词源》的解释,"创造"是由两个字组合而成的,"创"的主要意思是"破坏"和"开创","造"的主要含义是"建构"和"成为"。所以"创"和"造"组合在一起,就是突破旧的事物,创建新的事物。

"唯创必新"乃是创造的根本特点。

创造是各式各样的,时时处处都可以有创造。如科学上有发现,艺术上有创作,方法上有创新,技术上有发明。也可将创造分为"大创造"和"小创造","大创造"被称为"特殊领域的创造","小创造"被称为"日常生活中的创造"。日常生活中的创造与特殊领域的创造如图 1-2 所示。

		特殊领域的创造（大 C）	
		高	低
日常生活中的创造（小 C）	高	高特殊领域创造 高日常生活创造	低特殊领域创造 高日常生活创造
	低	高特殊领域创造 低日常生活创造	低特殊领域创造 低日常生活创造

图 1-2 日常生活中的创造与特殊领域的创造

美国创造心理学家欧文 A. 泰勒（Irving A. Taylor）曾提出划分"创造五层次"的著名观点。[一] 具体如下:

1) 表露式的（Expressive）创造:意指即兴而发,但却具有某种创意的行为表现。例如,戏剧小品式的即兴表演、诗人触景生情时的有感而发等,其创造水平或程度一般即属于这一层次。儿童涂鸦式的画作有时很有创意,其水平亦属此层次。

2) 技术性的（Technical）创造:意指运用一定科技原理和思维技巧以解决某些实际问题而进行的创造。如把素材按新的形态组合产生出新事物,或将某种旧的结合解体,经过新的结合重新产生。

3) 发明式的（Inventive）创造:意指在已有事物的基础上,产生出与以往曾有过的事物全然不同的新事物的创造。例如,爱迪生发明的电灯、贝尔发明的电话。

4) 革新式的（Innovative）创造:意指在否定旧事物或旧观念前提下造出新事物或提出新观念的"革旧出新"的创造。比如技术史上各种新工具的出现以代替旧工具,科学史上发现新定律以替代旧定律等。

5) 突现式的（Emergentive）创造:意指那种与原有事物无直接联系,看似"从无到有"地突然产生新观念的创造。可以说,各学科领域荣获诺贝尔奖的重大科学发现,均属于这一层次的创造。

[一] 罗玲玲,张嵩,武青艳. 创意思维训练 [M]. 北京:首都经济贸易大学出版社,2008.

2. 创造力

英文 Creativity，有时译为创造力，有时译为创造性。什么是创造力？可以把创造力简单地理解为人类身上所具有的创造新事物的能力。但实际上，创造力是个相当复杂的概念。

探索创造的秘密使人们将目光集中到创造的主体——人身上，于是形成了有关创造力的研究领域。最早形成创造力这一概念，是着眼于创造主体的属性，是人自身所具有的这种能力和特征引起了研究者的兴趣，从 J. P. 吉尔福特（Guilford J. P）发表著名的《论创造力》的演讲开始，人们又将创造力的概念从能力扩展到人格，从静态的定义转化为动态的描述。

可以将创造力理解为创造者潜在的创造力被一项创造活动所激发，从而产生创造的情境动机和前创造力。真正的创造产品的出现，标志着创造力的实现。

近年来，有关创造力的理论研究出现一种汇合取向，吉尔福特综合了创造力的人（Person）、产品（Product）、过程（Process）、创造环境（Place and press）各自的视角，寻求学科整合，提出创造力的4P理论（如图1-3所示）。

以 RIM 公司发明的"黑莓手机"为例，吉尔福特的4P理论具体体现为：

一个创造的个人（Person）：Mike Lazaridis。身为一名追求完美的工程师，

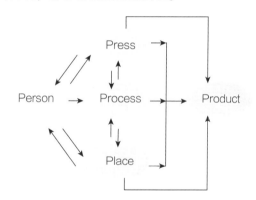

图 1-3　吉尔福特创造力 4P 理论

Lazaridis 拥有软件编码和无线技术的多项专利，甚至还荣获过一项计算机电影编辑设备设计艾美奖。

创造过程（Process）：Mike Lazaridis 能够抓住机遇。早在 1993 年，摩托罗拉就开发出了与寻呼机联合起来的无线电子邮件系统，但因为那时电子邮件系统还未发展起来，更不用说用手机发邮件了。Mike 在 1997 年为 Bellsouth 公司做无线电子邮件设备的项目，他看到了公司邮件系统中更人性化和更专业化的需要——一套成功的无线邮件系统可以为公司节省大量成本，增加生产力。而这时电子邮件系统已经充分发展起来。找到这样一个潜力十足而又非常明确的市场后，RIM 公司开始潜心为这个市场研究最适合的技术方案，终于实现了自己的目标。

创造环境（Place and press）：RIM 公司是一家重视创新、鼓励观念分享、支持新设想的公司。公司每周四都要举办一次以创新为主题的"远见系列"会议，讨论公司最新的研究和未来的目标。值得注意的是，这是个站着开的会。

最后产生了创造性的产品（Product）：RIM 公司靠"Push Mail"技术，创造出具有多项新功能和优质服务功能的黑莓手机，既能与数据库连接，又能及时下载邮件，并且占内存很小。

斯腾伯格的投资理论认为，创造力是智慧、知识、思考风格、人格、动机和环境的汇合；阿迈布丽的社会心理学取向认为，创造力是工作动机领域相关技能与创造技能的汇合，环境因素会促进或阻碍创造力[一]；奇凯岑特米哈伊（Csikszentmihalyi, M., 1996）的系统理论取向则建议：在任何人都没有能力确切回答创造力究竟是什么时，那么莫不如先研究创造在哪儿。[二]他认为创造发生在专业领域、领域的守门人和创造个体三者交叉的地方。西蒙顿的历史计量取向也认为创造力的产生是由个人、家庭环境、社会与历史事件汇合而成的（如图1-4所示）。由此，研究的内容、途径和方法均发生了变化。

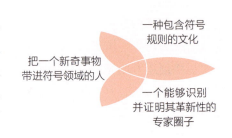

图1-4　创造力的汇合

1.1.2　创造力开发的理论

引导案例

创新心理的开发与训练

西方有些马戏团有一个跳蚤表演节目，这些极小的昆虫能跳得很高，但不会超出一个预定的限度。每只跳蚤似乎都默认一个看不见的最高限度。

知道这些跳蚤为什么会限制自己跳的高度吗？开始受训练时，跳蚤被放在一个有一定高度的玻璃罩下。最初这些跳蚤试图跳出去，但一次又一次撞在玻璃罩上。最后它们就不再尝试跳出去了。即使拿走玻璃罩，它们也不会跳出去，因为过去的经验使跳蚤懂得，它们是跳不出去的，这些跳蚤成了自我限制的牺牲品。

人也能变成这样。如果你认定自己不能成功，你就局限了自己的远见。要开动脑筋，要敢于有伟大的理想，试一试你的最大能力，不要埋没你自己的潜能。

当前的压力会限制我们的远见。有个故事，说的是父子俩赶着驴去集市买东西。起初父亲骑驴，儿子走路，路人看见他们经过，就说："真狠心啊，一个强壮的汉子坐在驴背上，那可怜的

[一] Amabile, Terese M Amabile, The Social Psychology of Creativity [M]. New York, 1983.
[二] 奇凯岑特米哈伊. 创造性：发现和发明的心理学 [M]. 夏镇平，译. 上海：上海译文出版社，2001.

小家伙却要步行。"于是父亲下来，儿子上去。可是人们又说："真不孝顺呀！ 父亲走路，儿子骑驴。"于是父子两人一齐骑上去。这时路人说："真残忍呀！ 两个人骑在那只可怜的驴背上。"于是两人都下来走路。路人说："真愚蠢呀！ 这两个人步行，那只壮实的驴却什么都没驮。"他们最后到达集市时整整迟到了一天。人们惊讶地发现，那人同他儿子一起抬着那只驴来到了集市！像这两个父子一样，我们也会因为过分担心所受到的压力而看不清方向，忘记了自己的目标。

积极成功的心态之所以会使人心想事成，走向成功，是因为每个人都有巨大无比的潜能等待我们去开发；消极失败的心态之所以会使人怯弱无能，走向失败，是因为放弃了伟大潜能的开发，让潜能在那里沉睡，白白浪费。㊀

1. 创造力开发的理论依据

大脑是思维的器官，是人类创造力的物质基础。通过对大脑的训练，既可保持年轻态，还可以提高创造力。本书所谈到的创造力开发，涉及更广泛的内容，不仅涉及大脑问题，还涉及人格、态度、行为；不仅局限于个体，还涉及团队和社会组织。

人们越来越重视创造力的培养，挖掘创造力资源是社会发展的需要。面对复杂的未来，各国都需要更多的创造型人才。奥斯本在其名著《创造性想象》中指出："人类社会的文明史正是由人们依靠创造力实现的辉煌成就构成的。想象力是人类能力的试金石。作为动物，人类之所以能继续生存，毫无疑问是依赖想象力。作为人类，人们也正是依赖想象力才能征服世界。"P. 伊顿指出："这就向我们的教育才能提出了挑战，看我们是否获得发展创造性、积极性和智力的源泉。我们深信，我们国家的最高经济利益在不远的将来主要依赖我国人民的创造才智，而不是我们丰富的自然资源。"哈佛大学前校长普西教授也指出："中学和大学应该使具有十分重要意义的创造性火花恢复生机。因为创造性火花是各级教育之间的纽带，这是历史赋予我们的，应该是毫无拖延地完成的一项使命。"

人的创造力能否通过一定的教育手段和环境改变等措施而得到发展呢？回答是肯定的。国际上许多国家将创造力研究的理论运用于教育之中，经过多年的实践，形成了创造力开发的专门活动。

创造力开发，又叫创造性培养，是以下述理论为依据的：

第一，人人都具有创造力，只是程度高低不同而已，普通人和天才之间并无不可逾越的鸿沟。与传统的看法不同，不少心理学研究者根据调查得出结论，认为创造力在人群中呈正态分布，创造力很强和很差的人均属少数，大多数人都具有中等程度的

㊀ http：//www.cccv.cn/Article/detail/2007/4/33087.asp［2008－5－19］

创造力。

第二，创造力和智力是不同的范畴。大量研究表明，创造力和智力是两种不同的心理品质，智商低的人，其创造力也同样低，但是智商高的人，其创造力则有高有低。因此，开发智力不能完全等同于形成创造性。

第三，创造性虽说不是靠教才能具备的，但是通过恰当的环境和教育是可以提高的。如与传统的教学方法相比，创造性教学方法能够取得更好的教学效果，即使教学内容相同，创造性学习也能明显提高学习效果。创造性学习还容易调动学生的积极性和自主性。研究表明，具有创造的意识和精神是创造活动的主要动力。

第四，创造性的培养最根本的问题是塑造创造性人格。创造力开发的活动，不能满足于教授创造技法和思维训练，要进行深层次的人格培养。只有具备让创造之花自由生长的文化沃土，才能使创造成为社会文明之舟。因此，创造力开发也包括努力促进社会环境和文化的进步。

2. 创造中的心理障碍

在培养创造性人格问题上，所谓心理素质差，也就是指在人格特质中缺乏创造性所需要的某些特定方面。当然，这种人格弱点仅与发挥创造性有关，与病理心理学所谓的人格缺陷或障碍性人格等无关。但这种人格弱点却往往会导致创造主体在创造过程中出现各种心理障碍，因而在研究创造性人格问题时值得特殊关注。

所谓创造过程中的心理障碍，既包括那些明显由个体认知或个性上的弱点所造成的心理障碍，如感知不敏锐、缺乏自信心等；也包括那些受社会认知影响，尤其是受所在团体氛围中实际存在的某种有形或无形压力的作用而产生的心理障碍，如害怕失败、崇拜权威等。

总括起来看，创造过程中的心理障碍大致表现为以下几个方面：

（1）自我意识障碍

自我意识上的障碍，主要是不能客观、公正地估计自己。比如，或是认为自己没有创造力，或是认为自己没受过某种专业训练，等等。实际上，在创造过程中，一定的自责有时虽然有必要，但过分看重自己的不足则会失之客观，从而造成归因上的误差，甚至导致对自我丧失信心。

很多人始终认为创造有一种神秘感，认为只有那些天才、专家才能创造。这完全是一种误解。创造并不神秘，也不是可望而不可即的事。

历史上，发明显微镜的列文虎克原是个杂货店的学徒；发明缝纫机的伊莱亚斯·豪也是普通的裁缝、工人；圆锯的发明者是个修女，她当时一面纺线，一面观看男子吃力地用直锯锯树，心想若在一个纺线轮子周围装上锯齿，锯起来不就省力得多了吗？

还有的人总认为自己还在学习，不具备创造的能力，这种看法有一定道理，但也有局限性，专业知识虽是创造的必要条件，但当需要打破旧的知识限制而创造新知识时，有些专业知识有时也可能反而成为一种阻碍。实际上，有时恰恰需要打破专业界限。因此，从这个意义上说，专业知识准备并不是绝对的，一味因专业问题而产生心理障碍实无必要。

另外，在自我意识方面还存在另一种障碍，即过分自负。它往往使得个体羞于提出一些不太成熟的想法，对别人的不成熟想法也爱吹毛求疵，其结果常常是一事无成。

（2）情感障碍

情感障碍是创造过程中经常容易出现的现象，而且也较难克服，例如，不敢冒险、害怕失败。这是由于新设想一般不能很快地为社会或其他团体成员所认同，从而容易使创造者因被拒绝而失去团体和社会的归属感，因而不敢冒此风险。又如，情感上的"自恋情结"，即过分看重已有的创造成果，妨碍自己和他人做进一步改进，从而创造出更好的解决办法或产品。

再如，在情感上容不得"混乱"也是一种常出现的障碍。这种障碍就是不能忍受不确定的、存在多种可能性的状态。其实，如果问题处于模糊状态，恰恰可能正预示着某种突破。这时所需要的是坚持和忍耐，直至达到真理的彼岸。

另一种妨碍创造的情感障碍是不会幽默，不会放松，不敢有"游戏心"。实际上，幽默可以活跃思想，可以摆脱传统和现实的束缚，激发想象力，甚至可以直接为创造发明提供思路。可以说，幽默是高情感智慧的标志，幽默感是创造个性的集中体现。

（3）认知障碍

认知障碍主要包括感知不敏锐、功能固定，过分遵守规则、人云亦云、缺乏独立见解、崇拜权威以及经验主义等。感知不敏锐是指在认识一开始就不主动、不积极、不敏感的状态。主要表现为对任何事情都无动于衷，不感到新奇；对事物的兴趣只维持很短的时间，不喜欢刨根问底，多问几个为什么；感知麻木，不善于发现问题；见怪不怪，看不出毛病和缺陷。

我们生活中总会遇到不安全、不顺手、不如意的地方，但是一般人都是埋怨几声后，依然照旧去做。为什么呢？因为大家习惯了。感官对明显暴露的缺陷，也不敏感。比如煮牛奶，站在旁边等半天，牛奶也不开。可是一离开几秒钟，牛奶就溢出来了，弄得锅外面、炉灶上到处是奶。但是大家都想不到去改变。这种事见得多了，习惯成自然，好像煮奶外溢是正常的。可是，天津铝制品厂的一名技术员却没有被习惯看法所束缚，发明了一种不溢的奶锅。

要想知道这位技术员是怎么发明不溢的奶锅的，只要仔细观察一下牛奶为什么容易外溢，是不是气泡太多的原因，能不能想办法把气泡都打碎。发明人于是就在奶锅里放了一个随着热气旋转的四个小铁臂，把气泡打碎，阻止了牛奶外溢。

（4）动机障碍

动机上的最大障碍是对创造不感兴趣，满足于做好常规工作；在认知需要上浅层化，只有了解需求，没有理解需求，没有深层探讨的驱动力；以及缺乏危机感，等等。

创造过程中的心理障碍，首先与主体的主观因素有关。创造过程的前期，容易出现自我意识上的不自信或认知上的感知不敏锐等心理障碍。创造的中期，则容易出现认知上的功能固定、过分遵守规则，情感上的害怕失败、不敢向权威挑战等障碍。创造的后期，则容易出现不能忍耐长期的艰苦和动机上寻求尽早得到报偿的障碍等。

创造之途总是布满荆棘，尝试新事物不仅开始就面临失败的可能，即使成功了，人们也难以马上接受，因为对新事物不熟悉。在科技史中，新事物受到压抑和打击的事例，屡见不鲜。哈维的血液循环理论被说成是离经叛道；琴纳发明种牛痘预防天花被说成"谁种牛痘谁就会成为牛痘狂"；爱因斯坦的相对论被讥笑为"怪物"；韦尔斯医生第一次用麻醉法拔牙，医务人员却骂他是江湖骗子；富尔顿发明轮船，却遭到运河主人的反对；史蒂芬孙发明火车，竟遭社会舆论的谴责……不胜枚举的事实说明创造必须冲破来自各个方面的重重阻力。只有敢于创造的人，才能不畏风险，才能迎来真理的曙光，而任何犹豫、怯懦都可能失去认识真理的机会。冒险就是要有猜测、尝试、实验或面对批评的勇气。应该勇于坚持自己的见解，勇于修改自己的见解，即使全错了，放弃自己的见解，在心里也不留有阴影。

实际案例

全球首个无缆绳、可水平移动的电梯系统 MULTI 获德国设计大奖⊖

代表德国设计领域最高奖项的 German Design Award——德国设计大奖公布了 2018 获奖名单，蒂森克虏伯电梯 MULTI 系统凭借独特的轿厢设计获"建筑物与构件"类奖项。这是继斩获 2017 年爱迪生"运输与物流"类金奖后，MULTI 又一次受国际大奖青睐。德国设计大奖评委会评价说：MULTI 是一项使电梯既可水平移动也可垂直移动的革命性科技。MULTI 轿厢（如图 1-5 所示）未

图 1-5 MULTI 轿厢全景图

⊖ http://news.dichan.sina.com.cn/2017/11/09/1251679.html［2018-1-19］

来风格的设计和标志性操作界面又一次展示了这项革命性科技的前瞻性及创新性。

蒂森克虏伯电梯MULTI系统的轿厢设计究竟有何玄机,能够在一众前卫设计中脱颖而出,受到评委会青睐?

未来风格造型

MULTI轿厢的设计颠覆了传统轿厢的概念,未来感的设计让人眼前一亮:使用透明的轿厢,乘客在乘坐MULTI电梯时可一览井道内及整个建筑物内的壮观景色。此外,黑色、白色及蓝色光束等冷色调,配以空间和几何结构的大胆运用,轿厢展现出一种超现实主义风格,给人强烈的未来感和科技感印象。

独特的轻质材料

MULTI轿厢采用碳纤维的新型材料。这种新型材料的最大优点就是它具有突出的稳定性、功能性及更多设计可能性。它比合金轻三分之一,却具有钢一样的强度,即使在潮湿的气候下也不会腐蚀,在满足MULTI现代化透明设计的同时,也易于塑形(于是便有了MULTI轿厢的圆角设计),所需的维护成本也比传统电梯低很多。对比传统的厚重的钢铁材质轿厢,MULTI轿厢(尺寸1.80m ×1.25m ×2.20m)可容纳8名乘客,包括门、门机和显示屏在内的重量仅为300kg。

极具科幻感的操作界面

在各类科幻电影中,具有未来感的界面几乎是标配。MULTI轿厢的操作界面如同从科幻片中走出来一样,"黑科技感"十足。轿厢壁上的圆形显示屏可以捕捉轿厢在井道内的垂直或循环移动的方向。显示屏上实时显示轿厢当前的移动方向,乘客也可以通过选择转换楼层或换乘轿厢来更换目的方向。MULTI采用循环运行系统,多个轿厢以5m/s的目标速度循环运行,每50m设立一个换乘站,乘客只需15~30s就可以等到下一班电梯。

此外,蒂森克虏伯电梯技术人员和设计师在只有几毫米厚的轿厢壁上成功集成了通风、照明和声音系统,乘坐MULTI将带给乘客感官上的多重美妙体验。

随着全球城市化浪潮的席卷,越来越多的高层建筑如雨后春笋般涌现。蒂森克虏伯电梯始终致力于寻求高效可行的解决方案以应对未来城市与建筑发展的新挑战。MULTI将一座座摩天大楼变成垂直的城市,让人们可以在建筑物内高效便捷地移动。它开启了前所未有的可能性,让城市生活更美好。

思考练习题

1. 泰勒曾提出划分"创造五层次",具体表现为哪五种创造?
2. 你认为大学生的创造力是能够开发的吗?应该从哪些方面开发?
3. 你是否有创造过程中的心理障碍?如何克服呢?

1.2 创新的基本理论

引导案例

中国首探火星一举实现三个目标 搭载6种火星车[一]

2017年9月20日,第三届北京月球与深空探测国际论坛在北京开幕,我国首次火星探测任务总设计师张荣桥在开幕式前的新闻通气会上这样表示:"计划于2020年前后实施的火星探测工程的研制工作目前进展顺利,正对预期的科学目标进行预先研究。我国首次火星探测工程探测器(如图1-6所示)总共搭载了13种有效载荷,其中环绕器7种、火星车6种,涉及空间环境探测、火星表面探测、火星表层结构探测等领域。

"对于火星的探测,国际上已实现对火星的掠飞、环绕、着陆、巡视探测。火星成为主要航天国家的探测热点和空间技术战略制高点,成为行星探测的首选目标,火星探测将会出现技术上高新发展、科学上全新发现的局面。"开幕式上,中国月球和空间探测工程中心副主任于国斌说。

"中国首次火星探测一次任务同时实现'环绕、着陆、巡视'三个目标,这是其他国家前所未有的,面临的挑战也前所未有。"张荣桥强调。

据了解,中国首次火星探测任务,不仅要实现环绕火星的全球遥感探测,还要突破火星进入、下降、着陆、巡视、远距离测控通信等关键技术,使我们真正进入深空,走近火星,揭开它的神秘面纱。

图1-6 火星探测器

1.2.1 广义的创新与专门的创新概念

从词源来看,"创新"(Innovation)一词源自拉丁语"Innovare"。日常用语中意指"引入某种新东西的行为",也指代"某种新引入的东西"(据《美国传统词典》)。一般意义上,所谓"创新"是在前人基础上的一种超越。只要能在前人或他人已有成果

[一] http://mil.qq.com/a/20170921/023748.htm [2018-1-19]

上有新的发现，提出新的见解，开拓新的领域，解决新的问题，创造出新的事物，或者对既有成果进行创造性地运用，都可以称为"创新"，它主要强调的是主体行为的结果。例如，科学创新、技术创新、管理创新、制度创新、企业创新乃至通过社会变革产生的社会体制上的创新，等等。它们所表明的是作为认识主体的人（个体或团体），通过某种创造性的活动达到了革旧出新的效果，因而创新也可谓革新。我国长期沿用的"革新"概念，其实所指的也是"创新"这一概念。例如，由中国发明协会主办的，于1984年创刊至今的，我国首家发明创造专业期刊《发明与革新》（现名为《发明与创新》，其中的"革新"所取的正是"创新"的含义。

从学术研究角度看，经常使用"创新"概念的，除创造学外，主要是经济学研究领域。而且，对"创新"概念的系统阐明，首先即是出现在美籍奥地利经济学家熊彼特（J. A. Schumpter，1883—1950）的著名经济发展理论中。熊彼特的经济理论以对资本主义分析为主体，"创新"概念是该理论体系两个最重要的概念之一，另一个是"企业家"概念。在熊彼特看来，资本主义的发展以及必然出现周期性的原因，正是在于企业家的创新行为。也就是说，该理论所谓的创新，除了"创新"概念的基本含义外，还明显强调了其中具有经济学意义的方面，那就是它特指某种经济行为或活动。[一]

在创造学中，"创造"和"创新"这两个概念，在一般情况下是可以相互替换使用的，或者说，它们之间并没有绝对严格的界限。其所表征的共同特点就是，无论是创造主体的创造性思维，还是创造出来的产品（物质的或精神的），都是越出新、越独特、越不同凡响或越标新立异，则越好。如果这种产品是世界上从来没有过的、独一无二的"原创"，那么，只要它还能满足"现实性"（或"适用性"）这一充分条件，那它就将是世界性的、顶尖级的创新或创造。[二]

理解创新的关键点是，创新比创造更强调效果，可以说创新是创造力的运用获得社会承认的效果，或者说是将创意变成现实有效的成果。

从广义上理解，各个领域都有创新，创新与创造在不严格的定义下可以互换。从狭义上理解，创新主要指技术创新，即是产生效益（经济含义）的创造。

1.2.2 创新的分类

1. 按内容分类

按照创新的内容，可分为知识创新、技术创新、工程创新、管理创新和社会创新

[一] 傅世侠. 创新、创造与原发创造性 [J]. 科学技术与辩证法，2002（2）：39.
[二] 傅世侠. 创新、创造与原发创造性 [J]. 科学技术与辩证法，2002（2）：40–41.

等。每一类创新又可细分出更多的方面，如社会创新可分为社会制度创新、社会政策创新、社会组织创新等。技术创新又可分为产品创新、服务创新、业务流程创新、业务模式创新、文化创新等。

（1）知识创新

知识创新是指通过科学研究，包括基础研究和应用研究，获得新的基础科学和技术科学知识的过程。科学研究是知识创新的主要活动和手段。知识创新的成果构成技术创新的基础和源泉，是促进科技进步和经济增长的革命性力量。知识创新包括科学知识创新、技术知识特别是高技术创新和科技知识系统集成创新等。知识创新的目的是追求新发现、探索新规律、创立新学说、创造新方法、积累新知识。总之，知识创新为人类认识世界、改造世界提供了新理论和新方法，为人类文明进步和社会发展提供了不竭动力。

知识就是力量，这本是一个古老的真理。在世界范围的知识经济悄然兴起之际，它又被赋予了新的含义，知识作为最重要的直接资源和基本要素进入经济生产领域。在资源与要素的配置中，知识扮演着越来越重要的角色。

知识经济扑面而来，对其理论和实践的探讨也备受关注。目前较权威的定义是由经济合作与发展组织（OECD）于1996年提出的，将其定义为"以知识为基础的经济"。由于尚未形成定性的指标体系来界定知识经济，人们对这一概念的内涵有着不同的解释：①知识经济是一种全新的经济和社会形态，这是目前较为普遍的一种认识；②它是一个经济发展阶段，人类是从农业经济、工业经济发展到现在的知识经济的；③它是一种经济结构，如OECD认为其主要成员国知识经济的比重已超过经济总量的一半；此外，还有人认为知识经济是一种新的经济发展模式和发展理念，它要求以尽可能少的自然资源和最大程度的知识应用实现经济增长，满足社会需求。无论何种理解，知识经济的出现预示着社会生产领域的一场革命，它的到来是社会发展的必然趋势。[1]

（2）技术创新

1992年OECD提出，技术创新包含了新产品和新工艺的产生以及对产品和工艺的重大技术性改变。创新包括了一系列科学的、技术的、组织的、金融的和商务的活动。我国学者认为，技术创新是指企业应用创新的知识和新技术、新工艺，采用新的生产方式和经营管理模式，提高产品质量，开发生产新的产品，提供新的服务，占据市场并实现市场价值。总之，技术创新概念的严格定义是相当广泛而复杂的，难以用简单的定义将它涵盖，到目前为止还没有一个被普遍认可的严格意义上的统一定义。但是，有一点是公认的，就是技术创新是一种经济概念，是一种经济发展观。这一概念的内

---

[1] 吴洞. 关于加强高等院校知识产权管理与保护的若干思考[J]. 研究与发展管理，2000（3）.

涵是，高度重视技术变革在经济变革中的重大作用，它是经济和科技甚至包括教育、文化等在内的有机结合，不是一个纯粹科技范畴内的概念。⊖

熊彼特认为技术创新是把从来没有的生产要素的"新的组合"引入生产系统。具体包括：采用一种新的产品或产品的新特性；采用一种新的生产方法；开辟一个新市场；掠取或控制半成品的供应来源；实现一种工业的新组织。

技术创新是一种产生效益的创造性活动，没有创造就没有创新。创新同时也是一个"毁灭"的过程，是一种创造性的"毁灭"，是指对旧的生产体系的破坏。创新本身就是一个不断创造、不断毁灭的过程。⊖在熊彼特看来，创新者必须具备三个条件：①要有眼光，能看到潜在利润；②要有胆量，敢于冒险；③要有组织能力，能动员社会资金来实现生产要素的重新组合。

（3）工程创新

工程是什么？简单地说，工程就是造物。严格地说，工程是人类以相关的技术，按一定的规则，为了构建一个新的存在物而从事的集成性活动。由于每项工程活动都有其特殊的初始条件、边界条件和不同的目标要求，不可能存在两项完全相同的工程。例如，当一个隧道工程"学习"另一隧道工程的先进经验时，是必须有某些变化或创新的。工程创新就有了多方面的具体内容和多种不同的表现形式：工程理念创新、工程观念创新、工程规划创新、工程设计创新、工程技术创新、工程经济创新、工程管理创新、工程制度创新、工程运行创新、工程维护创新、工程"退出机制"创新（例如矿山工程在资源枯竭后的"退出机制"）等。工程创新的重要标志体现为"集成创新"。

工程集成创新的第一个层次是技术要素层次的集成。工程创新活动需要对多个学科、多种技术在更大的时空上进行选择组织和优化。这就是说，工程不可能依靠单一的技术。工程创新的集成性还反映在工程活动中，包括物质要素、技术要素、经济要素、管理要素、社会要素、文化要素等多种要素的集成。

（4）管理创新⊜

管理创新是指组织形成创造性思想并将其转换为有用的产品、服务或作业方法的过程。富有创造力的组织能够不断地将创造性思想转变为某种有用的结果。管理创新包括管理思想、管理理论、管理知识、管理方法、管理工具等的创新。按业务组织的系统，将创新分为战略创新、模式创新、流程创新、标准创新、观念创新、风气创新、结构创新、制度创新。以企业职能部门的管理而言，企业管理创新包括研发管理创新、生产管理创新、市场营销和销售管理创新、采购和供应链管理创新、人力资源管理创

⊖ 李士. 技术创新和发明创造的联系与区别 [N]. 学习时报，2004-03-25.

⊖ 远德玉，马世骁. 企业技术创新概说 [M]. 沈阳：东北大学出版社，1997.

⊜ https://baike.baidu.com/item/管理创新/80776? fr = aladdin [2019-7-22]

新、财务管理创新、信息管理创新等。

有三类因素将有利于组织的管理创新，它们是组织结构、文化和人力资源实践。

从组织结构因素看，有机式结构对创新有正面影响；拥有富足的资源能为创新提供重要保证；单位间密切的沟通有利于克服创新的潜在障碍。

从文化因素看，充满创新精神的组织文化通常有如下特征：接受模棱两可，容忍不切实际，外部控制少，接受风险，容忍冲突，注重结果甚于手段，强调开放系统。

在人力资源实践这一因素中，有创造力的组织积极地对其员工开展培训和发展，以使其保持知识的更新；同时，它们还给员工提供高工作保障，以减少他们担心因犯错误而遭解雇的顾虑；组织也鼓励员工成为革新能手；一旦产生新思想，革新能手们会主动而热情地将思想予以深化、提供支持并克服阻力。

（5）社会创新

社会创新指的是能够满足社会目的、取得实效的新想法，开发出更为有效的服务、项目和组织来满足社会需求，涉及领域包括卫生、住房、教育和养老。这需要政府和企业做出较大的努力。然而目前组织形式不固定，资金投入少，参与的机构及方式不成体系。各国政府也都在进行此方面的政策咨询并付诸实践。

华盛顿大学社会创新中心主任苏珊·斯特劳德写了一本书《社会硅谷》，他认为，过去的500年，人类通过技术革新、科学发展和经济增长得以生存。如果人类想继续生存下去，必须通过社会创新，即建立一个可持续的社会机制。社会创新的过程就是城市、国家政府以及企业通过对于新的更有效的方法的设计和开发应对城市扩张、交通堵塞、人口老龄化、慢性病以及失业等迫在眉睫的挑战的过程。要改善政府和企业的社会行为方式，通过教育来加强公民服务意识的培养，以促进社会的和谐统一。

2. 自主创新和开放式创新

按照创新的程度和创新中自我知识产权的比重，创新又可分为自主创新和开放式创新。

（1）自主创新

自主创新是指国家或企业依靠开发自己核心的技术，形成核心竞争力的创新。它强调企业核心部分的创新必须是自主的，次要部分可以"外购"或"外包"等，在利益最大化和时间效率最大化之间找到平衡。通过自主创新，企业能够主导自身在行业竞争中的领先地位。

在世界产品中，电视机的38%、电脑显示器的42%、收音机的70%、照相机的50%、电冰箱的16%都是中国生产的，但是，我们并没有得到这么高比例的利润，因为我们缺少自主核心技术和自主设计。过去，我们不重视自主创新，在经济发展中遇到了困境。我们必须通过自主创新来提升我们的竞争力，来提升中国经济的竞争力。

提倡自主创新并不会把自主创新看成是绝对的、每个组成单元都是自成体系的，因为任何企业都会受到内部和外部资源配置的局限，只要能在最主要的核心部分实施自主创新的突破，有些部分在成本可控的范围内应该尽量采用外部成熟资源，提高效率，缩短时间。

（2）开放式创新

传统的企业技术创新认为，创新的关键是在严格控制下的企业内部实验室进行。随着信息技术的发展，遍布各处的可用知识使得控制变得不可能，现在竞争优势往往来源于其他人的研究和发明。

所谓开放式创新，是指不断利用从外界得到的新资讯、新技术、新产品，甚至与竞争者分享自己的创意而获利的创新。

以前人们理解的创新只是小部分研发人员的事情，这就拉大了普通人与创新的距离。但"开放式创新"却直接指出创新不能仅仅依靠组织内部的思想，而需要依靠所有愿意进一步开发的机构和个人。换句话说，创新是我们每个人的责任。

1.2.3 创新的过程

不少杰出的创新都留下了动人的传说：瓦特看到壶盖被蒸汽顶起而改良了蒸汽机，牛顿被下落的苹果砸了头而发现了万有引力，门捷列夫玩纸牌时想出了元素周期表……如果创新如此简单，创造学就完全不用学了。我们之所以研究创新的过程，是因为把过程看得比结果更为重要。创新是由创新思维的过程所决定的，而结果仅是过程的成功产物。但是，在教育上的一个缺陷是仅注重创新成果的渲染，而对创新的过程却讲得不多，甚至导致人们对创新的误解。

创新的"四阶段理论"是一种影响最大、传播最广、具有较大实用性的过程理论，由英国心理学家沃勒斯提出。该过程理论认为创新的发展分四个阶段：准备期、酝酿期、明朗期和验证期。[一]

1．准备期

准备期是准备和提出问题的阶段。一切创新是从发现问题、提出问题开始的。问题的本质是现有状况与理想状况的差距。爱因斯坦认为："形成问题通常比解决问题还要重要，因为解决问题不过牵涉到数学上的或实验上的技能而已，然而明确问题并非易事，需要有创新性的想象力。"他还认为对问题的感受性是人的重要的资质，准

[一] http://www.360doc.com/content/10/0610/22/1642458_32417420.shtml［2018-1-19］

备还可分为下列三步,力求使问题概念化、形象化和具有可行性。

第一步,对知识和经验进行积累和整理;

第二步,搜集必要的事实和资料;

第三步,了解自己提出问题的社会价值,即能满足社会的何种需要及其价值前景。

2. 酝酿期

酝酿期也称沉思和多方思维发散阶段。在酝酿期要对收集的资料、信息进行加工处理,探索解决问题的关键,因此常常需要耗费很长时间,花费巨大精力,是大脑高强度活动时期。这一时期,要从各个方面去进行思维发散,让各种设想在头脑中反复组合、交叉、撞击、渗透,按照新的方式进行加工。加工时应主动地使用创造方法,不断选择,力求形成新的创意。著名科学家彭加勒认为,"任何科学的创造都发端于选择"。这里的选择,就是充分地思索,让各方面的问题都充分地暴露出来,从而把思维过程中那些不必要的部分舍弃。创新思维的酝酿期,特别强调有意识地选择,富有创造性的人就会注意选择,所以,彭加勒还说:"所谓发明,实际上就是鉴别,简单说来,也就是选择。"

为使酝酿过程更加深刻和广泛,还应注意把思考的范围从熟悉的领域扩大到表面上看起来没有什么联系的其他专业领域,特别是常被自己忽视的领域。这样,既有利于冲破传统思维方式和"权威"的束缚,打破成见,独辟蹊径,又有利于获得多方面的信息,利用多学科知识的交叉优势,在一个更高层次上把握创新活动的全局,寻找创新的突破口。有时也可将思考的问题暂时搁置,有意识地切断习惯性思维,以便产生新思维;再有,灵感思维的诱发规律告诉我们,大脑长时间兴奋后有意松弛,有利于灵感的闪现。

酝酿期的思维强度大,困难重重,常常百思不得其解,屡试难以成功;"山重水复疑无路"却又欲罢不能。此时良好的意志品质和进取性格就显得格外重要。因为这是酝酿期取得进展直至突破的心理保证。

创造性思维的酝酿期通常是漫长的、艰巨的,也很有可能以失败告终。但唯有坚持下去,方法正确,才会充满希望。

3. 明朗期

明朗期即顿悟期或突破期,在这一阶段寻找到了解决办法。

明朗期很短促、很突然,呈猛烈爆发状态。久盼的创造性突破在瞬间实现,人们通常所说的"脱颖而出""豁然开朗""众里寻他千百度,蓦然回首,那人却在灯火阑珊处"等都是描述这种状态的。如果说"踏破铁鞋无觅处"描绘的是酝酿期的话,那么"得来全不费功夫"则是对明朗期的形象刻画。在明朗期,灵感思维往往起着决定作用。

这一阶段的心理状态是高度兴奋甚至感到惊愕，像阿基米德那样，因在入浴时获得灵感而裸身狂奔，欣喜呼喊："我发现了！我发现了！"虽不多见，但完全可以理解。

4. 验证期

验证期是评价阶段，是完善和充分论证阶段。一旦获得突破，飞跃出现在瞬间，结果难免稚嫩、粗糙甚至存在若干缺陷。验证期是把明朗期获得的结果加以整理、完善和论证，并且进一步得以充实。创造性思维所取得的突破，假如不经过这个阶段，创新成果就不可能真正取得。论证，一是理论上验证，二是放到实践中检验。

验证期的心理状态较平静，但需要耐心、周密、慎重，不急于求成和不急功近利是很关键的。

还有许多学者对创新过程提出了许多不同的模式，以下是几种最具代表性的模式：美国创造学奠基人奥斯本提出了"寻找事实——寻找构想——寻找解答"的三阶段模式；美国实用主义者杜威提出了"感到困难存在——认清是什么问题——搜集资料进行分类并提出假说——接受或抛弃实验性假说——得出结论并加以评论"的五阶段模式。

模式不同，只能说明不同的学者对创造性思维所划分的阶段和强调的重点有所不同。总的来看，各种模式基本上都离不开"发现问题——分析问题——提出假说——验证假说"这几个阶段。正如我国清代学者王国维在《人间词话》中曾用借喻手法生动描绘从向往到苦思再到惊喜的发现的三个境界：

昨夜西风凋碧树，独上高楼，望尽天涯路。此第一境也。

此句出自晏殊的《蝶恋花》，原意是说，"我"登上高楼眺望，见到更为萧飒的秋景，西风黄叶，山高水阔，案书何达？成大事业者，首先要有执着的追求，登高望远，瞰察路径，明确目标与方向，了解事物的概貌。

衣带渐宽终不悔，为伊消得人憔悴。此第二境也。

此处引用的是北宋柳永《蝶恋花》最后两句词，原词是表现作者对爱的艰辛和爱的无悔。若把"伊"字理解为词人所追求的理想和毕生从事的事业，亦无不可。王国维则别有用心，以此两句来比喻成大事业、大学问者不是轻而易举随便可得的，必须坚定不移，经过一番辛苦劳动，废寝忘食，孜孜以求，直至人瘦带宽也不后悔。

众里寻他千百度，蓦然回首，那人却在灯火阑珊处。此第三境也。

此处引用的是南宋辛弃疾《青玉案》词中的最后四句。王国维以此词最后的四句为"境界"之第三即最终最高境界。这虽不是辛弃疾的原意，但也可以引出悠悠的远意,做学问、成大事业者,要达到第三境界,必须有专注的精神,反复追寻、研究,下足功夫,自然会豁然贯通,有所发现,有所发明,就能够从必然王国进入自由王国。人生有时候需要一种顿悟,需要猛然醒悟的机缘,我们要懂得抓住机遇。

如果把这三个境界应用到创造发明过程之中,就要经历从刚开始的向往,再到苦思,最后惊喜地发现三个阶段。我们要想有所创造,首先要耐得住寂寞,要有所向往,要有理想;然后要经过大量的实践,经历艰苦探索的过程;最后才会惊喜地发现解决问题的办法。这个时候,我们会感到满心的喜悦。

1.2.4 世界创新的变化

我国的创新和世界发达国家相比,还是有一定差距的,而为了迎头赶上,我们必须了解世界创新究竟是什么样的状态。

1. 中小企业更适合原创性的创新

以前我们在讨论创新的时候,更多地把眼光放在大企业,认为大企业有资金和人力上的优势。是不是它们更适合创新呢?实际上,大企业有大企业的优势。但是,一些中小企业可能往往紧跟着最前沿的创新趋势,抓住了一些机遇。它们的发展可能更有创造性。比如,2012年被美国创新网络评为移动领域最具创新性排名第三的混沌月亮工作室(Chaotic Moon Studios),只有40名员工,主要针对智能手机和平板电脑的移动应用程序进行开发。这类小企业非常具有创造性,比如有人想吃披萨,这个工作室就做出了这样一个软件:想吃披萨的人可以在一个饭店里,自己定制这个披萨,想要多大尺寸的,用手一比,需要的披萨尺寸就出来了。旁边还有很多的调料,想吃哪种风味的,都可以自己点,之后后台就会按定制制作。

2. 创新不仅发生在企业内部,还发生在企业外部

一般来说,我们在讨论创新的时候,都是在想:这个企业有个很好的研发部门,大家可以一起讨论,最后进行创新。而现在强调的是一种开放式的创新。开放式的创新指的是不仅研发部门内部人员一起进行创新,而且还要善于利用外部的资源,比如亚马逊。很多人都在亚马逊这个平台买书,实际上它原来就是卖书的,但是它利用外部的关于网络的平台技术,开发了自己的网络服务系统。而这并不是亚马逊公司自己开发的技术,它完全是吸收了外部的第三方投资的资源和技术,这个平台的建设使亚马逊如虎添翼。

利用外部创新这种商业模式,它和企业的创新相互结合起来,一起互动,这个过程就叫作开放式的创新。这种开放式的创新在硬技术领域和软技术领域都存在,特别是在大数据时代，我们可以利用很多计算机网络数据来为企业服务。实际上，所有企业都是既关注内部，又关注外部，利用大的数据平台来为自己服务。

3. 创新既来自体制内，也来自体制外——创客兴起

高校教师、研究院的研发人员、企业研发部门的员工，就是体制内的研究人员。但是，现在有很多不属于体制内的人，他们作为一个个体，在网上发表自己的创意，这就是创客。

创客最早是在软件开发领域出现的，他们对微软所创造开发软件的封闭性感到不满，所以就开始搞开源软件。就是创造开发一个软件，放在网上，大家随便用。这个软件的开源，之后变成了硬件的开源，最后将软件的所有创意都放到网上，这就兴起了创客运动。创客非常重视的就是分享意识，创客的创意在网上和所有人分享，既向所有人提供创意，又从别人那里得到创意，通过大家的互动激发，最后使创意升华。创客，原来仅限于计算机领域，又称为极客，开发开源软件，可称为硬件和设计的网上志愿者，后来扩展到各个领域。这样，一切愿意与别人分享他们的创意，以创造为工作动机的一群人，都叫作创客。

比如，一个12岁的小学生，她特别擅长做一些智能硬件，于是自己就把制作智能硬件的过程拍成小视频在网上和大家分享，她就是一个小创客。又如，一个学生物学的学生名叫奥尔，她在大学即将毕业的时候突然知道自己的父亲得了一种遗传病，检测遗传病要花费几千美元，后来她就想自己是学生物学的，能不能自己研发一种非常简便的检查工具来检查一下自己是否也得了这种病。后来，她真的成功了。她研发的检测工具就是在她家的厨房里做出来的，只花了100美元左右，就可以检测出是否有患同种遗传病的风险。之后她就把自己研发的检测工具放到网上分享，她就是创客。

创客，代表人类一种新的创客精神，就是一种人类天生的追求和执着，一种积极的尝试，是将自我人生价值的实现、社会责任的承担与历史使命进行最佳结合。创客保护弱者、强调独立、充满好奇；希望科技造福人类，而不是只为少数人服务；希望大众掌握科学，创客是自发的科普工作者。

创造对于创客来讲就是一种玩。创客的玩是一种状态：放松、惬意、自由；是一种实践：不但要动手，还要动脑；是一种分享：与他人一起玩，才更有趣，更有意义；是一种境界：当越来越多的人加入创客一起玩时，世界将因玩而改变。

4. 创新的判断来自年轻人

原来我们认为，创新的判断都来自专家。现在发现，创新的结论越来越多地来自年轻人。像麻省理工学院的一些本科生、研究生，他们都有这样的观念——要做影响

世界的研究。这个研究不是要等导师来给分配，而是自己要找一份有意义的工作，找一个别人没有想过的问题，一个别人没找到的角度，然后想办法解决它。比如：美国提出恢复"先进制造业"，许多制造业的技术储备来自创新服务的带动，如第六感流动界面、纳米传感器等，这些都是年轻人想出来的。麻省理工学院主要的研究方向有生物机械电子学、计算机文化、生态设计、人类动力学、信息生态社会、心灵与机器、个人机器人、智能城市、人工神经生物学，等等，每一个方向下又分设了许多小的课题项目，所有的学生都参与进来，和导师一起做项目。

5. 创新的金融不只依赖金融机构

原来我们认为，创新需要投资，投资就需要银行，或者靠一些大的创投公司。但是，现在出现了一个新的创投金融叫众筹，众筹的兴起源于美国的一个网站Kickstarer，网站每周选出两项最佳产品创意进行进一步产品研发，大家可以根据自己的判断投资，可以捐款，最少的捐款额可以是1美元。这就推动产品变成了一个真正现实的商品。众筹出现以后，可以说在世界上发展得非常快，世界银行也预期到2025年中国可能就会成为世界上最大的众筹市场。中国的创客也大量运用众筹的方式获得资助，例如，有一个专门生产空气清洁器的公司叫三个爸爸，它创造了产品众筹的中国第一纪录：两小时众筹100万元人民币，十小时200万元，30天1122万元。它的众筹为何如此成功呢？就是因为它的产品好，它的产品借用了潜艇技术等军工方面的一些技术，能够把甲醛、PM2.5全部清除。因为它的产品好，而且在网上做的广告也非常好，因此获得了很多人的青睐。

6. 个人也能制造创新产品，创意能及时呈现出来

以前，如果有一个很好的创意，需要联系一个工厂帮助加工制造，非常烦琐。但是现在，创新产品能够及时制造出来，这就得益于3D打印机技术。3D打印技术是快速成型技术的一种，它是一种以数字模型文件为基础，运用粉末状金属或塑料等黏合技术，通过逐层打印的方式来构造物体的技术。3D打印技术如今已经成为科技界非常热门的一种技术，这就使得个人创意能够及时地呈现出来，而且还可以加以改进。例如：LIX 3D是全世界最小的3D打印笔，只有普通笔一样大小，打出来的是细的塑料，这种塑料很快就能变硬成型，打印的杯子等都是用这支笔打印出来的。

3D打印技术可以说为创意开发和特殊个性化制作带来了福音，不仅使人们的创意能够迅速变为现实，而且能够为进一步改进提供很好的原型。不过这里需要强调一下：3D打印技术不能淘汰传统的批量生产线技术。

实际案例

将癌细胞"一网打尽"[一]

人们一直期待有这样一种治疗癌症的药物：它不是针对某个特定的癌症发病的器官，而是根据癌细胞的 DNA，无差别地进行治疗。今年5月，美国食品药品监督管理局(FDA)批准了一种名为 Pembrolizumab 的药物。此前，该药物已被批准用于治疗黑色素瘤和少数几种其他的肿瘤；现在，它已经可以治疗儿童和成人的任何包含错配修复缺陷的晚期实体肿瘤。

FDA 的这项批准对于癌症治疗领域意义非凡。事实上，在不同的器官同时出现肿瘤比只在同一个器官出现肿瘤更为常见。在这之前，人们对于癌症的治疗还局限在发病器官上，哪里出现癌症，就对哪里进行治疗。而现在，无论是在胰腺、结肠、甲状腺，还是其他十几个组织中的任何一个的细胞癌变，药物 Pembrolizumab 都能根据突变的 DNA 锁定包含错配修复缺陷的癌细胞，并进行治疗。

思考练习题

1. 创新对大学生有什么意义？
2. 理解创新这个概念的关键在哪里？创新分为哪几类？
3. 世界创新变化对当代大学生有何影响？

1.3 创造性思维的理论

引导案例

无人驾驶汽车——未来科技触手可及[二]

无人驾驶无疑是近年来汽车行业出现频率最高的词汇之一。试想，如果汽车通过操控系统进行自动控制，行驶过程中实现无人驾驶，到达目的地时能够自动泊车，那么在旅途上我们则可以尽情地和家人享受沿途风光。这并非科幻小说中才出现的片段场景，这一切在不久的将来都可能成为现实。

[一] http://tech.china.com/article/20180103/2018010394552.html ［2018-1-20］

[二] http://gongkong.ofweek.com/2014-02/ART-310045-8470-28780769_6.html ［2014-8-20］

集自动控制、体系结构、人工智能、视觉计算等众多技术于一体的无人驾驶汽车,是计算机科学、模式识别和智能控制技术高度发展的产物。目前,无人驾驶汽车所需要的技术已经基本具备,这些技术包括以雷达为基础的巡游控制系统、运动传感器、路线变化报警装置和卫星数字地图。

进入21世纪,各国公司各显神通,不断致力于无人驾驶技术的研发,不断提交相关专利申请为研发保驾护航。美国谷歌公司凭借在电子产业的技术优势和传闻中的绝密实验室"GoogleX",也投入到无人驾驶技术的研发中。研发无人驾驶技术数年来,谷歌公司的样车累计完成了数十万公里路试,并向美国专利商标局提交了20余件关于无人驾驶技术和无人驾驶汽车的相关专利申请,其中部分已经获得授权。另外,有资料显示,奔驰、宝马、奥迪、沃尔沃、雷克萨斯、福特、通用等知名汽车企业均已着手无人驾驶技术的研发工作。

此外,日系车企也不甘落后。日本企业在日本提交的相关专利申请在2000年约为140件,达到高峰,而2012年则减少至约30件。但是,从各大公司最近发布的关于汽车驾驶技术的信息来看,日本车企开始迅速大力推进研发工作。业内人士预计在今后日本车企关于自动驾驶技术的专利申请数量也将迅速增加。

在2013年全球汽车论坛上,沃尔沃公司相关负责人表示,将会在2020年正式推出搭载无人驾驶系统的汽车,关于这个2020年的猜想,我们将拭目以待。

1.3.1 创造性思维的脑神经生理基础

大脑是产生智慧和情感的物质基础,大脑的复杂结构和活动机制是创造性思维产生最为关键的方面,弄清大脑及其左右脑半球各自独有的功能特点和协同方式,是揭开每个人的认知风格、情感特征及创造才能的一把钥匙。

1. 人脑构造

人脑是中枢神经系统的最高级部分。根据神经学家的部分测量,人脑的神经细胞回路比今天全世界的电话网络还要复杂1400倍。每一秒钟,人的大脑中进行着10万种不同的化学反应。人的大脑细胞数超过全世界人口总数2倍多,每天可处理8600万条信息,其记忆储存的信息超过任何一台电子计算机。如此神奇的人脑具有怎样的结构呢?人脑的构造主要由脑干、小脑和前脑三部分组成(如图1-7所示)。

(1)脑干

脑干位于大脑的下面,脑干的延髓部分下连脊髓,呈不规则的柱形状。脑干的功能主要是维持人体生命、心跳、呼吸、消化、体温、睡眠等重要生理运作。

脑干部位主要包括延髓、脑桥、中脑、网状系统四个构造部位。延髓居于脑的最下部,与脊髓相连,其主要功能为控制呼吸、心跳、消化等,支配呼吸、排泄、吞咽、

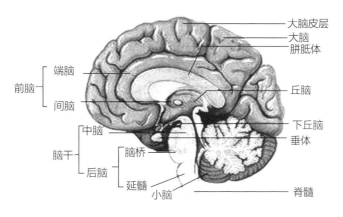

图1-7 人脑解剖图

肠胃等活动。脑桥位于中脑与延髓之间,脑桥的白质神经纤维通到小脑皮质,可将神经冲动自小脑一半球传至另一半球,使之发挥协调身体两侧肌肉活动的功能,对人的睡眠有调节和控制作用;中脑位于脑桥之上,恰好是整个脑的中点,是视觉和听觉的反射中枢,凡是瞳孔、眼球、肌肉等的活动,均受中脑的控制;网状系统的主要功能是控制觉醒、注意、睡眠等不同层次的意识状态。

(2)小脑

小脑位于大脑半球后方,覆盖在脑桥及延髓之上,横跨在中脑和延髓之间,它由胚胎早期的菱脑分化而来,小脑通过它与大脑、脑干和脊髓之间丰富的传入和传出联系,参与躯体平衡和肌肉张力(肌紧张)的调节,以及随意运动的协调。

(3)前脑

前脑也叫大脑。前脑可以说是让人类活动得更像人的重要器官。当然,动物也有大脑,但因为人类拥有远比动物大脑进化得更高级的大脑,所以才能成为世界的主宰者。

譬如动物通过眼睛看东西,通过耳朵听声音,通过鼻子嗅气味,通过皮肤与外界接触,而掌控这些器官的就是大脑。这也是比动物更高级的人类所共有的。但除此之外,人类还会思考问题、判断事物,感觉喜怒哀乐,有时还会用意志来控制这些感觉,并通过音乐和美术等艺术活动来表现自我。

前脑是人类思维的最高层次,也是人脑中最复杂、最重要的神经中枢。人体的整个神经系统是指大脑的各部分和脊髓组成的中枢神经系统,以及遍布全身的外周围神经系统。人的大脑是人类一切创造活动的源泉。人类的思维是在组成大脑主要部分被称为皮质层的部位进行的。

当大脑受到细微损伤时,也就不能充分发挥其功能,造成人的功能上的欠缺。因此,大脑被头盖骨所覆盖并漂浮在脑脊液中,免受外界的冲击。

大脑的内部结构相当复杂,既坚韧又非常精密。大脑不是单纯的一团肉疙瘩,大脑内有"形形色色的脑",并重叠成多层,分别起着一定的作用。大脑内的"形形色色的脑"相互之间有紧密的关系,有的扮演着主角,有的扮演着在背后支持主角的"绿叶"。各层次的大脑十分清楚各自的领域,原则上不会侵犯其他领域。

进一步观察大脑内部结构就会发现,其微观世界密密麻麻地向四周延伸。称为"突触"和"神经元"的物质是形成大脑最基本的物质,这些物质构筑起大脑内部的网络,如基石般支撑着大脑各方面的活动。

人的大脑或许是在相当漫长的岁月中适应需要而持续不断进化的成果。因此,人类大脑的结构是生物世界中最高级的艺术品。

2. 左右脑功能特化与创造性思维

大脑分为左、右两个半球,它们之间通过脑桥的大量神经纤维相互贯通。左脑与右脑的结构相当,但功能却各不相同。所谓左右脑"功能特化"（Functional Specialization）,是指人的左右脑半球各有各的机能分工或特殊的专门职责（如图 1-8 所示）。

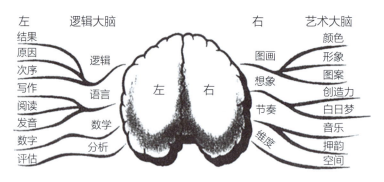

图 1-8 左右脑的功能○

从图 1-8 可以看出,左脑擅长语言、阅读、计算、书写、分类、排列等,主要进行逻辑思维、集中思维,确定时间关系,具有连续性、有序性和分析性的特点,被人们称为理性脑。右脑在形象记忆、识别几何图形、理解隐喻、音乐、舞蹈、态度、情感、直觉、想象、做梦等方面起主要作用,是进行形象思维、发散思维的中枢,并确定空间关系,具有弥漫性、连续性、整体性的特点,被人们称为感性脑。大脑左、右脑之间存在着某种功能性联系的实体,即胼胝体,它是连接左、右脑的横行神经纤维束,起着连接左、右脑半球全部皮质的作用。正常情况下,左、右脑通过胼胝体以每秒 400 亿次的频率相互传递脉冲信息,促使左、右脑配合默契。

○ http://www.creap.cn/new/Chapter4.asp ［2008-7-10］

结构双分的左右脑半球在功能上的确有差异，但这并不能说明孰优孰劣，只是机能分工不同罢了。若说有优劣之分，那便是各有各的优长之处：左脑长于言语功能，右脑则长于非言语的功能。这就是斯佩利等人通过大量实验研究总结出来的大脑两半球功能特化理论的根本点。而正是这一点，在他们的实验研究和科学发现之前，人们几乎是不得而知的。

美国科学家奥恩斯坦教授经过多年研究发现，如果一个人在使用大脑一个半球方面或多或少受过专门训练，那么当他在使用另一大脑半球时将相对地表现出无能。苏联科学家通过研究也发现，如果经常片面地使用大脑的一个半球，会产生各种反作用力。可是当前，在我们的观念和教育实践中，存在着明显的"重左轻右"的偏向。在人才的智力测验中，以数理逻辑和语言能力为主，学校教育中也是具有左脑优势的学生更易通过各种考试，以至于使学生描述那些右脑优势的人为"四肢发达，头脑简单"。奥恩斯坦还发现，如果对大脑两半球的弱的一半予以开发刺激，使它能和另一半球相配合，结果会使大脑总的能力和效力大大提高，产生更大的效应。因此在教育中除了要进行语言材料、符号材料、抽象材料的学习外，还要重视非语言材料、图形材料、形象材料的学习，注意想象力、形象思维能力、知觉思维能力、发散思维能力的培养。

美国学者布莱克斯利认为目前需要进行右脑革命，这是由于：①左脑的许多功能可以用计算机来代替；②由于社会的和教育的偏向，数理推理和语言能力被看作是人才的重要的甚至是唯一的智力内容，使人们产生左脑是优势半球的误解；③只有研究并揭示右脑的奥秘，开发右脑的功能，才有可能给当前的计算机技术开辟出一个全新的更广阔的前景。

3. 创造的全脑模式

美国人奈德·赫曼（Ned Herrmann）经过20多年对人脑思维的不懈研究，创造了大脑运作四象限模型，这个全脑模型从深层次揭示了要想提高创造力，就要全面扩展创造的脑空间。

右脑具有产生直觉、顿悟、灵感的创造性，但是右脑自身不能对产生的思维结果进行验证，也不可能把这个结果与其他人进行交流或输入计算机，因为右脑是非语言和非逻辑的，只有通过胼胝体把信息传入左脑。然后由左脑进行下一步的检验工作，并通过左脑思维的可交流性特点转换成其他人和计算机都能接受的逻辑语言。可以说，左脑是智力活动的基础，右脑是创造的源泉，左右脑相互配合才能充分挖掘出大脑的潜力，发挥出最大的创造力。

人的创造力除了依赖于左右脑功能互补外，还存在着大脑皮层与边缘脑的互补。20世纪70年代，美国健康学会的麦克连提出脑部三分模型。按照人脑的进化历程划分人脑的功能区：爬虫类脑、哺乳类脑、新皮层。中间一层哺乳类脑现叫作边缘系统，负责处理情感和连续的信息，负责记忆。最外面的新皮层就是我们平常所说的大脑皮层，这个区域是人类思维和产生智慧的部分。

大脑两半球都有边缘部分和新皮层部分。人在进行创造的时候，既有情感因素，也有记忆因素，所以从更深入更细致的角度来分析，创造不仅包括左脑与右脑的合作，而且也存在大脑皮层与边缘脑的协同。

赫曼根据麦克连的研究成果，进一步把思维的大脑表示为四分构造的模式。四个象限（如图1-9所示）代表四大思维类型，分别比作大脑皮层、两个半脑和两个边缘部分。

四个象限代表四种不同的思维风格：A象限的思维特点是分析的、数学的、逻辑的、推理的。B象限的思维特点是受控制的、保守的、计划的、组织的、顺序的。C象限的思维特点是人际关系的、情感的、音乐的。D象限的特点是想象的、艺术的、整体的、直觉的、综合的。每个人在进行思维活动时，都会不自觉地有自己的偏好和喜爱，这样就会形成四大象限思维类型中某一个或某几个象限的优势。

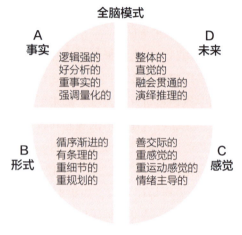

图1-9 赫曼的四个象限○

赫曼认为在创造过程中，A、B、C、D四种思维模式都会涉及，所以要想提高创造力，需要从四个方面扩展创造的人脑空间。

在科学发现的历史上充满了类似的事例。那种只运用右脑的人，往往陷入空想和妄想；那种只运用左脑的人也不能做出高水平的创造。这说明我们通常所认为的逻辑思维强的人是最聪明的看法是错误的。创造需要左右脑的协同，即创造的全脑模式。

1.3.2 创造性思维的核心——非逻辑思维形式

1. 创造性思维定义和特征

（1）创造性思维的定义

简单说，创造性思维是运用新颖、独特的方式和方法解决问题的一种积极主动的

○ https://baike.baidu.com/item/%E5%85%A8%E8%84%91%E6%A8%A1%E5%9E%8B/929676?fr=aladdin［2018-1-21］

思维活动。严格地说,"所谓创造性思维,乃是认识主体在实践中,由于发现合适问题的导引而以该问题的解决为目标的前提下,基于其意识与无意识两种心理能力的交替作用,当暂时放弃意识心理主导而由无意识心理驱动时,突然出现认知飞跃而产生新观念,并通过逻辑与非逻辑两种思维形式协作互补以完成其过程的思维。"

理解创造性思维可从三个方面加以把握:

要点一:创造过程始于合适问题的发现,终于问题的合理解决。

要点二:创造过程始终存在意识(Cs 或 C)与无意识(Ucs 或 U)两种心理状态或心理能力的作用。

要点三:创造过程由逻辑与非逻辑两种思维形式协作互补完成。

它们的关系可简示为:

逻辑(言语)思维………非逻辑(非言语)思维
↑   ↗   ↑
意识心理……………………无意识心理

(2)创造性思维的特征

创造性思维的特征主要可以概括为以下几点:

1)开放性。开放性,本质上是一种空间的概念。所谓思维的开放性,即开放感觉、开放信息、开放经验、开放美感、开放观念、开放价值,多视角、全方位地看问题的思维。思维的开放性还指在思维加工过程中延迟判断,让更多的可能性进入思考的范围;在信息输出时宽容地对待不成熟的设想,让有前途的创意得以出笼。创造性思维的开放性也是一种创造性认知风格,是反映信息在交流中无阻碍,同时不引起情感芥蒂的一种心理状态,思维的开放性是创造思维得以产生的前提条件。

2)求异性。创造性思维的求异性是指对司空见惯的现象或者已有的权威性理论始终持有一种怀疑的、分析的、批判的态度,而不是盲从与轻信,并用新的方式来对待和思考所遇到的一切问题。当然,这种求异必须是建立在实事求是的科学态度之上的,绝非单纯地为求异而求异。

3)新颖性。创造性思维的新颖性即独特性,是指突破传统思维定式和狭隘眼界,通过独特的视角、前人没有尝试过的方法去思考问题和解决问题。其结果通常采用新的信息编码与加工形式。

4)灵活性。创造性思维的灵活性是指其思维结构是灵活多变的,其思路能及时地转换与变通。创造性思维在结构上的灵活性,对于探索未知、创造技术都是不可或缺的。只有多方法、多渠道、强能量、高效益、多反馈地进行多方探索,反复试验,才能增加成功的概率。

5)非显而易见性。非显而易见性是指,创造性思维的过程和结果并不是目前该领域的中等专业技术人员"一想"就想出来的,即不是非常容易地从现有的原理中推出结论，往往需要通过非逻辑的跳跃以及打破旧的联系。

2. 创造性思维的形式

创造性思维的根本特点就在于，它是一种运用新颖独特的方式方法解决问题的积极主动的思维活动。在创造过程中，人们既运用逻辑思维，也运用非逻辑思维，既有形象思维，又有抽象思维，任何把一种思维形式作为创造思维的唯一形式的看法都是片面的。但是逻辑思维与非逻辑思维、形象思维与抽象思维在创造中的作用是不一样的。在不同性质、不同类别的创造中，各种思维形式的作用大小也不一样。一般来说，创造性思维中，非逻辑思维要比逻辑思维起到更重要的作用，而常规思维中，逻辑思维要比非逻辑思维起到更大的作用。

非逻辑的思维形式主要有联想（见3.3节）、想象、类比（见3.4节）、灵感、直觉、顿悟等。

（1）想象

想象是人在头脑里对记忆表象进行分析综合、加工改造，从而形成新的表象的心理过程。它是思维的一种特殊形式，即通常所谓的形象思维。想象能使我们超越时间和空间的限制，凭表象之手可以去触摸感觉不到的世界。因此麦金农说："想象力是大于创造力的。"创造既需要想象力翱翔天空，又需要回到现实，脚踏实地地努力。

想象是对表象和意象的自由加工。那么，什么是表象，什么是意象呢？

1）表象和意象。

①表象。表象是指曾经作用于人的具体事物被保留在头脑中，当该事物不在面前时所浮现的心理形象。表象是表征的一种。

依据表象产生的感觉通道，表象可分为视觉表象、听觉表象、运动表象等。根据表象产生的方式，还可以将表象分为记忆表象和创造表象。

由于某种原因使经历过的事物的形象在意识中浮现出来，头脑中所回忆起来事物的形象就是记忆表象。如我们在头脑里可以呈现出父母的形象、自己房间的布局及各种用品的模样。创造表象是指记忆表象在人的头脑中经过加工重组之后产生的新的表象；这些新表象或者代表人们从未感知过的事物的形象，或者代表世界上根本不存在的事物的形象。

表象属于客观事物的感性印象，具有直观性；表象是多次知觉的结果，又具有概括性；表象是由感知过渡到思维的必要环节。

②意象。所谓意象，就是客观物象经过人独特的情感活动而创造出来的一种感性心理形象。意象与表象类似，但不是表象。表象更为直接地依赖知觉，它是在知觉出现后，离开对象时立即产生的。表象的材料经过过滤可以成为意象材料的源泉之一。表象的瞬间性是意象所缺乏的。意象的长久性可以使它得以发展，能与其他意象重新

组合。即使在意象产生的短暂时间内，它也与表象有不同之处，意象是经过选择的。表象局限于直接知觉过的事物，而意象的创造功能更为广泛，它可以创造现实中没有见过的意象。

2）想象的分类。

①按照主体的意识状态，可以将想象分为无意想象和有意想象。

无意想象（Voluntary Imagination）是指没有预定目的，在一定刺激的影响下，不由自主地产生的想象。梦是无意想象的极端形式。

有意想象（Involuntary Imagination）是指根据一定的目的，自觉地进行的想象。

②按照想象所具有的创造性，可以将想象分为再造想象与创造想象。

再造想象（Reproductive Imagination）是依据词的描述或根据图样、模型、符号的示意在人脑中形成新形象的心理过程。如人们在理解和欣赏文艺作品时，主要依靠的便是再造想象的积极活动。

创造想象（Creative Imagination）是指在活动中，根据一定的任务，以记忆表象作为材料独立地进行分析综合，加工改造而创造出新的表象。创造想象是人类最高级的思维活动，科学上的创造发明和文艺创作都离不开创造想象。

③想象又可分为不随意想象和随意想象。在创造过程中直接发挥作用的想象活动都是随意想象，如牛顿就曾设想，从高山上用不同的水平速度抛出物体，速度一次比一次快，则落点一次比一次远，如果不计空气的阻力，当速度足够快时，物体就永远不会落到地面上来，而是在引力作用下绕地球旋转。想象是一种高级的认知心理过程，它几乎表现在一切科学创造活动之中，甚至可以说，没有想象就没有科学，就没有创造发明。

想象所加工的表象包括视觉表象、听觉表象、触觉表象、嗅觉表象、味觉表象等，其中视觉表象约占80%。许多有杰出创造性的人才似乎具有一种能唤起视觉、听觉甚至动觉表象的超常天赋，如著名画家达·芬奇和作家狄更斯就属于视觉表象优势的想象类型，而法国哲学家狄德罗、德国音乐家贝多芬则属于听觉表象优势的想象类型。

在创造中运用想象时，记忆表象往往不再与产生它的客观事物相联系，这些表象可能已被重组、抽象或压缩，成为创造者自己建构大厦的基本材料——意象，最后建成的大厦可能与产生的事物相去甚远。爱因斯坦在构思广义相对论时，在头脑中想象自己乘一电梯，电梯的惯性速度与地球的引力相当。爱因斯坦想象中使用的电梯与日常生活中的电梯相去甚远。

总之，在想象所加工的表象中，视觉表象是想象的基本素材，一个人的视觉表象的存储量，决定了这个人的想象力是否丰富；其他类型表象的充实度，决定了想象的生动和鲜明性；情感介入的强弱程度，决定了想象的大胆和幽默程度；是否能加工图式表象和抽象表象，决定了想象水平的高低。人类智慧也是逐步发展的，幼儿加工的都是直接由感知带来的表象，发展到一定年龄，才能发展到加工图式表象，最后才有抽象的结构表象加工。在创造力开发的过程中，应注意不同的年龄层次，对想象力的发展各有侧重，但也应看到，有些人因成长过程中的各种原因，造成视觉感知表象十分贫乏，恰恰应当从头补起。

(2) 灵感

盘尼西林（青霉素）的发明者弗莱明在做实验时，在一个实验器皿中培养了细菌。但是实验没有成功，因为实验器皿中的细菌被别的细菌侵入，长成了绿霉。弗莱明仔细观察后，他注意到这个绿霉杀死了器皿中原有的细菌。在注意到这个霉菌的杀伤力之后，经过分析、判断，弗莱明产生了灵感，他想到这个绿色的霉菌中包含着可以杀死葡萄球菌的物质。于是，他把盘尼西林从霉菌中分离了出来。他的这一灵感，使人类的死亡率降低了一半。

北京大学的傅世侠教授认为，灵感是人们潜心于某一问题达到癫狂着迷的程度而又无从摆脱的情况下，由于某一机遇的作用，而受到启迪的心理状态，这种心理状态会导致顿悟。在灵感产生前，所有积极的心理品质都得到调动，使问题一下子得到解决。所以，灵感有三个最显著的特征：一是引发的随机性；二是显现的瞬时性；三是过程的应激性。由于这些特点，当人们产生灵感时，往往充满了激情，甚至缺乏应有的理智，就像阿基米德那样。

灵感是突如其来的，并没有逻辑的一步一步推导，所以，灵感的出现，即意味着常规思维的跳跃、逻辑思维的中断。但灵感并不是神秘莫测的。周恩来总理用八个字，很好地概括了灵感产生的认识论基础——长期积累，偶尔得之。直觉、灵感的产生，都是经过长期观察、实验、勤学、苦想的结果，没有这个基础，灵感是不会飞进人的大脑。科学创造中的灵感、想象往往是模糊的，如果不重视这种模糊的思维，就可能让灵感偷偷溜掉。

(3) 直觉

直觉是对事物本质和客观规律的直接把握或洞察。直觉可以是纯经验的，如直觉感到某人是个好人或坏人；也可以是理性的，有人经常要用到理性阶段的直觉（不是灵机一动的感想）来推进科学工作。根据相关研究，除了右脑型认知风格的人容易产生直觉外，领域技能的高低也决定了能否产生直觉。一般认为，直觉是一种本能的对知识或感觉的自动加工和运用过程，也就是斯腾伯格所讲的经验智力中的自动化信息加工能力和情境智力的结合。

直觉的特点是：

1) 非逻辑性，即快速、瞬间地直接获得，没有经过逻辑推理。

2) 对结果正确性的坚定感。

3) 理智性。

许多科学家的直觉能力对他们的创造起到了重要作用。创造者也往往对自己的直觉抱有坚定的信念,但是这并不表明直觉必定能带来成功的创造,直觉如同灵感一样,其结果都要经过逻辑的检验。

(4)顿悟

格式塔心理学对顿悟做了较深入的研究。格式塔心理学家认为顿悟是指个人对情境中的相关事件产生知觉重组的历程,亦即个人对整个情境中各元素间的关系有所了解。在学习心理学中,顿悟是指在复杂事物或解决困难问题的情境下,个体对问题关键豁然贯通而得到答案的学习经验,也称阿哈经验。

顿悟与直觉一样具有认知作用。顿悟的前期必定有艰苦的解题或探索过程,直觉则不一定必须经过这样的过程,灵感一般要受到外界事物的启发,但也有从心灵内部产生的、无法说清产生途径的启迪。而顿悟一般是在思维内在的活动加工过程中(格式塔心理学家所讲的知觉重组和学习心理学所认为的个体对学习情境的认知),突然得到了结果,外在媒介的引导比较少。因此,伴随着灵感的是极强烈的情感,因为它的产生要借助外界的启发,多少有点"天上掉馅饼"的感觉。伴随顿悟的是平静的喜悦,直觉则是完全理智的。灵感与顿悟最主要的区别是,顿悟得到的是"是什么"的回答,包括是什么性质的问题,是怎么一回事和是谁,是什么时间地点和是多少。灵感得到的是"怎么办"的答案。如,魏格纳知道了地质学上的"大陆漂移说",牛顿被树上掉下的苹果砸中脑袋而知道了万有引力。

1.3.3 创造性思维方向

英国著名哲学家弗朗西斯·培根曾说,"跛足而方向正确的人能赶过健步如飞但误入歧途的人"。如果把思路比作道路的话,思维方向的重要性便由此而知。创造性思维的早期研究,主要涉及想象、灵感这些思维形式问题。后来"发散性思维和收敛性思维的提出,首先使人们在关注创造思维形式的同时,还发现了与创造过程关系更为密切的思维方向问题。考虑使用哪一种思维形式,有助于我们从微观上把握创造,考虑思维方向有助于我们从宏观上理解创造思维和创造过程。思维方向的把握是从战略上运用创造思维形式的过程。"[一]因此,思维方向与创造过程的关系比思维形式更为重要。思维向四面八方发散时,需要综合地运用多种思维形式,即使是思维收敛时,也要综合运用概念、判断和推理这些逻辑思维形式。特别是,不仅美国学者卢森堡所讲的"两面神"思维,是正向与逆向的互补,"就是发散与收敛、横向与纵向也是互补的。"[一]因此,有必要探讨"这种具有对立统一实质的'两面神'思维的创造性。"[一]

[一] 罗玲玲. 创造力的理论与科技创造力 [M]. 沈阳:东北大学出版社,1998.

1. 发散思维和收敛思维

(1) 发散思维和收敛思维的概念

1967 年,吉尔福特在他的《人类智力的本质》一书中,首次提出发散性加工 (Divergent Production) 与收敛性加工 (Convergent Production) 的概念。这是他经过多年研究,把运用心理学的调查方法所证实的几十种理智能力,综合成总的智力结构模式的结果。

吉尔福特的智力结构模式包括五种智力操作过程(运演),其中发散性加工,定义为"根据自己记忆贮存,以精确的或修正了的形式,加工出许多备择的信息项目,以满足一定的需要"。而将收敛性(又译辐合性)加工,定义为"从记忆中回忆出某种特定的信息项目,以满足某种需要"。他进一步解释说:"发散性加工是一种记忆的广泛搜寻,而辐合性加工则是一种聚集搜寻。"[一]由此可见,从吉尔福特最初将其作为智力因素来定义之日起,就显示出其间的相反相成的性质:一个是加工"许多备择信息",一个是加工"特定的信息";一个是"广泛搜寻",一个是"聚集搜寻"。但后来有相当多的人,对这一互相对立,但又缺一不可的思维形式的认识有所偏差,而只注意了发散性加工。

现在,在各种阐述创造力和创造性思维的书籍中,所看到的发散性思维和收敛性思维的概念,都是经过后人发展了的。发散性思维是指在问题解决的思考过程中,不拘泥于一点或一条线索,而是从仅有的信息中尽可能扩散开去,而不受已经确定的方式、方法、规则或范围等的约束,并从这种扩散的或辐射式的思考中,求得多种不同的解决办法,衍生出不同的结果。而收敛性思维,是指在解决问题过程中尽可能地利用已有的知识和经验,把众多的信息逐步引导到条理化的逻辑程序中去,以便最终得出一个合乎逻辑规范的结论来。发散性思维即产生式思维,运用发散性思维产生观念、解答、问题、事实、行动、观点、方法、规则、图画、概念、文字。思维发散过程需要发挥知识储备和想象力,而收敛思维是选择性的,在收敛时需要运用知识和逻辑。

发散思维追求思维的广阔性,海阔天空,大跨度地进行联想,它的量和质直接决定收敛思维取得的结果和要达到的目的,主要包括联想、想象、侧向思维等非逻辑思维形式。而收敛思维在创造学著作中虽不如发散思维多见,但却是生活中最经常使用的一种思维,收敛思维包括分析、综合、归纳、演绎、科学抽象等逻辑思维和理论思维。

(2) 发散思维和收敛思维的特点

1) 发散思维的特点。发散思维具有流畅性、灵活性和独特性三大特点。

[一] 吉尔福特. 创造性才能——它的性质、用途与培养 [M]. 施良方, 沈剑平, 唐晓杰, 译. 北京: 人民教育出版社, 1990.

①流畅性。流畅性是指短时间内从任意给定的发散源中，选出较多的观念和方案，即对提出的问题反应敏捷，表达流畅。机智与流畅性密切相关。流畅性反映的是发散思维的速度和数量特征。

目前我们课堂教学往往注重的是收敛思维的培养和训练，追求标准答案，缺乏的恰恰是那种能充分发挥学生的主动性和创造性的发散思维训练，应该让学生追求多种答案。法国哲学家查提尔说："当你只有一个点子时，这个点子再危险不过了。"因为那一个点子，说不定就是最愚蠢的一个，只有提出多个点子，进行比较后再选择，才能避免这样的失误。

曾有人请教爱因斯坦，他与普通人的区别何在。爱因斯坦回答说，如果让一位普通人在一个草垛里寻找一根针，那个人在找到一根针之后就会停下来。而他则会把整个草垛掀开，把可能散落在草里的针全部找出来。爱因斯坦在科学领域之所以能够取得那么大的成就，就是因为他在科学研究的过程中，不会找到一个方法后就停下来，而是不断地想出更多的办法，找到解决问题的方案，这充分体现了发散思维的流畅性。

②灵活性。灵活性是指思维能触类旁通、随机应变，不受消极思维定式的影响，能够提出类别较多的新概念。可举一反三，触类旁通，提出不同凡响的新观念、解决方案，产生超常的构想。变通过程就是克服人们头脑中某种自己设置的僵化思维框架，按照新的方向来思索问题的过程。

灵活性比流畅性要求更高，需要借助横向类比、跨域转化、触类旁通等方法，使发散思维沿着不同的方向扩散，表现出极其丰富的多样性和多面性。

吉尔福特在"非常用途测验"中，要求学生在八分钟之内列出红砖的所有可能的用途。

某一学生说：盖房子、盖仓库、建教室、修烟囱、铺路、修炉灶等。所有这些回答，都是把红砖的用途局限在了"建筑材料"这个范围内，缺乏变通。

另一学生说：打狗、压纸、支书架、打钉子、磨红粉等。这些回答的灵活性较大，多数是红砖的非常用途。因此后者的灵活性好，创新能力比前者高。

③独特性。所谓独特性就是指超越固定的、习惯的认知方式，以前所未有的新角度、新观点去认识事物，提出不为一般人所有的、超乎寻常的新观念。它更多地表征发散思维的本质，属于最高层次。红砖能够当尺子、画笔、交通标志等，这就是独特性思维。

流畅性、灵活性、独特性三个特征彼此相互关联。思路的流畅性是产生其他两个特征的前提；灵活性则是提出具有独特性新设想的关键；独特性是发散思维的最高目标，是在流畅性和灵活性的基础上形成的，没有发散思维的流畅性和灵活性，也就没有其独特性。

2）收敛思维的特点。收敛思维具有唯一性、逻辑性和比较性三大特点。

①唯一性。尽管解决问题有多种多样的方法和方案，但最终总是要根据需要，从各种不同的方案和方法中选取解决问题的最佳方法或方案。收敛思维所选取的方案是唯一的，不允许含糊其辞、模棱两可，一旦选择不当，就可能造成难以弥补的损失。

②逻辑性。收敛思维强调严密的逻辑性，需要冷静的科学分析。它不仅要进行定性分析，还要进行定量分析，要善于对已有信息进行加工，由表及里、去伪存真，仔细分析各种方案可能产生什么样的后果以及应采取的对策。

③比较性。在收敛思维的过程中，只有对现有的各种方案进行比较才能确定优劣。比较时既要考虑单项因素，又要考虑总体效果。

（3）发散思维和收敛思维的结合

无论是吉尔福特原本意义上的发散性加工与收敛性加工，还是后人提出的发散思维与收敛思维，它们都具有互补的性质。而且，不仅在思维方向上是互补的，在思维操作的性质上也是互补的。与卢森堡原意的"两面神"思维不同的是，对立面的互补可以明确地把握，而对立面的联结和并存，只是表现为创造性产品中含有发散和收敛的操作结果。因为这一对矛盾属于思维操作过程，因而必须在阶段上加以区分。

1）解题过程时间分开。吉尔福特认为，发散性加工只提出备择的方案，要识别哪些是好的，还需要评价的介入。美国创造学者科顿形象地描述了发散性思维与收敛性思维必须在时间上分开，也即分阶段（如图1-10所示）。如果混在一起，会大大降低思维的效率（如图1-11所示）。运用延迟判断的技巧是将发散思维与收敛思维分开的关键。

图1-10　发散和收敛之间需要时间间隔　　图1-11　同时发散和收敛等于零

延迟判断起到了保护想象力的作用，使提出设想的阶段不会过早地受到判断的干扰。因为判断是用已有的知识、经验去审视事物。创造设想产生的开始阶段，需要思维充分地发散才有可能激发想象力，打破旧的条条框框的束缚，提出新颖独特的想法。如果一开始就进行判断，新的想法还未成形，或过于粗糙，就会失去继续发展完善的机会。

延迟判断还有利于主体产生酝酿效应。酝酿对解决棘手的问题相当重要。酝酿就像"孵小鸡"，必须经过一段时间。如果在酝酿阶段总是不断地有判断参与，就无法进入无意识状态，酝酿就会趋于失败。

思维发散过程中同时收敛，就会影响创造性设想的产生，原因是判断会阻碍发散的继续进行。思维应该收敛的时候，发散还在继续，就会降低工作效率，使解决问题变得无止境。分开是必要的，但分开是为了更好地结合。

2）解题质量相互弥补。

第一，解题过程的互补。

发散思维与收敛思维在思维方向上的互补，以及在思维过程上的互补，都是创造性解决问题所必需的。发散思维向四面八方发散，收敛思维向一个方向聚集；在解决问题的早期，发散思维起到更主要的作用，在解题后期，收敛思维则扮演着越来越重要的角色。尤其是在通过数学和严密的逻辑思维那种方式得出解决问题的方法时，收敛思维的作用就更为重要。创造性解决问题的每一个阶段，都需要发散思维与收敛思维一张一弛，相辅相成，那种以为创造性思维就是发散思维的看法是片面的。

第二，擅长发散思维的人与擅长收敛思维的人互补。

有的人善于使用发散思维，有的人善于使用收敛思维。因此，为了达到一种平衡，在组建小团队时，最好将具有不同思维特点的人组合在一起，彼此互补。如果都擅长发散思维，讨论问题就会陷入无休止的提方案循环中，永远得不到结果。

一般说来，发散思维中想象力可以自由驰骋，而收敛思维则能促使想象回到现实。没有发散，设想很难新颖、独特；没有收敛，任何独特的设想也难以具有现实性的品格。由于发散思维与收敛思维构成了相互依存与相互补充的关系，所以我们也可以把发散思维与收敛思维在创造过程中的方向互补所起的作用，看作是一种"两面神"思维的运用。

2. 横向思维和纵向思维

横向思维（Lateral Thinking）概念由英国学者爱德华德·波诺（Edward de Bono）于 1976 年首次提出，它与纵向思维（Vertical Thinking）概念相对应。Lateral 也有"侧面的、从旁的、至侧面的"意思，故"横向思维"也可称为"侧向思维"。

（1）横向思维和纵向思维的概念

仅从字面上理解，横向、纵向是描述空间方位的术语。因此，纵向思维是垂直的、向纵深发展的、直线式的思维；而横向思维则是横向地向空间发展、向四面八方扩散的思维。但德波诺将纵向思维与横向思维的差异，进一步引申为逻辑思维与非逻辑思维的不同。他认为纵向思维一词指传统的逻辑思维。而横向思维是背离理性规则的、探索各种可能的思维，是允许失败的宽容态度，有了这种态度，游戏、好奇、想象、机遇都会有它的用武之地，表面无关的信息可以闯入，闲暇式的胡思乱想也可以发生。但是，横向思维又不同于精神病人的思维，虽然它离理性规则和纵向思维越远，越显得近于疯狂，但它却是受到主体的有力控制的，与精神疾患的无法控制的思维根本不同。

横向思维的概念是针对旧的纵向思考习惯和模式而建立的。德波诺认为，人的大脑根据周围的事物建立模式，而模式一旦建立就难以打破。模式形成后的工作效率很高，代码体系会自动地处理许多信息，决定注意力的分配，节约人的精力，因而得到人们的偏爱。但遇到新问题，旧模式就变成了阻力。创造性则需要打破旧模式，建构新模式。

因此，从本质上说，横向思维是感知过程与思维过程的结合。按传统的心理学理论，感知与思维是不同的心理过程，感知是思维的基础，思维是高级的心理活动。可是在德波诺看来，创造性感知和创造性思维是不能截然分开的。横向思维使人们首先通过横向扩大注意力的范围，获得全新的信息，使得信息搜索的过程更富于创造性；再通过自由联想、向主导观念或概念发起挑战，以及进行想象，提出创造性的方案，最后进行综合性的评价。

（2）横向思维和纵向思维的特点

1）横向思维的认知特点：对侧向的注意。

实际上，若把"Lateral Thinking"译成"侧向思维"，Vertical Thinking 译成"笔直思维"，或许更符合德波诺的原意，因为所谓横向思维的主要特征是对侧向的注意。

对侧向的注意有两层含义：一是解决问题时，故意暂时忘却原来占据主导地位的想法，去寻找原本不会注意的侧道（即另一思路），即对侧路的注意；二是作为一种解决问题的技巧，不从正面突破，而是迂回包抄，即间接注意法。注意力滑过导致忽略另一条道路（如图 1-12 所示）。

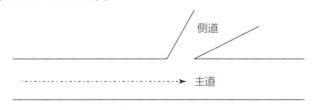

图 1-12　注意力滑过导致忽略另一条道路

从对其他可能性毫不注意到自觉地注意侧向，有一个注意力角度和范围的变化。因此，德波诺提出横向思维的另一个重要意义是发掘感知阶段的创造性，扩大感知范围，促使注意力从一点扩展到多个点。德波诺认为，"创造性思维"的提法容易使人产生一定误解，以为创造产生于高级的思维阶段。其实，创造性地解决问题从感知阶段就开始了。在感知阶段，注意力的指向，观察问题的角度和范围都决定了提出设想的数量和质量。

2）纵向思维的特点：专注和专业。

①专注。纵向思维是一种重分析的、传统的科学思维。所谓分析的，就是把研究对象分解成客观存在的各个组成部分，然后分别加以研究。既要分析事物在空间分布

上的各个组成部分，又要分析事物在时间发展上整个过程的各个阶段，还要分析复杂统一体的各种要素、方面、属性。而且纵向思维按照逻辑的步骤，一步步推演，不能逾越某个阶段。人们使用纵向思维时，每一步都是被逻辑地规定好的。客观的逻辑规则保证在一个逻辑联系网络中每一点的位置与每一步的方位。因此，纵向思维可以给我们带来对事物的深入认识，对事物的研究比较专注。

②专业。一个人在进行纵向思维时，往往集中于一点，排除一切不相干的事物；而在进行横向思维时则欢迎偶然闯入的事物。纵向思维的目标是直达正确的结果，所以，思考过程尽量排除不相干的信息；纵向思维是在原来的模式中思考，必然遵循现有的概念、范畴。这时，事物的类别、含义都已被规定好。纵向思维在这个框架中如鱼得水，畅通无阻。可以设想，如果在一个系统中，概念定义都是混淆的，将会带来多大的麻烦。纵向思维总是循着那些最明显的途径前进，以保证人们最快地获得正确的结果，但这些答案或结果不过是被包括在原有的原理之中的。因此，纵向思维对解决常规问题是有效的、合理的，解决问题的方式比较专业。

（3）横向思维和纵向思维的互补

横向思维与纵向思维的互补就是逻辑思维与非逻辑思维的互补。

第一，认知互补。德波诺当初创立横向思维这一概念，目的就是针对纵向思维的缺陷，提出与之互补的对立的思维方法，而横向与纵向的结合，又确实能使思维变得更加科学。从德波诺对纵向思维和横向思维所下的各种定义和解释中，可以很自然地看到这两种思维之间的互补性，即主动与被动的互补；生成与分析的互补；启发与选择的互补；或然性与确定性的互补；外行与内行的互补；跳跃思维与按部就班思维的互补；使用否定与没有否定的互补；欢迎偶然闯入与集于一点、排除不相关方法的互补；范畴、类别、名称的不固定与固定的互补；把信息活用、寻求重新建构与信息精确、机械输入输出的互补。总之，两者之间是富有创造性、建设性与深刻性、精细性的互补。

在这里虽然强调的是横向思维，但在实际生活中，最经常使用的还是纵向思维。德波诺非常形象地描述了横向思维与纵向思维的各自作用及互补性："横向思维恰似汽车变速器的倒车档。谁也不会一直使用倒车档行驶，而另一方面倒车档是必需的。而且我们需要学会使用它，以实施机动和从死胡同里退出。"⊖

第二，方法互补。德波诺在提出横向思维概念时，特意向那些对横向思维感到不快的人解释说，横向思维并不是威胁纵向思维的合法性。"这两种思维方法是相辅相成的，而不是相互对立的。横向思维用来生成新观念与方法，纵向思维用来发展这些观念与方法。横向思维为纵向思维提供更多供选择的对象，从而提高纵向思维的效力；纵向思维很好地利用横向思维所生成的观念，因此使横向思维的效力成倍增加。"⊖

⊖ 波诺. 横向思维——一步一步创造 [M]. 金佩琳，等译. 北京：东方出版社，1991.

横向思维与纵向思维是用来形象化地说明思维方向上的变化规律的。纵向思维是垂直的、向纵深发展的、直线式的思维,像在院子里的某个地方纵深地挖下去;而横向思维则是横向地向空间发展的,向四面八方扩散的思维,就好比在院里到处挖,尝试着各种可能。横向思维使人们首先通过横向扩大注意力的范围,获得全新的信息,使得信息搜索的过程更富于创造性;再通过自由联想、向主导观念或概念挑战,以及进行想象,提出创造性的方案,最后进行综合性的评价。

通常在建筑领域,都把结实性当作首要的目标。如果不按常规思考,先打破这一思维定式,让思维能够畅游、开阔,想出一个主意,如从节省材料入手,再研究如何保证结实性呢?如果节省材料,使重量减轻,既可让建筑更结实(承重小了),也可让建筑更不结实(如果结构不合理)。西班牙的一家建筑事务所研发出一种可大幅度节省建筑空间与材料的新式建造结构,这套中空并四面开孔的井字格建造系统可用来排布各种水电暖管道,充分利用楼板之内的空间,避免增加厚重的天花板结构(如图1-13所示)。据称,使用这种结构建造的6层房屋相当于原先的5层楼高,即每层楼都能节省30~50cm的厚度。看似松垮的镂空水泥板在结构与承重上丝毫不逊色于实心墙体,是建造大跨度建筑物的理想结构材料。

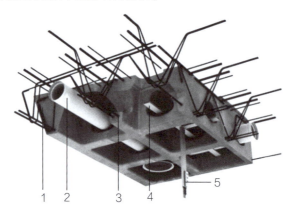

图1-13 中空并四面开孔的井字格建造系统

1—中空并四面开孔的井字格 2—通风管道 3—钢筋 4—电线-塔板 5—服务条

3. 正向思维和逆向思维的结合——"两面神"思维

正向思维与逆向思维的结合,就是一种高级的创造性思维形式——"两面神"思维。

(1)"两面神"思维的内涵和作用

1)"两面神"思维的内涵。50多年前,美国精神病学家A.卢森堡在调查访问了许多有创造性成就的人后,借用古罗马神话中的隐喻,最早提出了"两面神"思维的概念。他认为在科学研究中,越是高级的创造,越能显示出科学创造的"两面神"

性质。

"两面神"是罗马的门神,它有两个面孔,一个是哭的,一个是笑的,能同时转向两个相反的方向。卢森堡借用这个隐喻来说明思维的特殊的创造性是相当贴切的。卢森堡说:"'两面神'思维所指的,是同时积极地构想出两个或更多并存的概念、思想或印象。在表面违反逻辑或者反自然法则情况下,具有创造力的人物制定了两个或更多并存和同时起作用的相反物或对立面,而这样的表述产生了完整的概念、印象和创造。"⊖

卢森堡认为,"有创造性的人物,会积极地把相反的对立面凑合在一起,并借此表达科学的或其他的问题,进行创作并促进美学工作,建立理论,搞创造发明,以及建造艺术杰作"。"两面神"思维体现了主体对自然规律的深入领悟与对思想方法的凝聚和提炼的高度统一,以至于在运用的时候,创造的结果与创造的方法同样让人感到美不胜收。"两面神"思维虽然是一种高级的创造性思维,但并不神秘。不仅普通的科技工作者可以产生"两面神"思维,而且我们身边的许多事物也体现了"两面神"思维的神韵,中国古代的太极概念就蕴涵着丰富的"两面神"思维,至今对中国人还产生着巨大影响。

2) 艺术创作中的"两面神"思维。艺术家善用"两面神"思维。除了埃舍尔这位著名的把有限与无限的潜在冲突联系在一起的矛盾图形艺术家之外,还有匈牙利著名设计师沃里兹,他最感兴趣的也是对矛盾图形的探索和创新,他通常在一幅画里表达双重或多重含义。当人们近距离凝视他的作品时,可以看到一个完整的主题,而当人们拉开距离观察或倒置图形后,又会看到另一幅情景。作家经常通过描写冲突性格、冲突的价值观来刻画一个丰富、复杂的人。在建筑设计和工业设计中,新派、现代与怀旧、复古是相互矛盾的思潮,可现在人们也讲究两种思潮的共生共存与互映生辉。设计师既要为大众设计高速、方便、合理、省力的现代环境与用品,又要设计舒适、温暖、富有情感并能获得历史文化熏陶的传统风味的生活,体现了两种对立的或多种不同的设计思想的互补。

3) 科学发现中的"两面神"思维。科学创造中的"两面神"思维与艺术创作中的"两面神"思维的区别在于:艺术创作可以构思出世界上并不存在的事物(反逻辑的、反自然法则的),如同时哭、笑的塑像。而科学家构思的新概念有时也是"反逻辑"的(即违反旧的理论体系的逻辑),但这种新概念实质上却又恰恰最符合自然的法则和规律。科学家对"两面神"思维情有独钟,而且同样"运用之妙,存乎一心"。

在爱因斯坦一百周年诞辰的1979年,他的《相对论的基本概念和方法的发展》一

⊖ 卢森堡,李静. 爱因斯坦的创造性思维与广义相对论:一份用文件证明的报告 [J],心理学探秘,1988 (9):23-29.

文首次发表，卢森堡在分析了爱因斯坦的文章后，认为自己提出的"两面神"思维的概念，在爱因斯坦身上找到了模特。

创建狭义相对论时，爱因斯坦把静止和运动、同时和不同时有机地结合在一起，把时间和空间概念统一了；在把动量守恒与能量守恒定律联结起来后，又揭示了能量和质量的统一。在广义相对论中，他的"两面神"思维达到了炉火纯青的地步，惯性和引力、惯性系和非惯性系，这些对立的概念和矛盾都能和平相处，他非常理解把对立的或相反的东西统一起来会产生奇迹。他非常善于从对立中找到统一，从不平衡中找到平衡。爱因斯坦科学方法的总体特征也就在于他能协调理论与情感、逻辑与非逻辑、经验和理论这样一些对立的事物。

可以说，爱因斯坦的创造力是"两面神"思维的一个典型的例子。

早在30多年前，傅世侠教授就曾强调指出，"两面神"思维"其重要的作用之一就是通过情感思维来影响科学家的创造过程。这中间通常是科学家的美感鉴赏力起到一种中介的作用。"[一]爱因斯坦对"两面神"思维的青睐，与他独特的科学美感不无关系。"两面神"思维从差异中找到统一，从相反的两极构建统一的方法，在爱因斯坦看来，这与他追求客观物质世界的和谐美是完全一致的。可见，思维方法的和谐，正是物质世界规律的和谐反映，越是符合真理的认识，其表达方式也越应该是和谐的，而思维方法的和谐正说明思维过程与思维结果的一致。"两面神"思维作为思维方法，它本身就是美的，这充分显示出深邃的智慧和回味无穷的韵律美和对称美。

4）技术发明中的"两面神"思维。在技术发明中，人们也经常使用具有挑战性、批判性和新奇性的反向法来启发思路。这种从对立的、颠倒的、相反的角度去想问题的方式往往能打破常规，破除由经验和习惯造成的僵化的认知模式，从而为创造扫清障碍。

如发明家要发明一种新型的屋顶，希望屋顶夏天呈白色，能够反射太阳光线，降低空调使用成本；冬天呈黑色，能够吸收热量，减少采暖费用。科学家从自然界中寻找能把对立的性质集于一身的原型，将屋顶与比目鱼真皮深处黑色色素的沉浮能改变颜色的原理进行类比，构想出解决方案：考虑制成一种埋有微小的白色小球的黑色屋顶材料，当阳光照得屋顶灼热时，小球依波义耳定律发生膨胀，使屋顶呈白色；反之，在屋顶变冷时，小白球冷缩，屋顶又呈黑色。这样，黑与白、热胀与冷缩，这些矛盾对立的性质共存于一体，适时地相互转化，相继地发挥作用，更好地满足人的需要。

对立面处于一体，保持一种必要的张力和平衡，而且能适时地相互转化，使事物同时具有两种对立的性质，能在两种极限的条件和状态下相继发挥作用，以这种思路进行科学研究、技术发明和设计，能创造出最科学的理论体系、科学概念，产生最符

[一] 傅世侠. 创造[M]. 沈阳：辽宁人民出版社，1986.

合自然本性的、最经济的发明物和设计方案。

（2）"两面神"思维的辩证性质

"两面神"思维方法体现了人的主观能动作用，正如卢森堡所说，是在反逻辑、反自然状态下，个体积极主动地构思对立面的或更多方面的联结。而这种能动作用正是辩证的思考过程。

在中国古老的文明中，"相反相成"和"相辅相成"这两个成语，可说是对"两面神"思维的最好诠释。代表人类智慧的科学技术，成功地赋予了"相反相成"和"相辅相成"以新的含义。

1）相辅相成。有意地将两个或多个对立面联系在一起，对立的性质不仅不起破坏作用，反而起建设性作用，相互补充，相互弥补，打破了单方面性质的限制，可以发现事物新的功能和作用。

光学上将镜像的失真叫像畸变。畸变可分为正畸变和负畸变。正畸变使物体变宽，负畸变使物体变窄。正负畸变本是对立的，正畸变可以破坏负畸变，负畸变可以影响正畸变。是宽银幕电影的原理将正负畸变联系在一起，使之相互补充。拍摄时用正畸变镜头，把一个宽大的场景缩成细窄条；放映时用负畸变镜头，使细窄条还原成大场景，正负补偿，相得益彰，而且可以获得普通电影所没有的宽广的视野效果。

在20世纪初，如果发生了交通事故，车窗玻璃很容易破碎，致使乘客受伤。法国化学家别涅迪克受到一个掉到地上而没有摔碎的烧杯的启发，让胶膜和玻璃紧密合作，取长补短，发明了一种新型的"夹层玻璃"。这样的夹层玻璃在破碎时是没有碎片的。后来，夹层玻璃又有了很大发展。夹层中可以使用各种各样的材料，英国科学家在夹层中夹入一种钛金属薄片，制成的夹层玻璃具有高抗冲击力、抗贯穿力、耐高温的特性。

在中国古代哲学家老子看来，对立面的相互联结，通过相互补充，保持适度，达到平衡，呈现最佳的状态。"曲则全，枉则直，洼则盈，敝则新，少则得，多则惑""天之道，其犹张弓欤？高者抑之，下者举之，有余者损之，不足者补之"，都反映了相反相成、相辅相成的思想。

2）对立面的动态结合。将对立面处于一体，保持一种必要的张力和平衡，而且能适时地相互转化，使事物同时具有两种对立的性质，能在两种极限的条件和状态下相继发挥作用，以这种思路进行科学研究、技术发明和设计，能创造出最科学的理论体系、科学概念，获得最符合自然本性的、最经济的发明物和设计方案。

有的事物同时具有矛盾对立的属性，能够适时地相互转化，它们和平共处，相互渗透，相互扶持，相得益彰。技术上有许多这样矛盾的结合体，如潜水艇能沉能浮，升降机能升能降。甚至有些设施和概念本身就是两种对立的属性结合在一起的，如给排水专业、冷暖机、裁缝、装卸工，等等。因此，有的相辅相成就发生在事物的内部。

实际案例

爱因斯坦如何用脑

1945年，一名叫雅克·阿达玛（Jacques Hadamard）的数学家，给全美国著名的科学家都寄去了问卷，要求他们回答在自己的创造性工作中，使用的是什么类型的思维。下面是他对结果的扼要叙述：

"实际上他们中的所有人……不仅仅避免使用心中的词语，而且也避免在心中使用代数符号或其他的精确符号……在所收到的那些数学家的回复中，大多数人的心理画面，却经常都是视觉型的，但这些心理的画面也可能是其他类型，例如动觉型的。"⊖

一个特别有趣的回答是从爱因斯坦那儿发来的，他说："在人的思维机制中，作为书面语言或口头语言的语词似乎不起任何作用。好像足以作为思维元素的心理存在，乃是一些符号和具有或多或少明晰程度的表象，而这些表象是能够予以'自由地'再生和组合的……在我的情况中，上述心理元素有的是视觉型的，有的是动觉型的。惯用的语词或其他符号则只有在第二阶段，即当上述联想活动充分建立起来并且能够随意再生出来的时候，才有必要把它们费劲地寻找出来。"⊖

爱因斯坦所陈述的两个思维阶段，显然就是右脑机制和左脑机制。在第一个阶段，是右脑在发挥作用。右脑的灵活性和把握复杂表象的能力，以及用视觉和动觉形式来表现想象的能力是创造性思维关键的方面，仅仅是在右脑充分调动，找到了解决问题的基本思路后，左脑才参与整理和评判，才费劲地运用语词把结果用概念形式传达出来。这种左脑和右脑都使用的模式，对创造性思维是最好的。

思考练习题

1. 目前需要进行右脑革命吗？说明理由。
2. 如何理解创造的全脑（左脑和右脑）模式？
3. 试述创造性思维的方向。
4. 一个刚刚开发的山区，山上还有很多熊猫、野猴之类的动物，当地居民靠给游客兜售地方产品如熊掌玩具、特色服装等营生。山区开办了一所学校，但是很多学龄儿童都去帮父母做生意了。你能运用创造性思维想出一套方案帮助儿童重返学校吗？

扩展学习

码1-1 新时期的创新创业教育

⊖ Jacques Hadamard. The Psychology of Invention in the Mathematical Field [M]. New York：Dover Publications. 1945.

第2章 创造性思维训练

本章关键词：

- 想象
- 挑战唯一性
- 挑战完美
- 挑战概念
- 批判性思维
- 逆向思维

什么是创造性设想的最佳源泉?如果我们想比别人看得更远,我们必须"站在巨人的肩膀上"。这就意味着我们应该运用先辈提供给我们的先有知识。然而,使用先有知识解决问题会导致我们又回到过去,会阻碍问题的解决。

仅用先有的知识和过去的经验解决问题的思路,被称为思维定式。思维定式在生活中能够帮助我们快捷地解决很多问题,但是在创造的天空里,思维定式往往会禁锢我们的创造力,让我们陷入陈旧设想和故步自封的思维方式上。创造性思维就是要突破常规和思维定式,从而激发创意。

2.1 想象训练

引导案例

Michelin Vision Concept:无空气轮胎(如图2-1所示)[一]

图2-1 Michelin Vision Concept:无空气轮胎

在未来,我们的汽车将会是非常智能的,而我们的轮胎也会更智能。这是米其林公司的建议。

米其林公司在2017年公布的Vision Concept展示了轮胎技术的潜力,相当引人注目。首先,它是没有空气的,不用担心爆胎;其次,它是用可回收的材料制造的,可以有效减少废弃物。最让人印象深刻的是它3D打印的轮胎面,可以在不换轮胎的情况下轻松更换,以适应各种路况。

这个概念所面临的挑战是必须快速地生产出来。该轮胎技术的研究带头人盖蒂斯(Terry Gettys)说,顾客会希望他们的轮胎在几分钟内就制造出来。但米其林估计,这种先进的轮胎可能还需要20年的时间来研制。但诸如无空气的设计和提醒驾驶者胎面已磨损的传感器等部分特征,将会在接下来的几年里成为主流。

[一] http://finance.china.com/news/11173316/20171120/31689113_3.html [2018-1-24]

想象是人们头脑中通过形象化的概括作用而改造和重组旧有的意象,产生出新的形象的一种特殊的思维活动。想象是一种高级的认知心理过程,是创造性思维最主要的形式,它几乎表现在一切科学、技术和艺术的创造活动之中,以至于我们可以说,没有想象就没有科学、技术和艺术,就没有创造和发明。

爱因斯坦说过一句著名的话,"想象要比知识更重要",没有想象就没有创造。因为知识是有限的,想象是无限的。我们身边的许多事物都是人类自己创造出来的,我们之所以能把自然界原本不存在的东西创造出来,首先应该归功于人类特有的想象力。

2.1.1 感知意象的调动

想象力取决于存储表象的丰富和意象加工能力,因此感知表象的调动至关重要。

1. 贫乏的想象力与干瘪的概念

"如果让你闭上眼睛,想一下门是什么样的?你能想出多少种呢?"

"就是一个长方形的门,顶多上面镶嵌一块玻璃,有门把手,有碰锁。"

"还能想到什么样的门呢?"

"没有了。"

这就是美国斯坦福大学的麦金教授让学生做练习时,大多数学生的回答。学生头脑中视觉形象的贫乏限制了其想象力和设计能力的发展。创造性设计需要在头脑中储藏丰富形象的基础上进行再加工。俗语说"巧妇难为无米之炊"就是这个道理。许多优秀的设计都体现了建筑师创造性地运用生活中的经验,储存着丰厚的心理素材,以供想象驰骋。

学建筑,首先要体验建筑。体验建筑就是亲身到建筑中去感受,仅靠看书和看电视不能得到亲身体验的东西,因为看书和看电视是平面的、间接的;而体验是立体的、有血有肉的,是被大脑运用多种信息方式储存的,因此可以通过多种渠道将其调动出来。其次,还要善于调动头脑中存储的信息,借助联想,把孤立的片断连成有用的信息。

练习题1:漫游城堡

从书中找一张城堡的图片,记住它的外部形象。然后把书合上,闭上眼睛想象你在古代人建的城堡中爬上爬下,想象建筑的门、窗、墙的材料、质地、颜色和梯子,想象得越清晰越好。

2. 各种感知表象的调动

想象所加工的表象包括视觉表象、听觉表象、触觉表象、嗅觉表象、味觉表象等,其中视觉表象约占80%。但是在各种设计中，其他感觉表象的调动和运用，同样具有重要意义。环境的创造不仅要具有视觉的意义，还必须是提供给使用者丰富感知体验的空间，比如，令老北京人魂牵梦绕的是回响着"磨剪子嘞，锵菜刀"叫卖声的胡同儿，弥漫着槐花香味儿的空气，蘸着豆汁儿的焦圈，这才是真实的生活场所。心理学家研究表明，能唤起人们具体的感觉经验的想象最能吸引人的注意。在环境设计中能调动自己的感知表象的设计师，往往能创造出使他人产生丰富体验的环境。

中国著名作家莫言认为自己的长处就是对大自然和动植物特别敏感，对生命有着丰富的感受，"比如我能嗅到别人嗅不到的气味，听到别人听不到的声音，发现比人家更加丰富的色彩，这些因素一旦移植到我的小说中，我的小说就会跟别人不一样。"谈到他的长篇小说《檀香刑》时，他说："我想写一种声音。在我变成一个成年人以后，回到故乡，偶然会在车站或广场听到猫腔的声调，听到火车的鸣叫，这些声音让我百感交集，我童年和少年的记忆全部因为这种声音被激活……对故乡记忆的激活使我的创造力非常充沛。"⊖

实际生活中，我们积累的综合性感知表象又叫生活表象。由于表象具有直观性的特点，所以如果一个设计者有过某种生活经历，当他设计为这种生活服务的建筑时，记忆中储存的有关这种生活的表象，就会给设计者提供一些具体素材，他对这个建筑功能的理解就不会停留在设计任务书的文字上和各种规范的数字上。生活表象的积累对各种设计来说，都不是有意进行的，而是通过无意注意，通过多次反复的感知而得到的。人的情趣爱好和审美标准，往往是在生活中无意识地培养起来的。在设计中，生活表象成为设计师表达审美观取之不尽的源泉。

做下面的练习，将唤起各种感觉表象，为感觉表象的加工奠定基础。注意，如果对哪一句话难以产生恰当的感觉，则说明你缺乏相应的体验，或者你的某种感觉表象在沉睡，你从不运用它们，调动时发生障碍。

风吹过成片树林的沙沙声。
大年三十晚，钟楼和鼓楼上的钟鼓声音。
走街串巷的叫卖声。
走在鹅卵石上脚的感觉。
手触摸大理石的感觉。
在原始小木屋里用冷水洗脸的感觉。
小虫子掉在衣服里的感觉。
冻耳朵的感觉。
仰望巨型建筑的感觉。

⊖ 作家莫言2001年5月21日在接受《人民日报》记者夏榆采访时的谈话。

踩着玻璃楼梯螺旋向上攀登的感觉。

泥土味儿。

在地上画画的感觉。

海风的味儿。

练习题2：四色房间

置身于一个特殊的环境中，环境包括三个颜色的屋子：蓝、红、黄色屋子，外加一个白色的过渡空间。

在蓝屋子里把眼睛蒙上，根据触觉去感知环境，然后进行想象。把蒙布去除后，将现在与想象对比，体会触觉想象对视觉感知的影响。

红屋子里的物品自然色为绿色，但被涂成红色。体会一下你的感觉，是否现在的视觉控制与过去的记忆有联系。

紫葡萄的香气同柠檬的芬芳合在一起，弥漫在黄色的屋子里，体会一下是否嗅觉将超过视觉影响。如果大部分参与者识别出紫葡萄的味道，而非柠檬的味道，这就表明在这个环境中嗅觉是占主导地位的；如果能识别出柠檬的味道，说明在这个环境中，视觉与味觉共同作用，达到了强化效果。

2.1.2 想象：意象的加工和变化

想象中调动最多的首先是知觉表象，它是物理界的感觉经验，是一个人看到和在大脑中记录的东西。其次是心理表象，它是在心理中建构起来的，并能够使用知觉表象所记录的信息，这就是意象。

1. 内在意象的控制训练

发明A-C电动机、荧光灯和发现电流滞后现象的著名科学家尼古拉·特斯拉是这样一个科学天才，他能在头脑中极其精细地再现他所设计的电动机，并且随意地在头脑中摆弄所有的零件，组合它们。头脑中的这些形象似乎比任何蓝图都要生动，一旦机器出了毛病，他不用拆卸机器，也不用看图纸，就能在脑子里找到蓝图，精确地诊断出是什么部位出了问题。特斯拉就是一个内在意象控制能力极强的人。优秀的创造者不仅需要借助画出来的图进行思维，而且需要具有在头脑中加工形象的能力，即随心所欲地控制意象的变化。

（1）想象对知觉的控制

当你想象的时候，脑海中出现的那些形象会旋转吗？它们可以产生身体运动的感觉吗？它们可以消亡后再生吗？它们可以重新组合吗？

许多做出杰出创造的人，都一再提到想象过程中视觉形象的重新组合和再生，这就是内在意象的控制和变化。有意识地进行控制形象变化的训练，会大大提高人的想象能力。

练习题3：玩弄帽子

如果你有或者能够借到一顶宽沿的、质地柔软的帽子，那么可以把它当作原料，通过折、弯、扭等操作制成不同于原来的各种造型。然后再看看它们分别像什么。

玩弄帽子的过程中，心理越放松，想象就越大胆，以至于你会发现过去熟悉的帽子竟变得这么神奇。

练习题4：建造小屋

在想象中我们建一栋人的小屋。先把松散的雪压紧，加工成一块雪砖。从底部螺旋式地向上垒，用一块儿圆形的大雪砖封顶，最后垒门。运用电影倒片式想象，从最后的动作往前想，直到小屋消失。从底部开始，一块儿一块儿的雪砖被抽掉，小屋最终消失。

学会很好地控制自己的想象过程，从中体会小屋的结构和形式。

练习题5：小球穿洞

一个小球从"这里"进入，穿过五个截然不同的运转通道设备，恰好一分钟从"那儿"出来，请在头脑中设计并建造这些设备。

（2）想象对行为的控制

由于想象能把认识运用到尚未出现的事物中，所以想象能预测现实计划的未来结果，可以控制行为。其中既有整体的控制，又有具体的控制。

1）整体控制。一个人对自我形象的想象能很好地从整体控制其行为。每个人都会意识到自己是什么样的人，同时也自然地想象自己将是什么样的人，并且为实现这个想象而努力。理想，就社会来说，是社会成员的集体想象；就个人来说，是个人对自己未来的想象，所以理想会激励人的行为。

2）具体控制。想象对人的具体行为的控制，体现为对具体问题发展趋向的想象影响行为。例如，建筑师学习设计大概需要掌握的基本技巧之一，就是要在设计过程中不断地充分发挥想象力，把自己与使用者融为一体。想象设计能满足他们的什么需要，使用者从设计中得到了什么。著名建筑师赫尔曼·赫茨伯格曾谈到，一个能激发使用者最灵活地使用空间的设计，往往是建筑师的想象力在起作用，他能把习惯性的对集体意愿的注意，转移到更多样的要求上。想象对创造的意义，不仅表现在对思维对象的创造性加工上，还表现在对创造过程的把握及创造中的心理障碍的克服上。一个想象自己能做出创造的人，要比想象自己做不出创造的人，更有自信去迎接困难和挫折的挑战。

练习题6：变戏法

你坐的椅子变成了飞毯，载着你飞过太平洋，匆匆来到一座小城，降落在屋顶上，变成新的楼层，不断长出窗户，每个窗户都不一样。

四块积木，每一块都有不同的色彩，它们上下翻动，不断进行各种方式的组合，最后拼在一起，成为一个建筑方案的模型。

一架飞机的头部撞在一个巨大的羽毛枕头上，飞机被羽毛枕头反弹到一座建筑物上，建筑物的中间被剖开，成为一个共享空间，可以透过塑膜屋顶隐隐看到灯光模拟的宇宙。

一块圆形的绿地渐渐滑向一幢公共建筑，贴在外墙角，又离开一段距离，然后旋转变形成为不规则图形，向原来的道路蔓延，碰到一栋建筑物后，顿时收敛，成为……

有一个中心城市，周围有六个小城围绕它旋转，每个小城又伸出手，去抓它附近的另一个小城。抓住了，又放开了，像跳交际舞交换舞伴一样，与一个又一个的小城接触。

2. 意象加工的协调性

人体验空间的感受是多方面的，有时听觉和触觉，甚至嗅觉都会成为最主要的空间体验，残留在记忆中，因此建筑师在设计时要充分考虑运用这些感知表象，使创造的空间令人流连忘返。

在设计中寻求各种感觉表象、意象、内觉的统一是十分重要的。例如，建筑的视觉形象定位是崇拜和虚幻，那么建筑空间产生的听觉效果、触觉效果应与视觉统一，这样才会强化一种设计意念，而不是削弱它。哥特式教堂建筑的成功，其奥妙尽在其中。因此设计中各种感觉意象加工的协调性非常重要。

德国柏林大学建筑学院曾让学生做了一个这样的小设计：

小设计——夜园[一]

第一步，思考感觉的变化。

视觉退居二线？白天视觉与夜晚的视觉不同。

其他感觉器官的体验成了中心：听觉、触觉、嗅觉。

晚上对时间的主观感受与白天不同。

对空间，白天与晚上的感受也不同。

第二步，思考一下园是什么。

白天的园是什么？

[一] 朱欢. 在德求学札记 [J]. 世界建筑, 1999 (10): 57-59.

白天的园反映了人们什么样的愿望和梦想？

这种愿望和梦想又是通过什么建筑语汇使游者得到体验的？

夜晚的园是什么？

人的感知系统的重点变化，时空感的变化，自然的光、影等气氛的变化，又应用什么样的体察和感受？

第三步，通过各种感觉意象的加工，表达一种夜园概念。

学生作品

A 通过游园形式将夜间人时梦时醒对空间不同的感知这一过程空间化；

B 重点强调月光下的影子园；

C 只通过听觉和嗅觉来感知空间方位的夜园。

利用人夜晚时对微光和声音以及触觉的敏感性，加上夜晚人对星空特殊的遐想和回归感，加强人与天空的特殊关系，利用水、沙、植物、墙等元素不同的反光度。

练习题7：生态购物中心设计

如果需要设计一个以销售云南土特产为主要商品的购物中心，以生态环境作为设计的特点，请想象云南西双版纳的原始森林，从视觉效果、听觉效果、触觉效果（温度、湿度所带来的皮肤感觉）以及嗅觉效果等方面提出购物中心的环境设计方案的立意。

2.1.3　想象：情感体验和审美

1. 情感体验与创造性想象

利用意象的加工，不仅有助于我们发现问题和构思，还能帮助我们以感性的方法去想象人们在现实中将会有什么体验。这是一种带着感觉的预想。即使视觉意象的调动和加工对于设计来说是主要的，也不能仅限于形态的塑造和色彩的运用，如光影的无穷变化往往带来细腻的情感变化和高级的审美体验。因为光带来的感觉不单纯是视觉的，还有触觉，以及人类依赖太阳的天然感觉和文化崇拜。

以创造光影著称的法国建筑师保罗·安德鲁回顾走过的道路时，认为在初期阶段一步步追寻的是自己直觉上感知的东西。他说："我关注的是自然光在空间中的演出，关注溶解在光线中的结构形式。"⊖

安藤忠雄是一个极富个性表现力的建筑师。他的建筑作品崇尚日本传统禅宗的内省，体现了人与大自然的融合与亲近。他把抽象的构图手法、纯净的空间形式，以及混凝土饰面的运用等一系列现代建筑的重要特征，都变为一种创造禅宗意境的手段，

⊖ 保罗·安德鲁. 动感和光创造的空间 [J]. 世界建筑，2000（2）：26-27.

致使任何人在他的建筑中都无暇去分析，只能体验自省，并为之陶醉。他的建筑事务所在总结光之教堂（如图2-2所示）的设计体会时说道："什么样的建筑才能打动人并唤起人的悲悯之心呢？对安藤来讲并不是靠空间本身的'形式'去打动人，而是通过'空间体验'的深度来达到这种效果。如果能唤起人们对空间的内在感受和各种初始体验的回忆，就会产生强烈的共鸣。"安藤忠雄觉得"当风与光在一些切入点被引入时，建筑就变成了活生生的实体"，在设计光之教堂时，与委托人"第一次谈到教堂加建问题时，首先映入脑海中的形象就是一处回响着声音的空间"。[一]

图2-2 光之教堂

练习题8：情感表达

由于情绪和情感会影响到想象的生动性和丰富性，所以在引导想象的时候，注意考察自己在想象中是否情感有力地参与，如果缺少这方面的想象，可多做这样的练习：

用三种材料做一个平面设计，表达悲伤、愉快、热爱、生气、憎恨、卑鄙、惊慌、失落、恐怖、入迷、孤独、厌恶等任何一种感情。

练习题9：情感空间

充分调动自己头脑中的光影意象，在一个$100m^2$的一层空间里，通过创造建筑空间光影的变化来表达如下感觉：

崇敬的感觉。

幸福的感觉。

极度紧张的感觉。

恐惧的感觉。

2. 情感意象加工与文化认同感

任何地方的建筑风格和特征，都是由当地的自然条件（气候、地形、土壤、植被

[一] 刘小波. 光的教会+周日学校 [J]. 世界建筑, 2001 (2): 36-37.

等）和历史条件（文化传统、风俗习惯等）所共同塑造形成的。人在自然环境和社会环境中生活，感受了阳光、风、雨、雪、月的拂面，也承受了家族故事和城市历史的凝重，建筑师把这些感知、情感意象巧妙地联系在一起，创造了新空间，与当地的自然人文环境相协调，使人唤起往年的情结，产生文化认同感和心理归属感。

印度建筑师多西在建立他的设计室时，起名为"Vastu—Shilpa"，"Vastu Shastra"和"Shilpa Shastra"是印度民间流传的建筑学系统知识，多西意即贯彻建筑设计中人、自然和建筑物的对话。他在早期的作品中就追求阳光、微风这样的自然因素，后期则更加注重地域的对立与文化的内涵。他设计的印度语言学院就是对印度乡土建筑的深入理解和现代的创造性转换。语言学院是保存珍贵的耆那古代文稿和绘画珍品的地方，为了保证适当的温湿度和通风需要，避免强烈的阳光直晒和降温的要求，图书馆被埋在地下半层，由角窗间接采光，大楼前设置了水池，这个水池不仅能够形成小气候，通过水的蒸发降温，还能反射光线，增强室内空间的采光，抬高的入口层平面由跨越大水池的平台通达，硬质的庭院铺地所产生的热流吸引花园草坪中的冷空气，穿过底层及入口层开敞的中厅，形成空气对流，起到通风降温的作用。

练习题10：童稚感受

回忆儿时给你留下最深印象的空间，捕捉头脑中存在的有关那个空间的声音意象或触觉意象，分析意象产生的空间特性，试着在做建筑构成作业时，把听觉或触觉意象与视觉意象结合在一起考虑，创造出独特的空间。在体味童稚感受的同时，寻根溯源，用记忆的碎片复原文化和地域的感觉。

练习题11：动感空间

一些心理学家的研究表明，对运动的感知是否敏锐，是想象力高低的一个指标，也是产生创造性的基本人格特征，与幻想能力、冲动的控制、自由地使用想象力、移情等是类似的。

想象一栋建筑，人步入其中能感受到身体在不断起伏，一会儿急促转弯，一会儿驻足停留。所有行为的变化都是由空间特征引起的。

想象一外部空间，使人在其中漫步时自然而然地产生身体的放松，甚至有漂浮感。然后，找来赖特设计的古根汉姆博物馆和霍莱因设计的门，以及兴格拉德巴赫市博物馆的设计图片，体会其空间变化带来的心理感受。想象之后，翻阅有关中国园林的书籍，在优雅的文学和精美的图片的引导下，做一次中国园林旅行。

2.1.4　想象：超越时间和空间

幻想是人类最大胆的想象，幻想能超越时间和空间的局限，能打破物种之间的界限，淋漓尽致地表达人的主观意愿。在思考的某个阶段，创造者可以把任何要素放进大脑，随意地进行重新组合和变化，看看它会有何变化，思索它变化的原因。在幻想中会产生大量的异想天开的创意。学会想入非非——幻想，那些一鸣惊人的创意就会时时找到你。人类的幻想与美好愿望，一直是那些最大胆、最新奇的发明的来源。

1. 梦、幻觉、幻想力

在梦中和无意识状态下的表象加工，与有意识状态下产生的体验和清晰的表象加工是不同的。这两种状态下的表象加工都可能产生创造。无意识状态下的表象加工是释放潜意识、产生灵感和顿悟的好机会。因此，人在梦中的想象是最大胆的。有人曾对想不出方案的人开玩笑说："让我们做梦吧！"

多西1995年设计的侯赛因-多西画廊（如图2-3所示）是一座具有表现主义倾向的龟形建筑，采用鼓起的壳体结构，类似印度传统宗教建筑湿婆神龛的穹顶，让人联想到洞穴、山体、乳房，碎瓷片的屋面做法被延缓，室内支撑屋顶的柱列引发人们对森林的联想。多西称这个设计的灵感来自一个梦的启示，作为毗湿奴化身的龟神对他设计画廊的启示：只有把形式、空间和结构融为一体，才能创造出有生命力的建筑。

图2-3 侯赛因-多西画廊

获日本"瓦屋顶居住小区活动中心"设计竞赛三等奖的一位年轻建筑师，是这样概括创作思想的：房子之于设计者，始终以一种极为柔和与秘密的方式包含了每个人的梦。于是，房子之于建筑师实则就成了一个自身趣味和品质的纯形式的表现问题。

现代生活所潜伏的危机感和千百年来积淀在人的血液中的家园意识，使人们寻找着各自的认同和精神上的归宿，由此也就产生了一种莫名的"乡愁"；这种怀旧情绪让我们编织出各式的梦、各式的传说和故事；当这种乡愁被寄托在古老的小镇里的那个钟楼上的时候；当这些传说和故事在月光下的那片陈旧的由石块铺成的广场上重现的时候；当你走过那座长长的石桥最终来到你曾到过的地方的时候，这个"瓦屋顶的居住小区活动中心"就真实地存在了。

2. 超现实的想象

任何去过西班牙巴塞罗那的人,都无不为西班牙建筑师高迪富有幻想力的建筑所折服。超现实的想象,虽然在建筑中并不多见,却也是建筑师创作中不可缺少的要素。面对近些年来中国大地上千篇一律的火柴盒、贴瓷砖、仿欧建筑,倒真的需要建筑师超现实的想象力。

中国某建筑师曾把自己的几幅习作送《世界建筑》发表,与读者交流,目的就是要张扬一下中国人原本并不缺少想象力。他认为当世界建筑的定义中"功能"被现代生活、生产、国际网络冲击得七零八落之后,建筑形象正在作为人类视觉及视野拓展真正进入宇宙的领域。"我们千万不要被所谓'功能·形象'永恒的定义所束缚。一切为了我们生存的家园,一切起源于每一位建筑师原始而又伟大的想象力——创作中、求索中。"[一]

练习题12:想象游戏

想象一大堆一角硬币变成了一栋住宅。

想象会跳舞的三角形窗户。

想象会讲话的楼梯。

想象用花铺设的展示空间。

练习题13:想象王国

这是一个已经消失的王国里的城堡,里面住着他们的国王。他们崇拜蜂鸟神。请想象一下蜂鸟神的住处是什么样的。

训练中,将通过音乐、文字等手段,来调动大家潜意识中的超现实体验,来描述和生成一个现实不存在的蜂鸟神居住的空间和形式。

第一步:调动潜意识。给出一段音乐,大家冥想,充分调动潜意识中的超现实体验,任思维自由驰骋。

第二步:描述想象空间将上述的冥想以一段文字的形式描述出来,讲给人听,使人听懂。

第三步:描绘出一个不存在的形式或空间、场所,将上述的文字描述以图画的形式表现出来。

练习题14:虚拟现实练习

A. 几何形态的虚拟

头脑折纸

[一] 张在元. 形象挑战——建筑设计构思笔记 [J]. 世界建筑, 1997 (4).

在头脑中想象一张正方形的纸,折叠一次让它可以立体地放在桌面上,看看自己能想出多少种办法。

如果折两次呢?如果折三次呢?

B. 建筑的虚拟游览

雅典卫城的节日庆典

尽可能多地搜集相关资料:文字与图片同样重要。

按照节日游行的路线,在头脑中模拟动态的景观。

注意:建筑的尺度与材料;景物的次序,位置关系,角度的变换,远中近景的推移;运动的时间与距离;庆典的气氛。

发现模拟中的空白,通过想象填补它。如此,可以在自己喜欢的建筑作品中,在自己的设计中虚拟游览。

2.1.5 想象:探究和建构功能

1. 图示意象和抽象意象

美国心理学家 M. H. 麦金认为,视觉意象还有一种图式意象,"是我们构绘,随意画成的东西或绘画作品"①。人类构绘的产品也会在头脑中形成意象,所以,创造者在构思过程中,既会运用具体形象的加工,也会运用图式意象的加工,发展自己的设想。图式意象的加工是一种高级的想象。有些创造人才具有极高超的图式意象的加工能力。

除了对图式意象进行加工以外,想象的加工对象还包括一些抽象的形式,一些只包括结构本质,不包括感觉细节的表象。几种基本的几何形,就是对具体形象的抽象。又如象棋大师们,他们不是凭对每一局的所有细节的记忆,来积累比赛经验的,而是凭着对整个棋局一种模式的领悟来获得经验。这种意象既是形象的,又是抽象的,只有结构,没有细节。

对建筑的整体形式的抽象,就好比假设有一台比这栋房子还大的 X 光透视机,把它摆在房子前面。透过机器,你将看到一幅什么样的图景?是一种模糊的、略去细节的总体把握。著名建筑理论家莱昂·克里尔(Leon Krier)所想象的理想城市区域图解,就是一种比较具象的抽象,至于一些建筑符号的抽象,则更频繁地发生在设计和建造过程中。

---

① 麦金. 怎样提高发明创造能力——视觉思维训练 [M]. 王玉秋,吴明泰,于静涛,译. 大连:大连理工大学出版社,1991.

2. 抽象模式加工

由于视觉表象是想象的基本素材,一个人的视觉表象是否丰富,决定了这个人的想象力是否丰富。而且,其他表象的充实,决定了想象的生动和鲜明。另外,情感介入的强弱程度,决定了想象的大胆和幽默。是否能加工图式表象和抽象表象,决定了想象水平的高低。

抽象的表象有时在弥补具体表象的不足。抽象的表象加工对科学概念的形成具有重要意义。表象的清晰性有时有利于思维的加工,但有时也会阻碍抽象的、综合的、更具有可操作性的表象的变化和加工。复杂的思维操作一般需要加工抽象的表象,在这时,抽象的表象比具体的表象更重要,然而,抽象意象与具体意象应该是互补的。所以,想象对表象的加工与创造的意义在于想象的建构性。想象能操纵结构,转化结构,预见结果和功能,所以想象具有探索性,是人类最高智慧的源泉。

抽象模式的想象是一种高级的想象,有着相当复杂、变换无穷的模式。空间艺术存在大量抽象模式的想象,如在建筑中,特定的空间序列和造型符号能唤起深深积淀的文化基因。

印第安的民间艺人创作的图腾柱雕塑,对具体的事物做了一定的抽象,从各种动物形象上,你能看到一种统一的风格。

印第安艺术家设计的平面艺术画,又将图腾柱雕塑做了进一步的抽象,得到了 U 形和椭圆两种基本模式。在他们创作的画面中,无论鲸鱼,还是老鹰,都是用 U 形和椭圆构成的。

练习题 15:做印第安艺术家

将印第安艺术家创造的抽象模式稍加变化,如把 U 形变成 V 形,椭圆变成长方形,然后运用抽象的模式创作一幅平面艺术画,同样以某种动物为主题。

练习题 16:建筑符号的抽象和创作运用

取一典型的建筑(某一时期、某一类型、某一地域的建筑),抽取其中的一两种建筑符号。将这些建筑符号进一步抽象和变换,并将这些建筑符号重新运用于一座建筑中。

要求画出抽取符号、符号进一步抽象、符号变形等一系列变化的过程,最终画出运用了这一抽象符号的建筑立面。

练习题 17:意境设计

在中国文化中,龍(在这里我们特意使用"龙"字的繁体字,是为了让你更好地体会题目的要求)有着重要的地位和影响。从距今 7000 多年的新石器时代,先民们对原始龙的图腾崇拜,到今天人们仍然多以带有"龙"字的成语或典故来形容生活中的美好事物,龙已渗透进中国社会的各个方面,成为一种文化的凝聚和积淀。龍成了中国的象征、中华民族的象征、中国文化的象征。

接下来,我们将追寻龙的踪迹,进入远古的历史和龙的世界,从龙的书法和龙的美术作品中汲取丰富的内涵,进行我们的创作。

请仔细观察"龖"字的笔画和由笔画围合的空间,体会"龖"字的笔韵和龙的精神,在设定的 50m×30m 的空地上,设计一个充分体现"龖"字意境的"龖园"。要记住,这是一个花园,你可以使用所需要的任何要素,如花、草、水体、建筑、雕塑,等等。

实际案例

贴心的婴儿体温手环 Bempu(如图 2-4 所示)①

脂肪对婴儿来说非常有用。没有脂肪,婴儿就会很快流失体温,从而引起体温过低和呼吸等其他问题。但在那些资源匮乏的地区,早产或低出生体重的婴儿数量极高,很多医院和诊所都买不起婴儿保育箱,很少有父母知道他们的孩子处于危险之中。

Bempu,一个适合婴儿的体温监控手环,当婴儿体温过低时会发出提醒的声音并闪烁橙色灯光,可以让母亲及时为他们调整保暖措施。到目前为止,该设备已帮助约 1 万名新生儿监控体温,遍及 25 个国家,但大部分在印度。今年早些时候,该手环获得了来自"在出生时拯救生命"机构的 200 万美元资助,迅速扩展了市场规模。

图 2-4 婴儿体温手环

思考练习题

1. 假如需要发明一种新式的鞋,就可以利用下面一些不切实际的想法启发思路:
   (1) 鞋可以吃。
   (2) 鞋会发声说话。
   (3) 每个人都穿同一号鞋。
   (4) 鞋可以扫地。
   (5) 鞋可以为我们指方向。

---

① http://finance.china.com/news/11173316/20171120/31689113_3.html [2018-1-24]

2. 假如下面这些情况发生,将会有什么变化?请尽量多想一些与众不同的情况。
   (1) 世界上没有任何钱币。
   (2) 地球上没有太阳光。
   (3) 世界上没有文字。
   (4) 世界上所有的人无论怎样都不会死。
   (5) 全市突然停电一年。
   (6) 真有"宇宙人"从别的星球来到地球上。
3. 外星人的逻辑:假如你是外星人,来地球参观,带着我们常用的物品,如书、太阳帽、雨伞、圆珠笔、纸币、尺、钱包、手套、围巾、皮带、盒子等回到了自己的星球。你会如何告诉你星球上的人们这些东西的用处呢?请写出尽可能多的外星人对于这些物品的用途。

2.2 发散思维训练

2.2.1 向唯一性挑战

引导案例

空调器只能用电吗?

空调器需要依赖必要的能源,实现空气的热能交换,变热为冷,或变冷为热。不使用能源的空调器是不存在的,因为这不符合热力学第一定律。但是使用什么类型的能源,却不具有唯一性。解决这类问题,其技术途径本来是多样的。人们通常使用电能,长此以往,思维的惯性力就排除了其他技术方案的考虑。

创造却恰在此时发生在对这种唯一性的挑战上。我国的远大空调,在别人做电空调时,它却在开发燃气空调,并最终以一己之力发展成了一个产业。燃气空调节省能源,对环境的污染少,引领了新的技术发展。远大空调的企业宗旨是做到七个不:不污染环境、不剽窃技术、不蒙骗客户、不恶性竞争、不搞三角债、不偷税、不行贿,没有昧良心行为。远大空调企业从开发节约能源的燃气空调,到参与制定跨行业的国际可持续建筑建造标准,重构了商业秩序。

所谓唯一性,就是认为一个问题只有一种答案,或做一件事只有一种方式。

在考试的时候,大多数人都喜欢单项选择。原因很简单,多项选择的选项容易混淆、难以判断。单项选择虽然分值较少,但是考核的内容具体,得分也更加容易。从小学到现在,在单项选择唯一性的限制下,我们头脑中的问题往往只有一个答案。生活中的我们,比较喜欢唯一性。对于唯一的东西,我们在进行选择时不需要煞费苦心,不需要苦苦地进行思索。当我们制定唯一性的标准时,我们能够客观管理,对事不对人,这样提供的服务也更加标准,符合规范。

虽然唯一性的存在为我们的学习和生活带来了一定的方便,但却影响了我们创造性的培养。许多问题,其答案往往不是唯一的,只有好坏程度上的差别。唯一答案的情况,只在很特殊、很少的范围内存在。生活中有许多问题都有多种答案,如果认为只有一种答案,那么,你找到一个后,就会停止寻找其他答案,也就放弃了把许多答案放在一起比较优劣的机会,从而可能漏掉最好的答案。在创造性地解决问题时,要尽可能地向四面八方搜索,搜索的方向和范围越广,找到最佳答案的可能性也就越大。法国学者查铁尔说:"你在做事时如果只有一个主意,这个主意是最危险的。"有时,只有一条路,也可能是最远的一条路,只有多探索才能找到最近的路。

突破唯一性,不仅需要我们具有主观意向,还需要不断地锻炼自己的思维,从而突破唯一性。可以通过图形发散、词语发散和用途发散三个方面进行思维练习。

1. 图形发散训练

图形发散是指以图为思维对象的思维发散。

图形发散的训练可以有很多种,视觉图形的发散能力在广告设计、产品设计上有重要作用。

1)基本元素发散。以某一图形为基本单元,进行不同的变化和组合,形成新的图案。如以六角形的不同排列组合,构成各种图案。

2)组合设计发散。如以三角形、圆形和正方形三个图形进行组合,并注明组合图形的名称。复杂的关联如图2-5所示。

3)图像构成发散。在这个图形上加几条线,使它成为有确定意义的图像。路灯如图2-6所示。

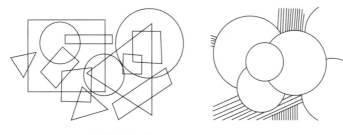

图2-5 复杂的关联　　　　图2-6 路灯

图形发散的训练可以有很多种,这种视觉图形的发散能力在广告设计、产品设计上是大有用武之地的。

2. 词语发散训练

词语发散是发散思维训练的基本方法，可以是名词发散、动词发散、反义词发散、标题发散、情节发散等多种训练。

词语发散在写作和广告语的设计中经常被使用。

请看下面这些保险公司的经典广告词：

世事难料，安泰比较好——安泰保险

聆听所至，真诚所在——信诚保险

财务稳健，信守一生——美国友邦

人生无价，泰康有情——泰康人寿

平时注入一滴水，难时拥有太平洋——太平洋保险

天地间，安为贵——天安保险

中国平安，平安中国——平安保险

盛世中国，四海太平——太平人寿

诚信天下，稳健一生——太平洋保险

这些保险公司的名字和它们的广告词，莫不是从安全、保障和诚信这几个词扩展出来的。类似的例子很多，可以说词语的发散在生活中处处都有。

优秀的作家和诗人都是词语发散的大家，他们有感而发，并能在许多相近词语中，选择最贴切的一个。

词语发散不仅在写作以及设计广告词的时候有用，在发明中也同样用得着。

让我们先玩个游戏，在10min内尽可能多地写出与"开"有关的动词。

拉开、打开、错开、捅开、撬开、翻开、弹开、拔开、割开、揉开、冲开、碰开、砸开、推开、射开、点开、踩开、踏开、捏开、碰开、摆开、劈开、拧开、敲开、吹开、喊开、挣开、撕开、拿开、拦开……

动词发散训练对于科学技术工作者及有志于发明创造的人，特别有益。因为这些人所要解决的问题，常常涉及动作，如过去罐头只能撬开，很难开，我们就可以用上面有关"开"的动词发散方法，找出一些简便易行的新方法，像拉开、翻开、捏开、点开、碰开，等等，这些词语可以启发我们发明实现不同动作的工具。通过刚才的游戏，我们可能会产生新的创意。

3. 用途发散训练

如果楼下着火了，你在二楼，就会撕开窗帘，用它当绳子逃难。这取决于人的一种洞察力，能发现视野之内的事物所具有的潜在的功能。这种能力就是用途的发散能力。

美国一家制糖公司，每次往南美洲运方糖，糖都会受潮，损失很大。公司的一位工人受到轮船上有通风洞的启发，建议在方糖包装盒的角落里戳个针孔使之通风，以达到防潮的目的。最后，这个建议的成功使他获得了100万美元的嘉奖。

钻小孔还能用在哪儿呢？日本盛行一时的"香扣子"出口贸易，就是因为有人发现，在妇女的衣扣上开个小洞注入香水，香水不但不易散失，而且"永远"香味扑鼻。美国的一家飞机制造公司也尝试着在飞机的机翼上钻了无数微孔。结果发现，微孔可吸附周围的空气，消除紊流，从而大大减小空气的阻力。他们据此做出样机后，发明了可节油40%的飞机。"钻小孔"的设想威力竟有这么大！小孔还能钻在哪里呢？你也赶紧试试吧。

曲别针的用途有多少种？一种，固定纸张！这种回答就是唯一性的说法。在这种情况下，人们往往会将自己禁锢在唯一性的牢笼中。现在，发挥我们的想象力和创造力，尽情地说出曲别针的用途吧。

在一次中外学者参加的开发创造力的研讨会上，日本一位创造力研究专家请与会者说出曲别针的用法，与会者七嘴八舌，几分钟内说出了20几种，大家让日本专家也试试，他说："我可以说出300种。"人们都露出了惊异的目光，然后专家用幻灯片放映出了曲别针的用途。这时，一位以思维魔王著称的许国泰先生递上一个纸条，说他能说出3000种，30000种。"能吗？"与会者无不怀疑，许国泰走上讲台说："前边大家讲的用途可用钩、挂、别、联四个字概括，要突破这种定式，最好的办法是借助于简单的工具。"他把曲别针分解成材质、重量、体积、长度等要素，做一根横向信息标，然后把与曲别针有关的人类活动进行要素分解，分解为数学、音乐、文字、化学、物理等，在横标的原点连成一个向上的纵向信息标，两个信息标交合形成信息反应场，信息反应场的作标可任意组合，像魔术棒一样可以推出无限多的用途。

① 曲别针做成0、1、2⋯9，再做成＋－×÷进行四则运算，可有1万种1亿种运算。

② 做成音符，在音乐上可创造无数的乐曲。

③ 可做成英、俄、日、希腊、拉丁等外文字母，进行拼读又可有无限的字词文章。

④ 可与硫酸反应生成氢气等，进行无数的化学反应。

⑤ 铁与铜化合是青铜，铁与不同比例的几十种金属可以分别化合成上万种化合物。

所以，曲别针的用途，无穷！

现在，我们走出唯一性，发现天空更蓝，道路更多。

通常看来，玻璃球只不过是小孩弹着玩的玩具。其实玻璃球还可以用来刷瓶子，搅拌涂料，做按摩器等。你还能根据"他用法"，推想出玻璃球的其他用途吗？你注意过哪些物品带有"环形"结构吗？如果把它推广到生活中的各个领域，会激发你产生哪些奇思妙想？

实际案例

伪装的艺术（如图2-7所示）[一]

图2-7 伪装的艺术

同样是"伪装"，对于不同的对象却有着不同的含义——对动物们而言，伪装是求生的技能；而对艺术家而言，伪装则是创意的体现。在这组伪装艺术照片中，艺术家们将服饰与周围环境巧妙地融合在一起，完美地实现了人与自然的和谐统一。

思考练习题

1. 图的流畅性训练：你能用一条直线段和一条半圆弧组成哪些物品？请画出来并给出名称。
2. 字的流畅性训练（既练习思维的流畅性，又练习文笔）
   ①在"青年"与"国家"之间加词（8~10个），使上一个词的词尾为下一个词的词头（要求音同字同）。
   ②你能分别用8个字描述它们的意思吗？

   A. 小而高的山　　　　B. 小而尖的山

   C. 尖而高的山　　　　D. 高而陡的山

   E. 高而险的山　　　　F. 高而大的山

   G. 土堆成的山　　　　H. 四周陡而顶端平的山

[一] http://www.patent-cn.com/2011/10/01/56679.shtml#more-56679 ［2014-8-28］

3. 请尽可能多地（每种至少2个）写出含有"马"字的成语（马字分别在1、2、3、4位）。

4. 请各小组在5分钟内尽可能多地写出带有数字一至十的词汇，如一心一意等，写得最多的又无错误的小组为优胜。

2.2.2 向完美挑战

引导案例

汽车喇叭厂的变革

苏州有一家生产汽车喇叭的校办工厂，只有几十个人，产品缺乏竞争力，销路不佳。厂方通过调查走访，分析总结市场上畅销的产品后，发现自己的产品存在以下三个主要缺点：

1）使用寿命不长。
2）产品外表镀锌面易变暗。
3）接线图印在包装纸盒中，容易丢，给检修带来不便。

接着进一步分析发现造成这三个缺点的原因：

1）产品线圈接头不是点焊在铜夹板上，而是直接夹在铜板上，容易接触不良，故而使用寿命短。
2）包装仅一纸盒，无防潮措施，引起镀锌表面氧化、变暗。
3）接线图印在纸盒上不易保管。

为此，他们采取了如下解决方法：

将线图接头用点焊工艺熔焊在铜夹板上，彻底根除隐患。

包装增加了一个塑料袋密封。

将接线图另外印在一张质地较好的卡片纸上，以便保存。

最后，由于这三项改革，使该厂产品摆脱了步人后尘的局面，第二年的销售量就增加一倍，利润翻一番。

1. 向完美挑战的方法——缺点列举

在传统的思维中，缺点都是贬义词。但是，在创造的天空中，当我们发现缺点的时候，也许就找到了发明的道路。爱因斯坦说："提出一个问题比解决一个问题更重要，因为后者是方法和实验的过程，而提出问题则是找到问题的关键、要害。"寻找缺点，就是提出问题的关键。

缺点列举法就是通过发现、发掘事物的缺陷，把它的具体缺点一一列举出来，使人们尽可能设想所要达到的发明创造目标，针对这些缺点，设想改革方案，使人们很容易地从中捕捉到有用的信息以开展发明创造活动，进行创造发明。世界上任何事物，即便是很完美的事物，经过仔细分析后，也能发现它的不足和缺陷。比如穿着普通的鞋子在泥泞的地上行走容易滑倒，这是因为鞋底的花纹太浅，烂泥嵌入花纹缝内，使鞋底变得光滑，容易滑倒。针对花纹浅的缺点，将鞋底花纹改成一个个突出的小圆柱，创造了一种新的防滑靴。手表常常容易忘记上弦——发明了全自动机械表和电子表；戴着老花眼镜看远处的东西时不方便——发明了双层眼镜，上面是平光，下面是老花眼镜；自行车胎容易漏气——发明了实心胎（英国退休工程师莫雷发明）；普通药瓶不能提醒病人服药——在瓶盖上装了定时发光发声装置。由于人们具有思维定式，看惯了和用惯了一些东西，很难发现它们的缺点，也就很少去寻找它们的缺点，这种"凑合""将就"的心理使人们失去了创造的欲望和发明的机会。缺点列举法则反其道而行之，它鼓励人们积极地寻找并抓住事物不方便、不合理、不美观、不实用、不安全、不省力等缺点或不足，把它们一一列举出来，有针对性地一一加以解决，以实现创造发明的目标。

正是我们不断发现现有产品的缺点，不断完善，才有更多更好的发明，更多更优秀的创造。

2. 缺点列举法的使用步骤

（1）敢于质疑，发现缺点

改正缺点就是最好的卖点。只要我们在等待时机的过程中，能充分积累，并且积极修正不足，那么即使慢别人半步，也能以加倍的速度超越对手。录像机的技术最先是由日本索尼公司发明的，索尼公司推出的 Betamax 录像机曾在市场上取得领先地位。还有一家公司叫松下，在经过一番市场调查之后，松下了解到消费者最需要的录像机功能项目，于是在索尼公司急于把录像机推向市场的时候，松下公司用半年的时间来潜心研究索尼的录像机存在哪些问题和缺陷以及怎样更好地改进录像机的功能，在追求卓越的信念支撑下，松下录像机投放市场之后，反而更受消费者欢迎。

（2）分析缺点，全面改进

日本美津浓有限公司原是生产体育用品的一家小厂。为了让产品畅销世界各国，厂里的开发人员到市场上去调查。在调查中，他们发现，初学网球者在打球时不是打不到球，就是打一个"触框球"，把球碰偏了。很多人都想，要是球拍大一点，兴许不会出现上述毛病。专业级别的网球拍面积一般在 90~100in^2[一]。美津浓有限公司就专门做了一些比标准大30%的初学者球拍。这种球拍一上市果然畅销。后来他们又了解到初学者打网球时，手腕容易发生一种皮炎，这种病被人们称之为"网球腕"，发生

[一] $1in^2 = 6.4516 \times 10^{-4} m^2$。

的原因是因为腕力弱的人，在运动前没有做放松运动，在打球时发生腕震而造成的。于是，该公司又发明了减震球拍。他们用发泡聚氨酯为材料，但是经过试验，发现打起球来软塌塌的，很容易让人疲劳。又重新进行了试验，终于制成了著名的"减震球拍"，产品打进了欧美各国。

用缺点列举法进行创造发明的具体做法是：召开一次缺点列举会，会议由5~10人参加，会前主管部门针对某项事务，选举一个需要改革的主体，在会上发动与会者围绕这一主题尽量列举各种缺点，越多越好，另请人将提出的缺点逐一编号，记在一张张小卡片上，然后从中挑选出主要的缺点，并围绕这些缺点制订出切实可行的改新方案。一次会议的时间大约在一两个小时之内，会议讨论的主题宜小不宜大，即使是大的主题，也要分成若干小题，分次解决。这样，原有的缺点就不会被遗漏。

任何事物都是由多个部分、多种属性构成的。所以，列举缺点也应围绕这些部分和特性，从多角度出发来寻找缺点。

（3）缺点列举法训练步骤

第一步，确定一个对象。

第二步，大型的事物运用调查研究、对比分析、智力激荡法等，尽量列举这一对象的缺点和不足。

第三步，将以上缺点归类整理，一般可分为三类：材料方面，美学方面，功能方面。

第四步，针对每一缺点进行分析研究，可以对某些缺点加以改进，从而创造出更好的事物。

日本的鬼冢先生是一个会用脑的人，他知道自己的实力不能与那些大厂相比，就集中目标研究篮球鞋这一种产品。他首先会见了篮球优胜学校的选手，听取他们对运动鞋的意见。选手们都说："篮球比赛最重要的是在运动中立即止步，否则投篮会不准，还会撞到别人身上。现在的篮球鞋在地板上容易打滑，步子刹不住。"他立即把焦点集中在"打滑"的问题上。他亲自和选手们一起打篮球，体验鞋子打滑的情况。此外，他还调查了能紧急刹车止步的汽车轮胎的构造。他一天到晚总在想这事。一天，他正在吃晚饭，忽然看到章鱼腕足上的吸盘。他想，如果把鞋底做成吸盘式，就能做到立即止步了。他研究了过去的篮球鞋，鞋底都是平的，有的甚至中间还高出一些，这种鞋底，打滑是免不了的。于是，他把鞋底设计成吸盘式，并请选手们试穿，结果证明止步效果明显高于平底鞋。他让运动员试穿这种篮球鞋，结果大受欢迎。

实际案例

不完美中的完美

在我国家用电器市场上，近年来一波又一波价格战此起彼伏，只有海尔集团无动于衷。为什么呢？海尔不靠打价格战取胜，靠的是不断开发出的新产品占领市场。

请看洗衣机一个产品，海尔在搜集的用户信息上看到：农民兄弟提出，农村用洗衣机洗土豆地瓜，虽然能洗，但是不太好用。海尔人对此并没有感到奇怪，而是设计、研究、生产出专门销往农村的大地瓜洗衣机。这款洗衣机推出后，又有人提出土豆洗干净后，削皮很费劲，于是海尔又推出削土豆皮洗衣机。之后驻守海岛和边疆缺水地区的战士们提出，"我们这儿没有干净水洗衣服，白衬衣都洗黄了"，海尔接着专门为战士们生产能使黄泥水、海水变清的洗衣机。有人提出用搓板洗衣干净，洗衣机要像搓板那样就好了，于是又有了搓板式洗衣机……这样不断创新，推出多姿多彩的产品，还用去打价格战吗？海尔集团总裁张瑞敏曾说："当大家都在瓜分市场的这一块蛋糕时，我们再另做一块如何？"

海尔集团成功的例子告诉我们，任何一个产品、一个事物都不是完美的，只有更好，要想在竞争中立于不败之地，就要向完美挑战。

思考练习题

发现缺点也是伟大发明的指南。请你对以下事物从材料、结构、形状、坚固性、耐久性、方便、美观、实用、功能等多方面，进行希望点列举。

A. 伞　　　　B. 电视机　　　　C. 电脑　　　　D. 拖布　　　　E. 手机

2.2.3 向未来挑战

引导案例

巨人网络

巨人网络董事长史玉柱进入网络游戏时间并不长，为什么能迅速成就了一个领域的神话？成功的关键因素之一是打破规则。史玉柱是第一个提出来网络游戏免费的人；是第一个在游戏里售卖虚拟道具的人；他彻底打碎了"练级、打怪、练级"的单循环模式，这一创新使玩家趋之若鹜。2007年11月1日，史玉柱旗下的巨人网络集团有限公司成功登陆美国纽约证券交易所，总市值达到42亿美元，融资额为10.45亿美元，成为在美国发行规模最大的中国民营企业，史玉柱的身家突破500亿元。

汽车驾驶员最怕汽车相撞出事故，所以没有汽车事故的未来一直是尖端技术研究的目标。科学家正在研制永远也不会相撞的汽车（如图2-8所示）。

图2-8 不会相撞的汽车

建立一个汽车不会相撞的未来的关键是汽车与汽车间的沟通或者称为V2V，一些技术可以让V2V成为可能，而且已经付诸实施。日益先进成熟的全球定位系统将会让你在任何时间都能准确地知道你的车所在的确切位置，而稳定的控制系统可以掌握你的车速以及方向，这些信息可以输入你的车载电脑上，目前的挑战是如何找到一个有效的方法把这些数据传达到其他的车辆上。

大众汽车的电子研究实验室帮助研制了大众汽车的途锐车型。该实验室在两辆"速腾"车和两辆奥迪A3车上安装了"专门短程通信"装置，并利用V2V控制这几辆车在旧金山行驶。但是如果要在成百上千辆车之间做到这一切，目前还非常困难。

通用汽车公司在这一方面做得比大众汽车公司要好一些，它们在凯迪拉克车上安装了专门短程通信装置，让它自动停车避免事故发生。改进的稳定控制系统可以预测前面停在路中间的另一辆安装有专门短程通信装置的车，然后在需要停车的情况下车上的电脑系统会自动刹车。

人们习惯性的思维方式是以过去的经验指导现在并预测未来，这种思维方式并不错，但有局限性。因为未来不见得是在过去与现在的延长线上发展，未来有可能是全新的一条发展曲线，这条线在目前初露端倪，在未来可能无比辉煌。具有创新精神的创业者，把握未来，突破现在，未来的发展就完全在另一个轨道上了。

以未来领导现在，就是打破习惯性的思维模式，追求未来的"应有状态"，在"应有状态"的基础上考虑即将进行的变革和创新。

"应有状态"，也可以用"理想状态"来近似代替。对未来"应有状态"的追求，使人具有不断前进的目标，始终走在别人的前面，让别人跟踪你，而不是你跟在别人后面爬行。

1. 突破预设前提

为什么千百年来,人们对一道古老的题目始终充满敬意?

为什么万千天才第一次接触这道题目时会束手无策?

为什么无数的创新著作不厌其烦地引证它?

为什么美国的创新创造协会把它设计为会标?

原因非常简单:它深刻地表现了创造性思维最本质的特征——越界思维。

这就是著名的九子图(如图 2-9 所示):

要求:

1)用四条直线把所有九个点连接起来。

2)不能移动任何点。

3)连线必须一笔完成。

4)连线画完前,笔不能离开纸面。

图 2-9 九子图

大家知道五条直线是很容易做到的,如图 2-10 所示。

但四条直线的难度就陡然增加了。当你绞尽脑汁快要放弃并几乎认为不可能时,一旦如图 2-11 所示的答案出现在你面前,你会惊得哑口无言。是的,这是一个近乎完美的答案。

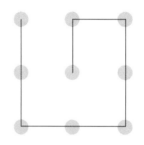
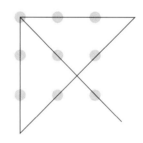

图 2-10 九子连线图(一)　　　图 2-11 九子连线图(二)

这里既没有脑筋急转弯的机智,也不存在偷换命题的狡辩,它符合一切前定的规则,可我们为什么做不出来呢?这个答案背后真正的意义是什么呢?

那就是——越界思维。人们在惊讶自己不自觉地陷入九子图边框的同时,发现了隐匿在思维深处的障碍,这是一种无形的边界,它之所以难以逾越,是因为人的思考会屈从于一种前提性假设,尽管问题中并未规定直线的长短以及是否可以逾越,但思考总是倾向于将九子图当作封闭的整体,九子图的边界与人们头脑中无形的框式不谋而合了。边界就这样作为前提被无意识地限定了。

在这里,边界就是一种预设的前提,这是一种看不见的力量。

因此,最大的思维突破应是对某种看不见的"前提"的突破。正像尼采用刀子解剖社会的胸腔,要把社会的"地毯"翻过来,看看它赖以存在的"大前提"是什么。

唯有如此，才能产生超越技术层面的革命性创新。

怎样才能突破隐藏着的前提呢？让我们思考如下问题：

如图2-12所示，一对父子在一次游览迷宫时不慎走散，父亲非常着急，想尽快找到孩子。你能帮助这位家长设计一条最短的路线吗？

解决之道当然是破除某种前提所形成的思维框框。如果我们也跳出传统套路，用突破性的方法思考以上难题，答案就近在眼前了：绕外墙走。

解决这道难题的关键只有一条——冲破头脑中预设的前提。

突破性思考的一个例子，就是"新北京 新奥运"的图形设计。起初全国许多设计师思想保守，不自觉地落入了传统套路，天坛、长城、火炬、华表等前提性北京图标死死地框住了人们的思路，终于有一天，陈绍华等设计师突破边界，对一幅五星连接的五环草图进行改动，只是将鼠标勇敢地一拉，一幅气韵生动、流水行云，融中国古老文化传统和现代体育精神于一体的太极拳图示便横空出世，如图2-13所示。

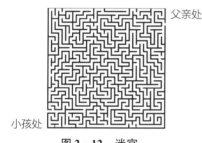

图2-12 迷宫

图2-13 新北京 新奥运

2. 突破问题属性

超越边界的途径不止一条，对问题属性的重新界定同样是一种超越。

当我们迈步前行时，我们又遇到了新的挑战：有没有办法遵循前述同样的规定，但只用三条直线，一笔画掉所有9个点呢（思考时间10min）？

这个问题的解决涉及一个更为恼人的条件——能否超越问题本身的局限，在现实性上重新定义问题。

有这样一个传说：绍兴才子徐文长自幼聪敏过人。一天，他和六位文人一起喝酒，这六个人事先商量好要捉弄他一下。桌上一共摆了六道菜，按年龄大小行酒令，酒令要说出一个典故，只要典故和桌上的菜肴有关，就可以独享这盘菜，否则没菜吃。第一个人就说："姜太公钓鱼，"说罢就把桌上的一盘鱼端到自己面前。第二个人就说："时迁偷鸡，"于是将一盘鸡肉端走。第三个人说："张飞卖肉，"话音刚落顺手将一碗猪肉拿去。第四个人说："苏武牧羊，"把羊肉也拿走了。第五个人说："朱元璋杀牛，"牛肉也归他了。第六个人面对最后一盘菜，说声"刘备种菜，"慢条斯理地把菜拿到面前。眼看什么菜也没有了。只听徐文长说了一声："等一等。"接着说出了一个酒令:"秦始皇吞并六国,"然后把六个人的菜全都端了过来。六个人大为叹服。

徐文长的智慧在这里表现为他善于超越问题本身的界限,将个别上升为一般,将局部上升为整体,将具体上升为抽象,将一盘菜上升为一桌菜。这在本质上是对问题属性的突破。唯有这种思维能力才有助于解决三条直线的问题,如图2-14所示。

图2-14 九子连线图(三)

即首先改变9个点的属性,将源自希腊几何学关于点的定义重新界定。长期以来在平面几何的思维中,"点"是"没有部分的东西""点只是一个坐标",但是,眼前我们所看到的"点"却是一个具体的、活生生的、有一定面积的特定的"点"。我们并没有用希腊的定义界定过它,凭什么一定是抽象的"点"呢?可见,从抽象到具体的突破、从理论到现实的突破才是解决问题的关键。

唯有对问题属性的越界思维,唯有这决定性的一跃,才会顺理成章地想到用切线的方法求解。

如果你已经有了两次突破的经验,那么你一定会对自己提出更高的要求,因为突破是一个不断发展的过程。接下来的问题是:我们能否在规则不变的情况下,只用一条直线连接所有9个点呢?

问题看起来简直荒谬,这怎么可能呢?

但真正的大创造往往是从荒谬绝伦中孕育的。以下是一些参考的解决方案:

为什么不可以用折叠的方法将点连成一条线?

为什么不可以卷成桶状螺旋式画线?

为什么不可以用我定义的巨笔一笔勾销?

为什么不可以用幽默的方法解决?

这一切都需要我们砸破思想的牢笼,突破头脑中"不可能"的界限。

3. 突破技术边界

创新需要技术,但创新在本体上又是超越技术的,它是一种意识,是一种观念的突破。在九点图的边界内操作是技术,逸出九点的限制便是观念。请试做下面两题:

第一题:变字

一个"日"字,添加一笔,能变出什么字?

第二题:布阵

图2-15是个魔术方阵,其纵向、横向、对角相加之和均为15。现在要求你重新安排设计一个纵向、横向、斜向相加之后均为16的魔术方阵,而且方阵中的数字不能重复。应该怎样

6	1	8
7	5	3
2	9	4

图2-15 魔术方阵

安排？你有什么最好的办法（请先思考20min再看二维码中的答案）？

这与前述四笔连接九点图的思路有异曲同工之妙，你急需改变的不是外部的技术路径，而是头脑中的思维路径。可见，创新有时就是这样简单，简单到令人惊讶，但这恰恰是最智慧的。

码2-1 突破边界题答案

4. 突破规则边界

规则在绝大多数情况下可以让我们安身立命，在常规范围内能达到"从心所欲不逾矩"已是最高境界。然而，最本体的创新却是对规则本身的质疑和革命。哥白尼对地心说、达尔文对神创论、爱因斯坦对牛顿规则的颠覆便属于这种性质。不破不立，一切最原创的思想都要首先破除旧的秩序，突破各种显性和隐性的规则。

一天，某公司经理叮嘱全体员工："谁也不要走进八楼那个没挂门牌的房间。"但他没解释为什么。这家公司效益不错，员工都习惯了服从，谁也没去八楼那个没挂门牌的房间。一个月后，公司又招聘了一批员工，总经理对新员工又交代了一次："不要走进那个没挂门牌的房间。"这时有个年轻人在下面小声嘀咕了一句"为什么？"总经理满脸严肃地回答"不为什么！"

不解萦绕在这个年轻人的心中，好奇心驱使他非要去看个究竟，而别人善意的提醒更激起他的兴趣。他来到那个房间，轻轻叩门，没有反应，再轻轻一推，虚掩的门开了。不大的房间里只摆了一张桌子，桌子上只放着一个纸牌，上面用红笔写了几个字——把纸牌送给总经理。

年轻人十分困惑地拿起那个已经沾了许多灰尘的纸牌，走出房间。不顾众人的劝阻，直接来到总经理办公室，当他把那个纸牌交到总经理手上时，总经理一脸笑意地宣布了一项令人震惊的结果——"从现在起，你被任命为销售部经理。""就因为我把纸牌拿来了？"年轻人不解地追问。"没错，我已经等了快半年了，相信你能胜任这份工作。"总经理充满自信地看着年轻人。

年轻人果然不负厚望，把销售部经营得红红火火。事后，总经理向众人解释道："这位年轻人不为条条框框所束缚，勇于走进某些禁区，这正是一个富有开拓精神的成功者所应具备的良好品质。"众人恍然大悟。

这些解决之道都突破了常规，就如同爱因斯坦打破了传统物理学的定律。光凭努力尝试，是无法解决不可解决的问题的，必须破除成规。我们要像爱因斯坦那样想："人试着以最适合他自己的方式替自己建构一幅简化和智慧的世界影像；然后，他试着用他自己这个宇宙来取代经验的世界，并如此征服了他。"⊖

⊖ 索普. 谁坏了你的大脑[M]. 蔡凡谷，译. 海口：南海出版公司，2002.

爱因斯坦的思考之所以有效，是因为解决棘手问题的最大障碍在你的大脑中。破除成规太难了，所以聪明人很多，但成功者却很少。当最难的问题摆在你面前时，要知道，聪明和人所共知的技术知识并不是你取胜的独门武器，有没有违反成规甚至打破金科玉律的胆略才是最终的制胜法宝。

图 2-16 为国家大剧院的效果图。

图 2-16　国家大剧院

国家大剧院是法国人安德鲁设计的，为什么安德鲁能取胜呢？为什么经过几次重大的争论后仍然确认这个方案呢？

建设国家大剧院是中国几代人的梦想，由于它位于中国首都，又在天安门广场旁边人民大会堂的西侧，其重大的政治象征意义是不言而喻的。为此，我国政府于 1998 年 4 月公开进行国际招标，面向全世界征集设计方案。当时提出的设计要求为三条：一看就是个大剧院；一看就是个中国的剧院；一看就是北京天安门广场旁边的剧院。

公告既出，群雄献计，共收到 69 个方案，国内 32 个，国外 37 个。在此后一年零四个月的时间里，经过两轮竞赛、三次修改，多次评选和论证，最后安德鲁方案一举中标。

2000 年 4 月工程动工，因反对意见骤起，开工仪式便取消了。但反对意见并没有因为开工仪式的取消而停止。6 月 10 日，中国科学院和中国工程两院院士署名的《建议重新审议国家大剧院建设问题》上书中央，提出四条意见，其中最主要的观点是：安德鲁的方案不符合原招标时定出的三条标准，与北京的建筑风格不符，远看简直就像半个蛋壳。当然，也有更多的院士和建筑专家赞同安德鲁的方案。对此，又经过近一年的慎重研究，直到 2001 年 12 月 13 日国家大剧院业主委员会宣布，经过四年的周密准备，国家大剧院正式开工，仍为法国巴黎机场公司安德鲁的方案，占地 11.89 万 m^2，总建筑面积 14.95 万 m^2，工程概算 26.88 亿元，施工总承包单位为北京城建集团、香港建设有限公司和上海建工集团联合体。

虽然国家大剧院纷争已暂告一段落，但整个过程却给人们留下了深刻的思考：安德鲁取胜的关键究竟是什么？难道仅仅是技术吗？虽然安德鲁及其巴黎机场公司的设计水平堪称一流，但拥有同样技术条件的顶级设计大师也不在少数，从纯技术而言，安德鲁的半椭圆形与水面设计构思也绝非不可企及，别人也有能力设计甚至也可构思出此类作品。但为什么他们都未能中标呢？一句话——输在意识。反观安德鲁，之所以一举中标，起决定作用的是深藏在其精美技艺和构思背后的力量，一种观念和意志的力量，一种凌驾于技术之上的原创精神，其核心就是突破性思维，突破法则和成规的思维。不管原则和规则来自何方，甚至是招标方，照样敢于突破。于是我们发现，所有其他竞标方案失败的根本原因就在于太拘泥于规则，当他们的思考还停留在"天圆地方""太极图""雕梁画栋"等三条"标准"框框中时，安德鲁早已天马行空、特立独行。

正如事后安德鲁接受媒体采访时所说："我也曾按照当初对设计方案的要求——一看就是个大剧院；一看就是个中国的剧院；一看就是北京天安门广场旁边的剧院来做设计的，但是苦苦地被禁锢住了，设计出来的东西很不满意。后来我明白过来了，思路要打开，不能受字面限制。"⊖

安德鲁一下感觉海阔天空，所有的问题有了新的思考和解释，比如：

什么是中国建筑传统？传统是静态的吗？为什么故宫的传统风格与人民大会堂的风格不一样？可见，传统是动态的，传统是发展的，传统是一个过程。

传统是照抄吗？不，一个民族最伟大的传统绝不是复制和模仿，她应该是永无止境的创新。

什么是和谐？千篇一律就是和谐吗？不，古老与现实巨大的反差就是和谐，不和谐就是最高的和谐，"和而不同"正是中国哲学人文精神所追求的最高境界。思想一旦冲破牢笼，灵魂便获得了自由，设计本身又算得了什么呢？技术只是思想的奴隶。安德鲁用他超凡的作品恰如其分地诠释了比尔·盖茨的一段名言："创意犹如源自裂变，只需一盎司，便可带来无以计数的商业效益。"

实际案例

斯沃琪（Swatch）手表

20世纪70年代末，瑞士制表业陷入空前危机。当时，瑞士出品的钟表产量在全球市场中的比例已从43%急剧下降到15%。复兴瑞士制表业成为刻不容缓的艰巨任务。1978年，世界上诞生了当时厚度最薄的腕表，这再次向瑞士制表业发出严峻挑战。瑞士制表业决心迎难而上，创制出更为轻薄的计时器。

1985年，Swatch之父——尼古拉斯 G. 海耶克在对 Asuag 和 SSIH 两家钟表公司进行了历时四年多的重组后，最终促成两家公司合并成立 Swatch 集团。Swatch 集团的制表工匠不仅缔

⊖ 安德鲁. 我为什么这样设计中国国家大剧院 [N]. 光明日报，2000 – 05 – 19.

造了新的超薄表记录，而且发明了全新的制表工艺。这一制表工艺采用一体式表壳，并将表壳的底部作为安装机芯的底板。机芯从腕表的上方进行安装，安装蓝宝石水晶玻璃镜面则成为最后一道工序。化繁为简，这是对制表工艺一次大胆却异常成功的颠覆。然而，是否能够使用塑料制作出更省成本的腕表呢？Swatch 集团带领瑞士制表业踏上了征服下一个挑战的征程。

使用塑料制作的腕表应具有容易设置的机芯，必须能够从其塑料表壳的一面安装机芯。此外，塑料表的男装、女装表款还应当采用相同的底座。经过无数次改进，Swatch 集团的制表工匠使用 51 个零部件代替了通常构成腕表的至少 91 个零部件，最终使塑料表成为可能。

Swatch 腕表采用瑞士石英机芯、人工合成材料制造，兼具防水防震、计时精确、价格便宜等出众优点。腕表尤为适合批量生产，并具有丰富的色彩可供选择。Swatch 表这款年轻、创新的腕表在瑞士独家制造，已成为激情四射的完美象征。Swatch 还打破了人们"便宜没好货"的传统观念。Swatch 价格虽然只有 40 美元到 100 美元不等，但它具备瑞士表的高质量：重量轻，防水防震，电子模拟，表带是多种颜色的塑料带，各种颜色都很鲜艳，很适合运动。

"去年的 Swatch 表不能替代今年的 Swatch 表。"这是 Swatch 的目标。Swatch 每年都不断地推出新式样手表，设计有创意的广告来精心地刺激消费者的兴趣，以至于人们都焦急地期待新产品的出现。许多人拥有的 Swatch 手表都不止一块，因为他们希望在不同的时间、不同的场合佩戴不同颜色的手表。Swatch 的战略使许多着迷的顾客蜂拥而至，不断地购买新式时尚手表。有位商人拥有 25 块 Swatch 手表，每天他都要换一套西服、领带、衬衫和一只 Swatch 手表。Swatch 成功的原因很明显：Swatch 不只是报时手表。Swatch 突破了手表简单的计时功能——它对时间概念的新演绎，不仅在于款式的千姿百态和色彩的绚丽丰富，而且运用了高科技的成果，体现了丰富的艺术想象力。Swatch 赋予每一新款一个或浪漫或深沉的名称，蕴含着令人回味的文化内涵，如"光谱""瞄准时间""第四时间"等架构在"时间动力学"理论之上的；也有"玫瑰""禁果""提醒我""往日情怀"，对热恋中的情人具有极强的诱惑力；而"探险""潜望镜""碳元素"等，对极欲探索科学奥秘的青少年来说，无疑是努力学习的动力机！ Swatch 特殊的品牌个性，真是牢牢抓住了年轻人的心！与这个手表相关的每件事物都充满革新与挑动：从外观到内部零件、技术，以及问世的方式不局限于传统的行销手法，其与众不同的品位以及开路先锋大胆无畏的精神，让这个诞生于 20 世纪 80 年代初的塑料手表发展成为个性鲜明的国际知名品牌。

思考练习题

你能创造一种新的体育运动吗？

你可以从一张白纸开始，写下各种古怪的念头。一个不同而又可能有效的方法是从一种现有的游戏开始，看一看如果你一条一条地打破游戏规则会发生什么。足球比赛的一条规则是不能用手，正是大胆打破了这条规则，才导致橄榄球比赛的出现。橄榄球比赛的一条规则是不能向前传球，正是大胆打破了这条规则，才导致美国足球比赛的出现。再拿网球比赛来试一试，如果场上有三个队员会出现什么情况呢？如果球不是被猛击出线,而是可以弹回来重新比赛,又会出现什么情况呢?如果中间没有网,会出现什么情况呢?如果没有球拍,会出现什么情况呢?如果球不能弹起来,会出现什么情况呢(像羽毛球一样)?你很快就会看到每条规则被打破后都会导致一项新的体育运动。

2.3 思维灵活性训练

2.3.1 向概念挑战

引导案例

鼠标笔(如图2-17所示)

图2-17 鼠标笔

这款新型鼠标采用了独特的钢笔造型,方便使用者通过手指精确控制鼠标的移动,免除了胳膊及肩部的繁重劳动。由于它的设计完全符合人体工学原理,使用起来非常舒适。

1. 概念——人类思维的结晶

概念是人们在千百次的社会实践中形成的关于某一事物大家都接受、认可的特征的认识,实际上就是给这个事物下定义。有了概念,说明人类对这个事物的认识达到了一定的深度。概念所反映的是人们对这个事物在现实条件下认识到的主要的、本质的、一般的方面。确切地说,它是人类思维的结晶。

1985年沈阳市修建文化路立交桥,一位从农村到沈阳看望上大学女儿的老大娘,对着雨后泥泞难走的路大发感慨:"真是不明白城里人,没有河,修的什么桥啊。"可见,在她的脑海里,桥与河是印在一起的。

"桥"这个概念在今天已经被无数次地挑战过,所以才有了地图上琳琅满目、异彩纷呈的立交桥。心脏有搭桥手术,婚介所有鹊桥,车站有天桥,玩的有桥牌……正因为有了这些挑战,传统的"桥"的概念已经被人们更新,代之以适用范围更广的"桥"。

2. 概念——束缚创意的枷锁

缝纫技术的根本用途是缝制衣被，这可以说是普通常识。你能想到它可以缝制飞机吗？美国国家航空航天局和波音公司，利用已有 100 年历史的缝纫技术研制出一种新型高速先进缝纫机，这种缝纫机有可能使铝材机翼最终被淘汰。波音公司通过把复杂的碳纤维复合材料缝制成长 40ft[一]、宽 8ft 的巨大板材，就可以制造出飞机的翼板结构，从而使每个机翼节省大约 8 万颗机械金属铆钉。这样，整个商业飞机机翼的重量可减轻 25%，成本也可降低 20%。当然，这个"缝纫机"的长度为 92ft，上面的跨线桥装有计算机和激光器，对厚度为 1.5in[二]的碳纤维材料进行缝制，还要在碳纤维材料板上缝上一层加固用的网状材料，以增加强度。最后，复合板材再加上一层常用的环氧树脂后被送往真空室和压热罐进行处理。

这一创造源于对"缝纫"这个概念的挑战，抛弃了缝纫只用于布料的缝制，将机械的"制作""加工""加压""成形"等词义都结合进去，才有了这个综合的新技术。

向概念挑战，就是向公众都接受的观点、事物以及解决问题的公认的适当的方法进行挑战，找到新的概念、新的事物以及新的解题方法。公认的概念，往往会使人们的思维僵化、固定化，从而丧失更好的创造机会。敢于挑战，就会开辟新的天地。社会主义的市场经济就是对社会主义必须是计划经济概念的挑战，结果带来了我国的繁荣富强和经济发展。

椅子可以是什么样子的？让我们看看下面的图片。

看了图 2-18 中的椅子，你是否有一种耳目一新的感觉？创造力让普通的椅子充满了无限的艺术气息。

图 2-18　椅子

3. 向概念挑战的方法要点

1）要把被挑战的概念从所要解决的问题系统中抽取出来，切断其一切联系。孤立的问题就会较为单纯，具有可操作性。因为要解决的问题是与它存在的环境、条件、背景紧密相连的，如果不抽取出来，就会产生向这个问题有关的一切方面挑战，范围

[一] 1ft≈0.3048m

[二] 1in≈0.0254m

太广，无法着手，只有集中一点，目标明确，才能取得胜利。

例如：如果要我们说出与健康长寿有关的因素，一个人可说出10条，再来一个人也可能说出100条，因为与健康长寿正相关的因素太多了，可能说也说不完。能做好的只能是就哪一方面的问题进行研究和指导。

2）要把挑战概念和批判概念相区别。批判概念是概念本身存在缺陷，运用批判，找出这些缺陷，指出概念的必须替换性，无须考虑建设性的意见。挑战概念的目的在于找到可替代的事物或方法。有时可能我们选择的要挑战的概念，本身就比任何新的想法、观念好，那说明这个概念还有生命力，还有它存在的理由和条件。如果挑战成功了，就会产生一个更好的机会。挑战认为一个新概念可以与旧概念相提并论，新的可能比旧的好，也可能和旧的不相上下，提供出来供人选择，以建设性为主。

以上要点都是学者根据大多数人在打破思维壁垒、挑战概念时总结的基本规律中得出的。不同的人在思维过程中所表现的创造力也是不同的，如何挑战看似坚不可破的"概念"，应因人而异。

实际案例

超级可持续的农作物 Green Wave 3D Ocean Farm[一]

美国康涅狄格州非营利组织 Green Wave 的负责人 Bren Smith 正在推广未来农业的概念，即农业的未来是在停泊于海底的绳子上种植牡蛎、贻贝、蛤蜊和海草等（如图2-19所示）。

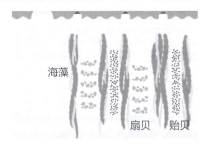

图2-19　渔民 Bren Smith 建成的全球首个3D海洋农场[二]

这个概念并不像看上去那么疯狂，地面上的农业问题正在变得越来越严重，排放的温室气体越来越多，而海洋的过度捕捞也迫使人类不得不开发可替代的食物来源。

Green Wave 的作物拥有令人信服的优势，它们蛋白质含量丰富，自给自足（无须肥），甚至可以帮助应对气候变化。

[一] http://finance.china.com/news/11173316/20171120/31689113_3.html ［2018-1-26］
[二] http://wemedia.ifeng.com/38171981/wemedia.shtml ［2018-1-26］

思考练习题

请对以下概念进行挑战：楼房、尺子、笔记本电脑包。

2.3.2 向主导观念挑战

引导案例

能摸出时间的床单 Melted Clock（如图 2-20 所示）[1]

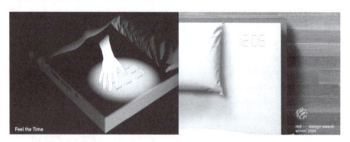

图 2-20 能摸出时间的床单

在这样寒冷的冬天，真想一直躲在被窝里，冰冷的空气让伸出手拿闹钟看时间都成了一种挑战。设计师 Florian Schärfer 就带来了一款新奇的时钟 Melted Clock。这款时钟与床单融为一体，时钟的显示通过点阵方式，采用一种仿生材料 EAP，你只需触摸就能获得时间信息。另外，它还有收音机的功能。这款设计还获得了 2009 年红点设计大奖。

人们解决问题时常常碰到这样的情景，或者不知不觉思路就被引上了早已确定的途径，根本想不到还有另外可供考虑的方案；或者本来能想出更新颖、独特的想法，可头脑总是被那个挥之不掉的、最初的、流于一般的想法占据着。这就是所谓"主导观念"在起作用。它使人很难得出其他任何想法，围绕主题的注意力都被这个主要通道所吸引，其他可能性则都被忽略了。横向思维概念所推崇的向主导观念挑战，就是让人先挑出那个主导观念，然后避开它，使思路不再受主导观念左右，从而发现更好的设想。

黏胶，当然是越黏越好。当我们购买胶黏剂的时候，总是要挑黏着力最强的黏胶。

---

[1] http://pkkeji.blog.163.com/blog/static/18563915220091020114503l1/ [2014-8-20]

这便是"黏胶"这个概念给我们的意义。但是，当我们向这个主导观念发起挑战的时候，却发现了意想不到的作用。美国 3M 公司是一个著名的化学品公司，曾经发明过透明胶带等产品。1964 年，美国 3M 公司召开 4 年一次的"聚合黏胶研究计划"会，研究员史尔华没有拿出超强的黏胶，却研究出一种内聚性较强、附着性较弱、粘不紧的超弱性黏胶，大家都认为"不粘的黏胶有什么用"？史尔华却认准这种不粘的黏胶一定有用。

直到 1974 年，史尔华的一位同事佛瑞看到夹在基督教唱诗本中起提示作用的小纸条，经常从书中掉出来，他灵机一动，想到在纸条上粘一点超弱黏胶，纸条既掉不下来又不会粘坏书。之后，这种叫"随时贴"的产品在 1978 年上市，立刻风靡美国市场。3M 总裁说："自从本公司推出透明胶带后，20 多年来，还没有一项产品那么简单，用途却那么广。"正是突破了黏剂一定要粘的概念的束缚，随时贴才能够风靡全世界，走向全球。

实际案例

Forward：重新定义诊所[①]

图 2-21 是一个充满未来感的 AI 诊所。每次进门时，会对你进行全身扫描。

图 2-21 充满未来感的 AI 诊所

还有数字听诊器，以及抽血时帮助找到静脉的红外光食品等，就像科幻电影里的医院一样！

思考练习题

请对以下事物的主导观念发起挑战：笔、面包、蜂窝、荷花

---

① http://wemedia.ifeng.com/38171981/wemedia.shtml［2018-1-26］

2.3.3 向复杂性挑战

引导案例

奥卡姆剃刀原理[1]

奥卡姆剃刀定律（Occam's Razor, Ockham's Razor）又称"奥康的剃刀"，它是由14世纪逻辑学家、圣方济各会修士奥卡姆（William of Occam[2]）提出的。这个原理称为"如无必要，勿增实体"，即"简单有效原理"。正如他在《箴言书注》2卷15题说"切勿浪费较多东西去做，用较少的东西，同样可以做好的事情"。

对于科学家，奥卡姆剃刀原理还有一种更为常见的表述形式：当你有两个或多个处于竞争地位的理论能得出同样的结论时，那么简单或可证伪的那个更好。这一表述也有一种更为常见的强形式：如果你有两个或多个原理都能解释观测到同一事实，那么你应该使用简单或可证伪的那个，直到发现更多的证据。对于现象，最简单的解释往往比较复杂的解释更正确。如果你有两个或多个类似的解决方案，选择最简单的。需要最少假设的解释最有可能是正确的（或者以这种自我肯定的形式出现：让事情保持简单）。

许多科学家接受或者（独立地）提出了奥卡姆剃刀原理，例如，莱布尼兹的"不可观测事物的同一性原理"和牛顿提出的一个原则：如果某一原因既真实又足以解释自然事物的特性，则我们不应当接受比这更多的原因。奥卡姆剃刀以结果为导向，始终追寻高效简洁的方法，600多年来，这一原理在科学上得到了广泛的应用，从牛顿的万有引力到爱因斯坦的相对论，奥卡姆剃刀原理已经成为重要的科学思维理念。

1. 简单是一种智慧

爱因斯坦有一个坚定不移的思想：科学逻辑上的简单性，是这种理论的正确性的重要标志。

最伟大的真理常常也是最简单的真理。因为任何基本的东西都是简单的，宏伟事业的核心是简单的，人类文明的根基是简单的，人性的本原是简单的，宇宙的出发点是简单的，一切创造的起点也是简单的。

让我们先思考以下问题：

诗词歌赋无所不精的苏东坡有一次约诗僧佛印同游，兴致所至，出了一条谜语：

---

[1] https://baike.baidu.com/item/奥卡姆剃刀原理//10900565？fr = aladdin ［2018 – 1 – 27］

[2] 奥卡姆在牛津大学时注册为"奥卡姆的威廉"（William of Occam）。

"唐虞有，尧舜无；商周有，汤武无；古文有，今文无。"佛印猜道："听时有，看时无；跳跃有，走动无；高的有，低的无。"东坡见佛印猜对了，说："善者有，恶者无；智者有，愚者无；嘴上有，手上无。"佛印乐了，又猜道："右边有，左边无；后面有，前面无；凉天有，热天无。"东坡接着说："然，哭者有，笑者无；骂者有，打者无；活者有，死者无！"佛印紧接话头："妙，哑巴有，聋子无；跛子有，麻子无；和尚有，道士无。"

请问：谜底是什么？

当我们解决某一难题（注意：我们总是习惯于将问题不知不觉地表述为"难"题，这不仅是一个表达习惯，更是一种心理暗示）的时候，很容易一开始就将问题想象得特别复杂。从心理学角度分析，这实际上已经是失败的开始，因为它有两个致命的不利：一是当你觉得它很难时，你就会想方设法从难处着手，从而忽略了最简单的解决之道。这就像古代一个著名的开锁匠，因罪被皇帝关在牢里，花了30年时间试图打开牢门的锁，最终都以失败告终。30年之后牢狱放他出来时，竟被告知这把锁一直是开着的。二是当你觉得它很难时，就可能失去信心，这又会加重问题解决的难度，从而导致恶性循环。

前面问题的解决思路同样如此。所谓简单思维就是去掉复杂，找到"关键点"，一切就变得简单明了了。这件事，说起来容易，真正执行起来也是需要智慧的。就像这个"关键点"，有时藏在中间，有时却露在外面，苏东坡与佛印的谜底其实就明明白白地亮在了每个字的表面——有的字有"口"字旁，有的字无"口"字旁。就这么简单。

这样我们就可以看到，简单思维实际上是一种智慧。事实上，任何问题的复杂化都是因为没有抓住最深刻的本质，没有揭示最基本规律与问题之间最短的联系，只是停留在表层的复杂性上，反而离问题越来越远，只有简单化思维才是最经济的思维、最优化的思维，是一种回到事物源头的思维。

2. 简单是一种方法

小时候我们都有过这样的经验：如果与大人一起出去游玩，万一走散了，大家都很急，彼此都在四处寻找，结果越找越远。通过此事，大人就会告诉孩子，如果走散的话，让孩子千万别去找大人，唯一能做的就是待在原地，这样大人会很容易找到孩子。这就是一种最简单、最低成本的策略。这一策略无疑具有普遍意义，于是人们就要思考究竟什么是简单性。

简单化思维从方法论而言，就是舍弃一切复杂的表象，直指问题的本质。可惜今天的人们自以为掌握了许多知识，喜欢往复杂处想。这就需要向复杂性发起挑战。

（1）由繁入简

一个很有启发性的例子是：美国首都华盛顿广场的杰斐逊纪念馆大厦年深日久，

建筑物表面斑驳，后来竟然出现裂纹。政府非常担忧，派专家调查原因，解决问题。最初以为蚀损建筑物的是酸雨。后来经研究发现，冲洗墙壁的清洁剂对建筑物有酸蚀作用，该大厦每日被冲洗次数，大大多于其他建筑，因此受酸蚀损害程度严重。

可为什么要每天清洗呢？因为大厦每天被大量燕子的粪便弄脏。

为什么有这么多燕子聚在这里？因为建筑物上有燕子最喜欢吃的蜘蛛。

为什么蜘蛛多？因为墙上有蜘蛛最喜欢吃的飞虫。

为什么飞虫多？因为飞虫在这里繁殖得特别快。

为什么繁殖快？因为这里的尘埃最适宜飞虫繁殖。

为什么这里的尘埃适宜繁殖？原来尘埃并无特别，只是配合了从窗子照射进来的充足阳光，正好形成了刺激飞虫繁殖兴奋度的温床。大量飞虫聚集在此，于是吸引了特别多的蜘蛛，又吸引了许多燕子，燕子吃饱了，就在大厦上方便……

问题的本原既然已经找到，解决问题的办法自然就很简单了——拉上窗帘。

其实，生活中许多看似复杂、烦琐、深奥的问题，追本溯源，都可以用最简单、最基本的方法解决，就像"拉上窗帘"那样轻而易举，关键是思维方式必须由繁入简。

（2）删繁就简

让我们先来看一个实验，这是一个被许多人引用过的经典实验：

把参试者分成 A、B 两组，这两组所面对的问题一样，想要达到的目标也一样，唯一差别在于解决问题的条件不同，或者说两组所面对的信息量不对称。A 组面前唯一的工具只有两根长度为 9.9m 的木板；B 组面前的工具有：两根长度为 9.9m 的木板、一根 20m 长的非常牢固的绳子、两块各重 200kg 的大石头以及几根钉子和铁锤。请问哪一组队员可以先想出办法渡过深沟到达小岛（如图 2-22 所示）？

图 2-22 小岛

实验的结果是：A 组解决问题的时间平均比 B 组快约 30%。为什么 B 组会慢呢？就掌握的信息量而言，B 组应该更多，但恰恰是这一点导致了 B 组不能很快进入主题，从而去发现和利用关键要素。这就是心理学所说的"信号干扰"。有时，对于解决问题而言，并不是信息越多越好，应当是无关的信息越少越好，否则就成了无线通信中的"杂波干扰"。要想有效地达到收听效果，就必须提高"信噪比"，即有效信号与干扰信号的比例。同样，在思维中，要想有效地逼近目标，就必须学会删繁就简。

仅仅是删除了不必要的信号，问题的本质就暴露出来了。因此，并不是某些人有多么聪明，能想到别人想不到的问题。更多的时候，只是因为他们善于用一种"去尽皮，方见肉，去尽肉，方见骨"直指事物本原的方法。

美国盖伊·川崎和米凯莱·莫雷诺在《创新的法则》中说："有时候一个问题的范围和复杂性都显得太大，尤其是当你想要有所创新的话，你简直不知从何处着手。解决问题的办法就是把问题先切成小块，然后对其中关键性的和从未解决过的几点进行攻关。"

实际案例

费米思维法

现代核物理之父费米是一个同时在理论物理和实验物理两方面都获得世界声誉的大学者。费米对问题的理解有自己独特的见解，他特别擅长把复杂的问题分解成若干个易于处理的简单问题，更难能可贵的是，他特别习惯于从各种繁复的概念和符号中逃脱出来，直指事物的本原。费米在芝加哥大学讲课时，他向学生提出了一个古怪的问题："芝加哥有多少钢琴调音师？"看到学生一脸茫然，无从回答，费米便得意地告诉学生有一种方法能解决问题："如果芝加哥的人口是300万，每个家庭平均由四人组成，全市家庭中三分之一拥有钢琴，这座城市就有25万架钢琴。如果每架钢琴每5年调一次音，一年要调5万次，如果每个调音师一天能调4架钢琴，一年的工作日为250天，共调钢琴1000架，一次可推算出全市共有50位钢琴调音师。"

费米的思考方法惊人地简单，但却极富生活逻辑，这是一种最优化的思维，是一种直指事物本质的思维，是一种最简单、最省力、最准确、最有效的思维法则，它具有普遍的适用性。

思考练习题

新中国成立初期，某大学一个研究室需要弄清一台进口机器的内部结构，可是没有任何的图纸资料可供查阅。这台机器里有一个由100根弯管组成的固定结构。要弄清其中每一根弯管各自的入口与出口，是一件相当麻烦和困难的事。研究室负责人召集有关人员攻关，他提出，完成这一重要任务，时间既不能拖得很久，花钱又不能太多。他希望大家广开思路，不管是洋措施还是土办法，一定要想出一个简便易行的办法来。你会怎么解决这个问题呢？

2.4 批判性思维与逆向思维

2.4.1 批判性思维训练

引导案例

拉瓦锡的化学革命

"早期化学家的最大困难，是了解火焰和燃烧的现象。物体燃烧时，好像有某些东西逃掉了"（丹皮尔《科学史》）。拉瓦锡系统地批判了传统的化学理论，针对"燃素说"就燃烧现象的混乱解释，"他遍读并查阅了前辈们有关吸收气体或放出气体实验的著作。他看出不同的作者对于同一系列事实往往给出不同的解释，从而产生这样的见解，认为现在应当批判地重复许多以前的实验，才能在不同解释之间做出抉择，或者用一种崭新的理论去代替它们"（梅森《自然科学史》）。他的中心问题是：大气在燃烧中究竟起什么作用？燃烧中到底是什么因素导致物体重量的变化？拉瓦锡研究工作的特点在于系统的定量性，认为"做化学实验的全部技艺是基于这样一个原理：我们必须假定被检定的物体的要素和其分解产物的要素精确相等"（柏廷顿《化学简史》）。他抓住了一个非常重要的事实：要解释这个和其他许多类似的实验，并不需要"燃素说"。他用经过称量的不可反驳的证据，证明物质在燃烧过程中重量上的变化完全是物质同氧反应的结果。

1. 批判性思维的含义

批判性思维也称为批判思考或批判性思考，是 Critical thinking 的直译。Critical thinking 在英语中指那种怀疑的、辨析的、推断的、严格的、机智的、敏捷的日常思维，审慎地运用推理去判定一个断言是否为真。当我们在判断某个创意好不好的时候，就是在进行批判性思考。

批判性思维不是指断言的真假本身，不是否定思维，而是指对我们面临的断言进行评估。由于思想决定行动，我们如何判断自己的思想和观念往往就决定了我们的行动是否明智。在现代社会，批判性思维被普遍确立为教育特别是高等教育的目标之一。

㊀ http://www.360doc.com/content/16/0306/12/16295112_539826801.shtml ［2018－1－27］

批判性思维与科学创新二者之间联系密切，可以说在很大程度上，科学创新和批判性思维之间相互作用，形影不离。批判性思维对创新具有重要作用：一方面，科学创新离不开批判精神的支持和帮助。在面对旧思想观念和旧技术时，创新者要想破旧立新，实现理论突破和技术革新，就必须具有独立思考、敢于怀疑的胆略；具有寻根问底的强烈好奇心和舍我其谁的高度自信心；具有善于批评和自我批评的勇气……这就是典型的批判精神。没有批判精神，创新意识就难以孕育成形，创新过程就不能启动并持续下去，创新成果也就不能最终完成。科技史上数以万计的科学创造都离不开创新者的批判精神。另一方面，一个人如果偏见成癖、思想懒惰、唯命是从、人云亦云，这个人也就思想僵化，毫无批判性思维可言，那么无疑将会对创新起阻碍作用。人类社会的不断进步和发展离不开科学创新，而科学创新离不开批判性思维。批判性思维，尤其是冲破传统习俗观念的批判性思维，是科学创新的前提。可以认为，没有批判性思维，便没有科学创新。

2. 批判性思维的操作流程

首先，敢于怀疑，保持开放的头脑。政客和广告商都会千方百计地试图说服人们，甚至某些媒体的研究报告也难免有失偏颇。把敢于怀疑纳入个人信条，这样就会发现，自己的一些态度和信仰也有些肤浅，甚至是毫无根据的。记住，在亲自验明查实之前，不要随便相信某种真理。运用批判性思维应遵循的基本原则有：校验术语的定义；谨慎地从证据中得出结论；注意对研究证据的选择性解释；不要过分简化；不要过分泛化；将批判性思维运用于生活的各个领域。

一种怀疑的态度和一种对证据的渴求，并不只是在学术界有用，在生活的每个领域中都是有价值的。当电视广告"狂轰滥炸"时，要敢于怀疑；当最新的海报封面上报道外星人时，要敢于怀疑。我们常常听到"研究表明"，也许这些说服是可信的，但问问自己：是谁在进行这些研究？这些从事研究的科学家是中立的吗？他们会不会对某些结论过于偏爱？

其次，运用批判性思维解决生活中遇到的各种问题，应该有如下的思维品质或倾向：

1）求真。对寻找知识抱着真诚和客观的态度。若找出的答案与个人原有的观点不相符，甚至与个人信条相背而驰，或影响自身利益，也在所不惜。

2）开放思想。对不同的意见采取宽容的态度，防范个人偏见的可能。

3）分析性。能鉴定问题所在，以理由和证据去理解症结和预计后果。

4）系统性。有组织、有目标地去努力处理问题。

5）自信心。对自己的理性分析能力有把握。

6）求知欲。对知识好奇，并尝试学习和理解，就算这些知识的实用价值并不直接或明显。

7）认知成熟度。审慎地做出判断，或暂不下判断，或修正已有判断。有警觉性地去接受多种解决问题的方法。

在有以上两个方面的内容为基础后，当我们批判性地思考问题时，会确定问题，检视事实，分析假设，酌情考虑其他因素并最终确定支持或反对一项观点的理由。要进行批判性思考，就必须进入一定的心理状态，这种心理状态包括客观、谨慎和挑战他人观点的意愿，这可能是最困难的，即将自己深信不疑的信念置于仔细检视之下的意愿。换言之，必须像科学家一样思考问题，这就是我们检查自己所获信息并在这种检查的基础上进行批判和决策的过程。

1）确定正在研究的问题或者疑问。
2）收集并检视所有可获得的证据。
3）根据数据提出理论或合理的解释。
4）分析假设。
5）避免过度简单。
6）谨慎地得出结论。
7）考虑每一个替代解释。
8）认识到研究对时间和环境的适应性。

实际案例

30万年前的智人化石[一]

智人（Homo Sapiens）是生物学分类里人属中的一个种，是目前全人类共有的生物学名称。学术界一直无法确定智人出现的确切地点和时间。很长一段时间以来，被归为智人的最古老化石来自东非，距今约有20万年的历史。不少观点认为人类起源于东非。

2017年，研究人员在摩洛哥发现了早期人类的遗骸化石，它们距今约有30万~35万年的历史。这些化石是迄今为止人类发现的最早的智人化石。

思考练习题

讨论：你是否曾提出过下面这样的问题？请谈谈具体过程。
　　书上说的都是真理吗？

[一] http://tech.china.com/article/20180103/2018010394552.html ［2018-1-20］

专家们的结论真的完全正确吗?
领导或家长的提醒一定都对吗?
某件事真的与自己无关吗?

2.4.2 逆向思维训练

引导案例

返璞归真的面盆（如图 2 - 23 所示）[一]

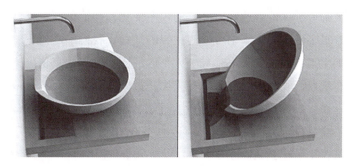

图 2 - 23　返璞归真的面盆

现代卫生间里的面盆无论造型和功能如何多变，都是有下水口的。可是这款面盆则是采用了一种返璞归真的设计，下水口没有设计在内部，反而安排在了面盆的前侧，而面盆本身的造型可以方便使用者轻松地将其抬起并倒出废水。为了防止废水乱溅，它的下水口还被设计成了一道狭长的缝隙。通过这种"制造麻烦"的方式来达到节水的目的。

逆向思维即从相反的方面考虑，往往会得到意想不到的新方案。有时，一些对立的属性也会常常联系在一起，如人们由某一事物的感知和回忆引起对与它具有相反特点的事物的思考。逆向思维主要包括顺序反向、功能反向、结构形状反向等。逆向思维可以运用在技术发明上，也可运用在创业前选择目标、创业中制定经营战略上。

1. 顺序反向

传统的习惯性思维是一种"顺藤摸瓜"式的工作方式，即按照一定的逻辑向前推进思考，而逆向思维则是从相反的、对立的、颠倒的角度去思考问题。把事情从反面

[一] http://www.patent-cn.com/2008/06/27/11193.shtml#more - 11193 ［2008 - 7 - 20］

来考虑，或者说颠倒过来考虑，会促使我们产生意想不到的创意，这就是逆向思维，又叫逆向构思法。

在创造中，人们也经常使用具有挑战性、批判性和新奇性的逆向思维去启发思路。逆向思维的本质是知识和经验向相反方向的转移，是对习惯性思维的一种自觉冲击，所以，这种从对立的、颠倒的、相反的角度去想问题的方式，往往能打破常规，破除由经验和习惯造成的僵化的认知模式，因而能为创造扫清障碍。顺序反向包括先后反向、前后反向、上下反向等。早先组装焊接船体结构时，都是在同一固定状态下进行的，这样就有很多部位必须仰焊。仰焊时的劳动强度大，质量不易保证，对快速发展的造船业造成束缚。于是，有人便在船体分段结构上动脑筋，暂停那些需要仰焊部位的装焊，待其他部位焊好后，将整个分段翻个身，变仰焊部位为俯焊部位。显然，装焊的质量和速度都有了保证。这看似平常的顺序变化，却给生产和工作带来了巨大的便利。生活中有很多平常的小事也可以变一变的，只要我们细心观察，动脑思考，生活可以变得更加生动有趣。大家都有乘坐火车的经历，火车的车窗原来都是由下向上推开的，这样在快速行驶时窗外的风直扑人面，过于激烈。现在已经改为由上向下开启，进风口在上面，避免直接对着人猛吹。还有人建议将过滤嘴香烟倒过头来装盒，这样取烟时就不会触碰到海绵头，会更加卫生。

这些创新都很生活化，只需改变顺序，就可以给我们的生活带来意想不到的效果。

顺序颠倒有很多应用的方面。如学滑冰，按常规是先学习怎样滑步，可有的教练反而先让学生学习摔跤，为的是一旦滑倒可以摔得合理而不至于摔伤。有了这样的技术和心理的准备，再学滑行就变得容易多了。

在拍摄制作电影时，不同的剪辑方法会得到不同的效果。比如摄影师拍摄了3个镜头并按以下顺序剪辑：①一个人在笑；②枪口对准了他；③他一脸恐惧。按此顺序放映，观众看到的是一个懦夫的形象。如果将同样的3个镜头重新剪辑，与上面的顺序相反，放映后人们看到却是一个面对枪口从容微笑的勇士。电影制作中的这种"蒙太奇"技术，对发明创造也有启示：将已有事物的结构要素分解后重组，也可能产生新的效果，获得新的创造成果。

早期的电冰箱都是上冷下热式结构，即冷冻室在上，冷藏室在下。能不能上下颠倒一下呢？某家电公司按照这一思路，进行了分解重组设计，开发出上热下冷式电冰箱。这种设计有什么优点呢？其一，增加了用户使用的方便性。电冰箱在实际使用中经常用的还是冷藏室，冷藏室下置的冰箱，需要人弯腰存取东西，冷藏室上移后不再有此令人不舒适的动作；其二，冷冻室在下面，化霜水不再对冷藏室内的东西造成污染；其三，冷冻室下置方案利用了冷气下沉原理，使负载温度回升时间延长，减少耗电，节约能源。

逆向思维好比开汽车需要学会倒车技术一样。如果不学会倒车技术，一旦你的汽车钻进了死胡同，就出不来了。思考问题时，人们有时也会钻进死胡同出不来，逆向思维就能帮你退出来。正像我们用不着总开倒车来显示自己的倒车技术一样，我们也用不着总使用逆向思维方法，但是一旦需要，如果不会使用它，你就会陷入困境。

2. 结构反向

结构反向包括内变外，外变内；对称变非对称，非对称变对称；平面变立体，立体变平面；方形变圆形，圆形变方形；大变小，小变大；反像变正像，正像变反像；零变整，整变零；多变少，少变多等。

衣服右边有了兜，左边也有一个兜，右边几个扣子，左边也钉上几个扣子，这样对称安排，有一种对称美。但设计师有时就会打破这种对称美，右边有兜，左边没兜；右边没有扣，左边有扣，再加上不同的线条、颜色，上下左右协调，可以产生另一种协调美。

钟表多是圆形的或方形的。来个反向思维，整圆变半圆，把钟表机构都集中到半圆空间内，就发明了不落俗套的半圆形钟。瞥见墙上挂着半个完好的钟，另一半荡然无存，好像神秘地消失了，真是耐人寻味。量角器都是半圆形的，有人发明了整圆的量角器，量角器不用转来转去的，就能量出不同角度的角。

建筑的基本形态维度是由长、宽、高三维形成的空间，在进行维度反向创作时，可考虑建筑形态的多维化和建筑空间的多维化发展等手法。建筑空间的多维化，最常用的就是加入时间维度的概念，如传统的序列空间，中国古典园林中的"步移景异"等手法。

日常生活中，煮饭做菜都是锅架在火的上方，因此夏普公司原来开发的电烤箱也是热源在下面，需烤制的鱼或肉放在上面。使用这种结构形式，在加热食物过程中必然会产生这样的问题：鱼、肉经烘烤而析出的油脂要向下滴，掉在电热丝上便产生大量的焦烟，产生污染。技术人员想了不少办法后发现，最好的方法就是做简单的结构变换，将加热用的电热丝装在烤箱上部，所烤食品置于下方，这样，即便鱼、肉析出的油脂滴下去也不会接触电热丝，焦烟的困扰也就不存在了。

传统的木工刨床是刨刀在固定的位置旋转着，待加工的木料由工人用手将其推向刨刀，操作这种机械稍有不慎便会伤到手指。国内外一些木工机械专家为了防止工伤，提出了包括借助光电技术在内的各种防护措施，但都不能从根本上解决。农村木工李林森运用逆向思维方法，改变了刨床的传统结构，设计出让木料固定不动，刨刀来回移动的新型刨床。这样，在加工过程中就不用手持木推行，杜绝了工伤发生的可能。此发明获得专利后转让给昆明拖拉机厂，第一年就创下产值1200万元，获利480万元。

3. 功能反向

功能反向包括将有作用变无作用，将无作用变有作用；难变易，易变难；施主变受主，受主变施主；你动变他动，他动变你动；劣化变优化，优化变劣化；经久耐用变一次性使用，一次性使用变经久耐用；大俗变大雅，大雅变大俗等。

在创造发明时，功能反向也是一种策略。例如，一般人都力求产品质量越高越好。但在某种情况下，产品质量达到一定层次，反而不需要再精益求精，这是由于消费者对不同层次的消费品的质量需求不一样。

对高档消费品，如电视机、电冰箱，消费者关心的是质量，对使用寿命、功能完好等内在品质相当重视。对一些家用陈设品、装饰品等，消费者追求的是外观新颖、价格适中，便于更新，对产品的耐用程度不甚追求。如果厂家在耐久质量上下功夫，使价格提高，反而影响销售。对一些重复使用的日用小商品，人们要求的是使用方便，便于清洗。所以一些一次性商品能够问世，也正是运用了一种逆向思维：别的人都在琢磨怎样使产品经久耐用，我偏偏想怎样使产品用一次就坏。虽然一次性商品存在环保问题，但这种产品的问世是人们思维进步的结果，这种思考问题的方式值得在创新发展中使用。

1987年我国大兴安岭森林大火造成巨大损失，人们便想，怎样的灭火器材更好呢？伊春林区的郭师傅从吹灭蜡烛的现象中受到启发，进而产生了以风来灭火的灵感，并研制发明了轻便有效的风力灭火机。

日本索尼公司名誉董事长井琛大去理发，一边理发，一边从镜子里看电视。由于镜子中的图像是相反的，看起来觉得有点别扭。这位喜欢动脑的董事长便萌发了一个新想法：如果制造个反画面的电视机，那么就能在镜子里看到正常图像了。于是，他让公司技术部进行开发，研制出新颖的反画面电视。这种画面形象反向的电视不仅可供消遣用，还可以为乒乓球、羽毛球等运动员做特殊训练，让用不同手握拍的人经过反画面电视的转换互相借鉴。那些惧怕电视射线的人还专门用反画面电视，以便让射线冲着镜子，自己则躲在一边安全地欣赏节目。

在自然界和人类社会，许多事物和现象都充满着正反两方面的意义，这就昭示着，人们认识事物的思路和解决问题的方法不应是单向的。虽然人们提倡追求事业的执着性，但必须反对思维方式的僵化和思维路线的单一性，这样才能使创造者的思路不因循守旧、一成不变，而是标新立异、出奇制胜。运用逆向思维解决发明创造问题时，应把思维的原点放在发明创造的目标上，这样才能做到思维路径移向和思考重点突出。这种从事物对立的、颠倒的、相反的角度去考虑问题的方式，往往能帮助人们有效地破除思维定式，克服经验思维、习惯思维或僵化思维所造成的认知障碍，为发明创造奠定基础。

> **实际案例**

反季节养鸭

海南省崖县的农民孙会照，1982年开始养鸭，每只都养到3~3.5kg以上才出售，结果因鸭大而滞销，顾客嫌一次性花钱太多而不想买。孙会照于是反向经营，变大为小，把鸭养到1~2kg左右就上市，滞销变畅销。通常情况下，人们的思路是鸭养得越大越能赚钱，如果滞销了，只会怪顾客中吃鸭的人少了。而孙会照不仅细细琢磨顾客的心理，还进行了逆向思维，巧妙地解决了这个问题。

后来，孙会照又从市场供需中得到启示。每年鸭上市，都集中在夏秋两个季节，这时鸭旺价低，旺季一过，价格回升。能不能再进行逆向思考，反季节养鸭呢？于是，他通过大胆实践，使饲养的鸭在淡季上市，从中获得较高的效益。

孙会照所使用的方法叫时差反弹——与季节相进，推出产品。这一逆向思维早在春秋战国时就有人使用了。越王勾践的谋臣范蠡就指出"水则资车，旱则资舟"。范蠡这段话的意思是：在旱灾时，要准备舟船待涝；在水灾时，要准备车辆待旱。也可引申为天旱时预先买进船只，因为那时的船只没人买，价格便宜，待天旱过后，降雨了，船只将成为市场上最抢手的货而价格上涨。大水年买进车子的道理相同。反向经营反而得大利，这就是事物变化的辩证法。

> **思考练习题**

如何设计一个不影响煮饭烧菜的蒸物器具？

利用煮饭烧菜的热气来蒸熟食物，既省时间又省能源。但现有的蒸屉不是搁在碗上，就是搁在锅底或锅侧凸沿上，影响了煮饭烧菜。请你思考一下，设计一个不影响煮饭烧菜的蒸物器具。

2.4.3 缺点逆用

> **引导案例**

新墨西哥州高原上詹姆斯·杨的高原苹果

詹姆斯·杨是经营果园的果农。果园的效益非常好，每年苹果还没成熟，订单就已经纷纷而来了。有一年冬天，高原上下了场罕见的大冰雹，一个个色彩鲜艳的大苹果被打得疤痕累累，詹姆斯心疼极了。"是应该冒会被退货的风险呢？还是干脆退还定金？"他越想越懊恼，歇斯底里地抓起一个苹果就拼命地咬。忽然，他发觉这苹果比以往更甜更脆，汁多味美，但外表的确非常难看。

怎么办呢？这时，他忽然产生了一个创意。

第二天，他根据构想的方法，把苹果装好箱，并在每个箱子里附了一张纸条，上面写着："这次寄奉的苹果，表皮上虽然有点受伤，但请不要介意，那是被冰雹砸过的伤痕，这才是真正在高原上生产的证据！高原气温较低，因此苹果的肉质较平时结实，而且产生一种风味独特的果糖。"在好奇心的驱使下，顾客都迫不及待地拿起苹果，想尝尝味道。"嗯，好极了！高原苹果的味道原来是这样的！"顾客们交口称赞。

詹姆斯解决难题所使用的方法就是缺点逆用法。

陷入绝望的詹姆斯·杨所想出来的创意，不但挽救了他的果园，而且随后大量订单专为这种受伤的苹果而来。

1. 由劣转优

缺点和优点、优势和劣势，都是相对的，可一分为二，在这个场合是缺点的东西，换一个场合却往往成了优点。缺点逆用法的实质就是巧用缺点，日本有个创造学家对此做了高度评价："人类能够取得很大的成就，与能否巧用缺点有关。"如有家造纸厂因加错了料而出了"废品"——纸质强度很差，但这种纸既松又干燥，吸水性能却很好，于是人们就利用这种"废品"的缺点，开发了一个新品种：吸墨水纸。"废品"转化成了"有用品"，纸的劣势变成了优势，这就是巧用缺点。

由劣转优法的使用步骤：

（1）重新审视缺点

追求完美，是人之常情。对于事物的缺陷，是否就该一概排斥呢？詹姆斯·杨的成功给了我们一个特别的启示：巧用缺陷也是一个能使人走向成功的好方法。

中国有句古话，叫作"有则改之，无则加勉"。就是说，有了缺点和错误，一定要想办法改正；即使没有缺点和错误，也要时刻提醒自己，不要犯类似的错误。因此，一提到"缺点"，人们就习惯地抱以否定的态度。有谁会喜欢缺点呢？然而世界上没有十全十美的事物，因而事物的缺点在所难免。如果我们能化解对缺点认识的抵触情绪，想到巧用缺点的办法，不但能将损失率降到最低点，而且有可能取得意想不到的效果。使用这一思维方法，首先要发现事物可利用的缺点。一般说来，发现事物的缺陷并不困难，要找可以利用的缺陷却不容易。因为缺陷多是人们在特定场合要排斥的，所以，人们往往习惯地认为在其他场合也应加以排斥而不考虑运用。

（2）巧用缺陷，化弊为利

在发现可利用的缺陷后，紧接着要分析缺陷，抽象出这种被认定为缺陷的现象后面所隐藏的可以利用的原理和特性。在一定科学原理的指导下，便可构思巧用缺陷或设想的方案了。

德国有种叫"汉斯"的番茄酱，其味道浓郁。产品刚上市时，消费者在使用过程中，纷纷抱怨这种牌子的番茄酱"倾倒时间太长"，因而销售受阻。对此公司老板因势利导，改变广告宣传重点。在新广告宣传中，突出"汉斯"番茄酱之所以流速慢，是因为它比别的番茄酱浓，味道也比稀的好，甚至公然宣称"汉斯"是流速最慢的番茄酱。如此大做文章后，消费者不仅不再把"流速慢"看成是缺点，反而将其视为产品纯正、质量好的证明。

在中国商朝有一位宰相叫伊尹，他在组织土木基建工程的时候，让腿脚强健的人挖掘，肩脊有力的人背运，独眼的人进行测量画线，驼背的人则负责粉刷地面，人力各尽所用，每个人都做适合自己的工作，从而使他们的特殊能力都得到了充分发挥。

上面这两个小故事说明，在适当的条件下，缺点会变成优点，利用好劣势，劣势就能变成优势。

2. 变废为宝

日常生活中，被人们轻易地判定为无用的人或事物一定不少，而且人们一旦认定了某件事物"无用"，往往习惯于不假思索地废弃它。这种想法的形成，就在于我们的思维不会灵活转化，认识不到"有用"和"无用"之间其实没有绝对明确的界限。"无用"能否变成"有用"，完全取决于使用某种事物时得当与否。因而，尝试为那些表面上看起来"无用"的事物寻找一个适当的位置，"无用"就可以变为"有用"。这又为我们指出了一条新的创新之路，明白了这个道理，我们就可以化腐朽为神奇。

生活中有很多物品往往由于为它寻找到了新的适用位置而常新。像木桶家具的制作就是一个例子。日本有一个世代以制作盛酒用的木桶为生的家族，由于种种原因，人们对木桶的需求量越来越少，眼看着这一家族企业就要维持不下去了，但又不想让祖上的基业断送在自己手里，怎么办呢？终于有人想出了个好主意，即他们仍然做有关木桶的生意，只是改为用回收来的木桶制成具有象征意义的酒桶家具。酒桶家具由于质地好，造型独特，博得很多人乃至收藏家的喜爱，本来就爱喝酒的人更是以购得酒桶木床为乐。

《庄子·知北游》中说，"故万物一也，是其所美者为神奇，其所恶者为臭腐。臭腐复化为神奇，神奇复化为臭腐"。事物都具有两个方面，能看到它完好的一面，就可成为神奇，只看腐朽的一面就会把它当臭腐。一般说来，对待劣质东西的处理办法通常是将其抛弃，而积极的处理办法是巧妙地加以利用，使其转化为有用的东西。

某事物之所以被称为"废"，是因为它已不能发挥自身的使用价值了，但这并不代表它不具有使用价值，而是因为它的使用价值在这种特定的历史条件下不能发挥出来。变废为宝有两种方法：

(1) 改变自身属性

正所谓"变则通",如果对此"废物"进行合理的加工、改造、拆分或重组,它就有可能释放潜在的使用价值,变为宝。最典型的例子就是石油。刚开采出来的石油是多种烃的混合物,黑乎乎、黏糊糊的,没有什么用处——但经过层层蒸馏、减压蒸馏,却可以获得各种汽油、柴油、润滑油、航空汽油、聚乙烯……就连剩下的残渣都是生产蜡烛、沥青的主要原料。所以不存在绝对的废物,只是我们还没找到改变它们的方法。

(2) 改变外部条件

中国有句古话,"橘生淮南则为橘,生于淮北则为枳"。这说明,对于同一个事物,外部环境的不同可能导致其有不同的发展方向。在某处被认为的"废物",移到另一个地方,就可能变成"宝物"。不存在绝对的废物,只是我们还没找到能让它们发光的地方。

在现实生活中,我们应以"变废为宝"的眼光来看待各种垃圾,不能盲目、随意地丢弃,要看到它的深层次价值,最大程度地开发它的价值。什么是节约?变废为宝就是最大的节约。

实际案例

新能源——牛粪变宝用于发电

随着油价的不断攀升和全世界对于环境保护认识的提高,寻找既环保又经济的替代能源已经成为一些国家的主攻课题。美国加利福尼亚州的一家新型能源厂就把牛粪变废为宝,将它们加工转换成为一种与天然气类似的生物气体,并用于发电(如图2-24所示)。

图2-24 加利福尼亚州奶牛场用于将牛粪转换成可再生气体的场地

位于美国加利福尼亚州中部的一家名叫Vintage的奶牛场宣布,他们发现了一条解决当地居民家庭用电的新途径,那就是利用牛粪进行发电。这家奶牛场的经营者戴维·阿尔伯斯(David Albers)表示:"大部分人并没有从牛粪中发现什么,但是我们却从中发现了给农场主们乃至整个加利福尼亚州提供的机会。"

牛粪等动物粪便在自然界中受热分解之后会产生甲烷，这是一种比二氧化碳影响更大的温室气体。一些科学家称，控制动物粪便所散发出来的甲烷已经成为应对气候变暖的重要步骤。不过甲烷同样可以转化成可再生气体，这些气体可以代替煤被用来发电。有数据显示，一头牛的排泄物就可以产生大约100W的电能。

阿尔伯斯这一制造可再生气体的工程十分浩大，工作人员们首先将牛粪用水冲入一个面积较大的八边形的大坑中，然后再用泵将其抽入一个被盖住的池塘中，池塘面积足有5个足球场大小，深度10m左右。经由屏障进行过滤后，固体残渣最终可以用来做牛圈的草垫，可再生气体则经由太平洋煤气与电力公司（PG&E）的管道被输送至位于加利福尼亚州北部的发电厂。

坚持提倡大力使用清洁及可再生能源的加利福尼亚州监管部门已经对位于该州的发电厂发出指示，要求到2020年的时候，可再生气体能够提供其33%的供电量。

据悉，牛、羊等反刍动物是甲烷、二氧化碳等加剧空气污染和地球温室效应物质的重要释放者。牛羊通过放屁、粪便、尿液排放甲烷气体。其中，牛产生的甲烷气体量最大，是其他反刍动物的2~3倍。为了保护地球环境，科学界和各国政府都在积极地想办法，力图将牛羊等动物的甲烷排放量降到最低。

思考练习题

1. 想一想废弃的瓶子、纸盒可以做什么？
2. 谁都不喜欢听废话，请你利用"废话"来办点好事。
3. 现在的计算机大约在18个月或更短的时间内就会被淘汰。请想想办法解决这些"计算机垃圾"。
4. 现在有许多人在饭店吃饭时挥霍浪费，点一桌子菜，剩了很多也不打包，就扬长而去。如果你是饭店的主人，能不能采取一些措施，利用他们的虚荣心理，改变这一现象呢？

第3章
创造方法

本章关键词：

- 环境心理方法
- 发现型创造方法
- 联想法
- 类比法
- 系统转化法
- 分析型创造方法

自 20 世纪 30 年代以来,人们总结的创造方法不胜枚举,因篇幅有限,本章只介绍一些最常用的方法。有些属于团队使用的方法,如头脑风暴法;有些属于个体和团队都可使用的方法,如联想法;有些很容易理解,如省略替代法;有些方法的思想内涵比较高深,如符号类比法;有些操作起来灵活性很大;有些方法的运用需要一定的程序。之所以强调操作程序,并不是束缚思路,目的是清晰地展现思维过程。另外,对创造方法的掌握,主要不是靠讲授和看书,而要靠练习和体验。每一个有心人都可以形成自己独特的方法和技巧。

3.1 环境心理方法

团体创造思维是环境心理方法的核心本质。团体创造思维是非常重要的,因为集体的智慧大于个人的智慧。随着科学的发展,以及技术的进步和生产力水平的提高,人们面临的情景和问题越来越复杂,充分发挥集体的智慧则越发重要了。

当一个人冥思苦想不得其解的时候,大家聚集在一起讨论、相互激励、相互补充,会引起思维的"共振",有助于打破思维障碍,激发出不同凡响的新创意或新方案。一个人提出一种想法和思路,其他人受到刺激,做出反应,提出更多的创意,这就是团体创造的方式,而提出想法做出反应的方式不同,就有了不同的团体创造方法,比如头脑风暴法、六顶思考帽等。

3.1.1 头脑风暴法

引导案例

扫雪专用直升机

有一年,美国北方格外严寒,大雪纷飞,电线上积满冰雪,大跨度的电线常被积雪压断,严重影响通信。许多人试图解决这一问题,但都未能如愿。后来,电信公司经理应用奥斯本发明的头脑风暴法,尝试解决这一难题。他召开了一种能让头脑卷起风暴的座谈会,参加会议的是不同专业的技术人员,要求他们必须遵守以下原则:

1)自由思考。即要求与会者尽可能解放思想,无拘无束地思考问题并畅所欲言,不必顾虑自己的想法或说法是否"离经叛道"或"荒唐可笑"。

2)延迟评判。即要求与会者在会上不要对他人的设想品头论足,不要发表"这主意好极了!""这种想法太离谱了!"之类的"捧杀句"或"扼杀句"。至于对设想的评判,留在会后组织专人考虑。

3）以量求质。即鼓励与会者尽可能多而广地提出设想，以大量的设想来保证较高质量设想的产生。

4）结合改善。即鼓励与会者积极进行智力互补，在自己提出设想的同时，注意思考如何把两个或更多的设想结合成另一个更完善的设想。

按照这种会议规则，大家七嘴八舌地议论开来。有人提出设计一种专用的电线清雪机；有人想到采用电热来化解冰雪；也有人建议用振荡技术来清除积雪；还有人提出能否带上几把大扫帚，乘坐直升机去扫电线上的积雪。对于这种"坐飞机扫雪"的设想，大家心里尽管觉得滑稽可笑，但在会上也无人提出批评。相反，有一位工程师在百思不得其解之时，听到用飞机扫雪的想法后，大脑突然受到冲击，一种简单可行且高效率的清雪方法冒了出来。他想，每当大雪过后，出动直升机沿积雪严重的电线飞行，依靠高速旋转的螺旋桨即可将电线上的积雪迅速扇落。他马上提出"用直升机扇雪"的新设想，顿时又引起其他与会者的联想，有关用飞机除雪的主意一下子又多了七八条。不一会儿，与会的10名技术人员共提出90多条新设想。

会后，公司组织专家对设想进行分类论证。专家们认为设计专用清雪机，采用电热或电磁振荡等方法清除电线上的积雪，在技术上虽然可行，但研制费用高、周期长，一时难以见效。那种因"坐飞机扫雪"激发出来的几种设想，倒是一种大胆的新方案，如果可行，将是一种既简单又高效的好办法。经过现场试验，发现用直升机扇雪真能奏效，一个久悬未决的难题，终于在头脑风暴会中得到了巧妙的解决。⊖

1. 头脑风暴法简介

头脑风暴法（Brain Storm）是最负盛名的、最具有实用性的团体创造方法，是指以小组讨论会的形式，群策群力，互相启发，互相激励，使人们的大脑产生连锁反应，以引出更多的创意，获得更多的创造性解决问题的答案。精神病学中，形容精神病人不合逻辑的胡思乱想、胡说八道的状态，叫"头脑风暴"。头脑风暴法也是借鉴了这个词，强调思维不受拘束，创意才能破壳而出。

头脑风暴法是由美国人奥斯本创立的。1938年，只有高中文化水平、年仅25岁的奥斯本失业了，他决定去一家报社应聘做记者。报社主编问他是否有办报的经验，他实事求是地回答："没有。"但他给了主编一篇他写的文章，主编看后，发现尽管文中有许多语法、修辞错误，但见解独到，很有创造性，于是决定录用他。从此奥斯本意识到，创意是最重要的。在几年的工作中，他自己获得了众多专利，后来成为美国BBDO广告公司的副董事长。

⊖ http://zhidao.baidu.com/question/14446196.html? fr = qrl［2008 - 7 - 21］

奥斯本认为社会压力对个体自由表达思想观点具有抑制作用。为了克服这种现象，应设置一些新型会议形式，在这样的会议上，每个人自由发表意见，不对任何人的观点做出评价，评价是各种想法表达完之后的事情。在头脑风暴会上，一是大家思维开放、无拘无束。会上，每个人都可自由发表自己的任何想法，即使是看起来荒诞可笑的想法，也不当场评判，这种气氛可以激发大家寻求异常设想的强烈兴趣，刺激新思路的开拓，特别是使人们易于接受和发展违反常规的新设想，最大程度地发挥创造力。二是信息激励、集思广益。我们知道，当一个人独自思考一个问题时，其思路容易局限在一个方向上。而几个人对同一个问题进行思考，就会从各自的经验、知识角度出发。这样，在头脑风暴会议上，由于形成了无拘无束的气氛，大家可以相互启发，相互刺激，引起联想反应，就可以诱发更多新颖独特的设想了。

头脑风暴法之所以有效，归功于在集体活动情景下彼此促进和互动的群体动力学基础。每个人提出一个新观点，不仅激发自己的想象力和创造思维，而且在这个过程中，与会的其他人的想象力也受到激荡和刺激，产生一系列的连锁反应，产生众多的创意。

2. 头脑风暴法的原则

头脑风暴法是针对要解决的问题，召开5～10人的小型会议，与会者按照一定的步骤和要求，在轻松的氛围中展开想象，敞开思想，各抒己见，相互激励和启发，使创造性的思想产生大量的新创意。为了达到这个目的，在头脑风暴法操作过程中还必须遵循以下四条基本原则：

1）自由畅想，鼓励新奇。要敞开思想，不受传统逻辑和任何其他思想框框的束缚，使思想保持自由驰骋的状态。还要尽力求新、求奇、求异。充分发挥联想和想象力，从广阔的思维空间中寻求新颖的解决问题方案。

2）禁止批判，延迟判断。这是为了克服"评判"对创造性思维产生的抑制作用，保证自由思考和良好的激励气氛。一个新设想，看起来好像很荒诞，但它有可能是另一个好设想的"垫脚石"。贯彻这一原则，既要防止出现那些束缚人思考的句子，如"这不可能""这根本行不通""真是异想天开"等，也要禁止赞扬溢美之词的出现，如"挺好""不错"等，它们都会不同程度地起到扼杀设想的作用。

3）谋求数量，以量求质。在有限的时间里，所提设想的数量要越多越好。因为，越是增加设想的数量，就越有可能获得有价值的创造性设想。通常，最初的设想往往不是最佳的，而一批设想的后半部分的价值要比前半部分高78%。此外，在追求数量，并且活跃、积极的氛围中，与会者为了尽可能地提出新设想，也就不会去做严格的自我评价了。

4）互相启发，综合改善。创造在于综合。尽量在别人所提设想的基础上加以改进发展，然后提出新设想，或者提出综合改善的思路。因为创造往往就在于综合，在于头脑中已有思想之间、已有设想和新获得的外来信息及设想之间形成新的组合，产生新的思路。此外，会上提出的设想大都未经深思熟虑，很不完善，必须加工整理。并对其综合改善，从而收到事半功倍的效果。

在实际应用中，这四条原则非常重要，特别是前两条，它们可以保证产生足够数量的创意，只有与会人员严格遵守原则，不做批判，会议才能成为名副其实的头脑风暴会议。

3. 头脑风暴法的应用

（1）头脑风暴法应用的主要问题类型

头脑风暴法适用于开放性问题，问题的类型可以包括如下几种：

1）关于产品和市场的创意：新的消费观念，未来市场方案的观念。

2）管理问题：拓展业务面，改善职业结构。

3）规划问题：对可能增加的困难性的预期。

4）新技术的商业化：开发一项可以获得专利权的新技术。

5）改善流程：对生产流程进行价值分析。

6）故障检修：追寻不可预期的机器故障的潜在原因。

（2）头脑风暴法的适用范围

头脑风暴法是用来产生各种各样的创意和设想的，可以是问题、目标、方法、解答和标准等，但并不只限于寻求解答。要使头脑风暴法发挥最大功效，要清楚它的适用范围。即头脑风暴法要解决的问题必须是开放性的，凡是各种认知型、单纯技艺型、汇总型、评价性的问题均不需要用头脑风暴法来解决，只有转化角度改变问题，才可以使用头脑风暴法。如：

1）列举陈述同一问题的目标或目标的方法。

2）列举与同一问题或目标有关的问题。

3）列举所可能发生的问题。

4）列举解决某一问题的方法。

5）列举应用某一原理、原则的主意。

6）列举评价某一物品的标准。

4. 头脑风暴法的实施步骤

（1）头脑风暴法使用程序

1）准备。选择主持人。理想的主持人要熟悉头脑风暴法并了解所要解决的问题，能在必要时恰当地启发和引导大家。

遴选会议人员。参加头脑风暴法会议的人数以 5~10 人为宜，可根据待解决问题的性质确定人员。指定一人负责做会议记录，或主持人自己承担记录工作。

此外，还应选择安静的开会地点，做好事先通知。

2）热身。为使参加会议的人员进入"角色"，减少僵局冷场的局面，需要制造轻松的氛围。例如，可以播放音乐、放些糖果或倒杯茶水等。待与会人员的心情放松之后，主持人便可以提出一个与讨论课题对象无关的简单而有趣的问题，以激活大脑的思维。可采取"动物游戏""互相介绍""讲幽默故事"等形式，使气氛活跃起来。待大家全都积极地投入进来，主持人便可调转话题，切入正题。

3）明确问题。首先主持人向与会者简明扼要地介绍所要解决的问题之后，可让与会者简单讨论一下，以取得对问题的一致理解。

其次是重新叙述问题，对问题进行分析。也可将问题分成几个小问题。同时，主持人应启发大家的多种解题思路，为提出设想做准备。

4）自由畅谈。这是头脑风暴法的核心步骤。要求大家突破种种思维羁绊，克服种种心理障碍，任思维自由驰骋。应借助于人们之间的知识互补、信息刺激和热情感染，并通过联想和想象等思维形式提出大量创造性设想。

5）加工整理。会议提出的解题设想大都未经仔细斟酌，也未做出认真评价，还应该加工整理，使它更完善才有使用价值。

会议的第二天，主持人应及时收集大家在会后产生的新设想。因为通过会后的休息，思路往往会有新的转换或发展，又能提出一些有价值的设想。曾有一次会议，与会者在会上提出了百余条设想，第二天又增补了 20 余条，其中有 4 条设想比头一天提出的所有设想都更有使用价值。

还要对方案进行评价筛选。看其是否具有新颖性、可行性。

6）形成最佳方案。对被筛选出来的少数方案逐一进行推敲斟酌，发展完善，分析比较，选出最佳方案，或将几个方案的优点进行恰当组合，形成最佳方案。

（2）头脑风暴法的技术有几个关键点需要掌握

1）给参与人员一个平和的心理环境，期间不要有责怪、否定等影响参与者积极性的负面消极的举动。应该给予他们充分的肯定和信任，并相信他们有能力解决目前的问题。

2）需要主持人思路明确，善于引导，把大家引导到正确的方向上来。引导本身也是一项技术，既不能直接把自己的想法说出来，还要引导大家按照你的思路去进行。所以，主持人应该提前考虑好会议中将会出现的种种可能，并想办法控制住场面。

3）尊重每一条意见，并把目前不能用的方法向大家解释，目前之所以不能实行这些方法的原因是什么，这样才不会给那些意见没有被采纳的参与者情绪上的打击，造成在工作上有消极情绪。重视每个人的表现，给予肯定和赞扬，这也是激励的一种方式。希望主持人不要吝啬自己的赞美之词，要本着没有坏的，只有好的或者更好的原则。㊀

实际案例

华立集团中高层"头脑风暴"培训

① 时间：1月7日下午。

② 地点：华立集团总部14楼会议室。

③ 人物：中高层管理人员、咨询公司。

④ 讨论命题：华立以往成功的关键因素。

⑤ 人员准备及工作职责。协调员：保证整个讨论顺利进行；记录员：真实、精确地记录所有的观点；记时员：准确地把握每个人的发言时间；监事长：监管以上人员认真履行工作。

⑥ 道具：黑板、每人一张被切成4块的不干胶。

⑦ 会议过程：

第一，发表观点阶段。每人畅所欲言，围绕主题发表自己的观点，并陈述自己的理由、证据。每个人的发言时间不得超过3min，不许在别人发言的时候随意插话。如果认为他人的观点在规定时间内未能表达清楚和完整，可等大家都讲完后再补充发言。每个人的观点都将记录在黑板上。

第二，自由评议阶段。就黑板中写出的观点尽情地予以评论，每个人的发言时间限制在2min之内。请大家只就观点进行评述，不要针对个人，更不应进行人身攻击，这是一个非常重要的准则。

第三，决策阶段。在讨论之前，每人都会得到一张被分为4个小块的不干胶片。在表决阶段，请大家按照顺序走上来，在你所认可的观点上贴上不干胶。可以把这4块不干胶全部一次性地贴在一个观点上，也可以把这4块不干胶分开贴。然后进行总结，从而形成反映各自观点，倾向的基本排序。

⑧ 会议成果。经过大家的集体表决，运用群体决策法从中选出5个关键的成功要素，它们的顺序是：第一，出色的企业领导人；第二，善于把握机会和政策的能力；第三，以市场为中心的经营方针；第四，不断追求进步的精神；第五，面对困境及时反省、果断调整。

通过这次讨论，与会的中高级管理人员对华立集团成功的核心因素达成共识。通过这次头脑风暴培训，提高了中高级管理人员对企业发展的信心，增强了企业的认同感与凝聚力。

㊀ http://bbs.hrsalon.org/redirect.php? tid = 106428&goto = lastpost ［2007 - 7 - 20］

实际案例

福娃的诞生（如图 3-1 所示）

2008 年奥运会在北京成功举办。大家知道可爱的奥运会吉祥物"福娃"是怎么产生的吗？你或许不会想到，它们并不是由一个专家设计完成的，而是在博采众长后由一些专家组成的创作团体集体设计完成的。

图 3-1　2008 年奥运会吉祥物"福娃"

思考练习题

1. 头脑风暴法的应用范围和适用的问题类型是什么？
2. 头脑风暴法操作的步骤是什么？
3. 使用头脑风暴法来讨论一个难题：纸张的消耗越来越多，这就意味着我们将砍掉更多的树林，影响生态环境，你们能想出更多的、更新颖的主意来降低纸张消耗吗？

3.1.2　水平思考法和六顶思考帽

引导案例

六顶思考帽和水平思维的价值

1984 年，"六顶思考帽"和"水平思维"为洛杉矶奥运会创造了 1.5 亿美元的盈利，随即风靡全球。它是多位诺贝尔奖得主极力推崇的创新思维训练课程。IBM 用"六顶思考帽"对 4 万名员工做核心训练。西门子公司在欧洲的全部 37 万员工都接受了德·博诺思维课程训练。在杜邦公司的创新中心,设立了专门的课题,探讨用博诺的思维工具改变公司文化,并在公司内广泛运用"六顶思考帽"。在中国,"六顶思考帽"曾被北京 2008 奥运组委会和中央电视台成功引进。㊀

1. 水平思考法

(1) 什么是水平思考法

水平思考法是英国剑桥大学思维基金会主席爱德华·德·博诺(Edward De Bono)提出的。德·博诺认为在过去的时间里,人们一直沿用由苏格拉底、柏拉图和亚里士多德所创设的传统思维系统,这个思维系统以分析、判断和争论为基础。使用传统思维系统,社会确实获得了巨大的进步。但是,时至今日,信息技术的发展引发了一系列的变革,对于这个快速变化的世界,传统的思维方法和习惯已经变得愈加狭隘而陈旧,不能充分适应这个变化的世界,因为这个世界除了分析和判断之外,还迫切需要独具匠心的思维设计理念,需要人们具备建设性和创造性的思维能力。传统思维方式的核心是"是什么",而未来思维方式需要的是"能够是什么"。

德·博诺给出了描述水平思维最简单的方法:"你将一个洞挖得再深,也不可能在另一个地方挖出洞来。"这一点强调了寻找看待事物的不同方式和方法。

在垂直思维中,你选择了某个立场,然后你试图以此为基础。你的下一步将取决于你当前所在的位置,并且下一步必须和当前位置有关,且在逻辑上是源自当前位置。这表明是建立于一个基础之上或将同样的洞挖得更深,而在水平思维中,我们水平移动,尝试不同的认知、概念和切入点。

在水平思维中,我们努力提出一些不同的观点,所有观点都是正确的,可以共存。不同的观点不是从彼此中衍生出来的,而是独立产生的。你绕着一幢大楼行走,从不同的角度摄像,每个角度都同样真实。常规逻辑关心的是"事实"和"是什么",而水平思维关心的是"可能性"和"可能是什么"。我们建立起可能是什么的不同图层,最终得到一幅有用的图像。

德·博诺在反思传统思维模式的基础上,为弥补垂直思考的缺点,寻求从僵硬的成规中逃脱出来,创设水平思考法,其目的在于产生一个有效用的、简单及理想的新方案。

(2) 水平思考法具有以下特色

① 水平思考法不仅是一种技巧和知识,而且是一种心智的运作方式。而心智是一

㊀ http://www.mbahome.com/subject/sixhats [2008-7-2]

种能让信息自行组织成模式的特殊环境。

② 水平思考和顿悟能力、幽默间的关系十分密切，这几种历程都有相同的基础。而通过学习，水平思考在我们的能力范围之内。

③ 有创意，敢于旁敲侧击，出奇制胜。水平思考法因其求解的思路是从各个问题本身向四周发散，各指向不同的答案，这些发散式的思路，彼此间谈不上特别相关，每种答案也无所谓对错，但往往独具创意、别具匠心，令人拍案叫绝，回味无穷。由于其思想过程受意志控制，故并非胡思乱想，同时由于水平思考从不把思想限定在一个固定方向上，因此往往为了解决问题而暂时远离问题，另觅他途。原则上水平思考是针对那些垂直思考无法化解的难题而产生的。

但如果我们只在垂直思考行不通时才动用水平思考，则往往会因为懒得多动脑筋，而使水平式的解决之道被忽略。水平思考的技巧之一就是刻意地运用这种把事情合理化的禀赋，不再遵循惯常垂直思考按部就班的步骤，首先选好一个新颖而大胆的观点来考虑问题。然后，回过头去，再试着发掘这个新观点与问题起点之间是否存在合理的途径，可以彼此相通。

(3) 水平思考的原则

寻找观察事物的不同角度。由不同观点解释问题的好处，可以在数学里找到最明显的例子，一个数学方程式的等号两边无非是两种表现相等数值的不同形式，以两种形式表达一种观念的等式非常有用，因而成为数学计算的基础。

跳脱垂直式思考的严密控制。不急于去解释、分类或组织，我们的意识才能自由开放、从容不迫地接纳一切的可能性，也就是在这种情形下，才能产生新概念。

尽可能多地利用机会。人类文明史上许多重大的贡献都是偶发事件促成的，原先根本未经设计。同时有许多重要的概念，都是由各种条件偶然的凑合发展出来的。

2. 六顶思考帽

(1) 六顶思考帽的含义

六顶思考帽是德·博诺博士开发的一种思维训练模式，提供了"平行思维"的工具，避免将时间浪费在互相争执上。强调的是"能够成为什么"，而非"本身是什么"，是寻求一条向前发展的路，而不是争论谁对谁错。运用博诺的六顶思考帽，将会使混乱的思考变得更清晰，使团体中无意义的争论变成集思广益的创造，使每个人变得富有创造性。

在多数团队中，团队成员被迫接受团队既定的思维模式，限制了个人和团队的配合度，不能有效解决某些问题。运用六顶思考帽模型，团队成员不再局限于某一单一的思维模式，而且思考帽代表的是角色分类，是一种思考要求，而不是代表扮演者本人。六顶思考帽代表的六种思维角色，几乎涵盖了思维的整个过程，既可以有效地支持个人行为,也可以支持团体讨论中的互相激发。

(2) 六项思考帽的应用步骤

"六项思考帽"是一种简单、有效的平行思考程序。它帮助人们做事更有效率,更专注,更加运用智慧的力量。一旦学会,可以立即投入应用。

码3-1 六项思考帽

1)你与工作伙伴将思考过程分为六个重要的环节和角色。每一个角色与一顶特别颜色的"思考帽子"相对应。在脑海中,你将想象把帽子戴上,然后一顶顶地换上,你会很轻易地集中注意力,并对想法、对话、会议讨论进行重新定向。

一个典型的六项思考帽团队在实际中的应用步骤:

① 陈述问题事实(白帽);

② 提出如何解决问题的建议(绿帽);

③ 评估建议的优缺点:列举优点(黄帽);列举缺点(黑帽);

④ 对各项选择方案进行直觉判断(红帽);

⑤ 总结陈述,得出方案(蓝帽)。

2)使用中注意几个问题。

① 控制与应用:掌握独立和系统地使用帽子工具,以及帽子的序列与组织方法。

② 使用的时机:理解何时使用帽子,从个人使用开始,分别介绍会议、报告、备忘录、谈话与演讲发言中如何有效地应用六项思考帽。

③ 时间的管理:掌握在规定的时间内高效地运用六项思考帽的思维方法,从而整合团队所有参与者的潜能。㊀

实际案例

"六项思考帽"在跨国公司的实践

1996年,欧洲最大的牛肉生产公司ABM公司由于疯牛病引起的恐慌一夜之间丧失了80%的收入。借助"六项思考帽",12个人用60min想出了30个降低成本的方法和35个营销创意,将它们用黄帽和黑帽归类,筛选掉无用的后还剩下25个创意。靠着这25个创意,ABM公司度过了6个星期没有收入的艰苦卓绝的日子。㊁

全球最大的保险公司保德信保险公司(Prudential)长期运用"六项思考帽",其总部的地毯就是用彩色的"六项思考帽"图案编织而成。保德信保险公司运用德·博诺的思维方法把传统的人寿保险投保人死亡后支付保险金改革为投保人被确诊为绝症时即可拿到保险金。这种方法目前已经被许多国家的保险公司效仿,被认为是人寿保险业120年来最重要的发明。

㊀ http://www.mbahome.com/subject/sixhats/siwei/siwei1-1.htm

㊁ http://training.cyol.com/content/2005-01/21/content_1012475.htm [2008-7-2]

德国西门子公司有 37 万人学习博诺的思维课程，随之产品开发时间减少了 30%。

麦当劳日本公司让员工参加"六顶思考帽"思维训练，取得了显著成效——员工更有激情，坦白交流减少了"黑色思考帽"的消极作用。

在杜邦公司的创新中心，设立了专门的课题，探讨用博诺的思维工具改变公司文化，并在公司内广泛运用"六顶思考帽"。[一]

挪威国家石油公司（Statoil），曾经遇到一个石油装配问题，每天都要耗费 10 万美元，引进六顶思考帽以后，这个问题在 12min 内就得到了解决，每天 10 万美元的耗费降低为零。

J.P.摩根国际投资银行用"六顶思考帽"思维方式减少了 80% 的会议时间，并且改变了整个欧洲的企业文化。

波音公司将"六顶思考帽"引入罢工谈判，成功避免了两次工人罢工，第三次罢工谈判中，工会对公司管理层讲，除非用"六顶思考帽"，否则不愿谈判。

南非凯瑞白金矿每月有 210 次斗殴，这些从未上过学的矿工在上了一天德·博诺思维培训课后，冲突骤减为每月 4 次。

英国 Channel 4 电视台说，通过接受培训，他们在两天内创造出的新点子比过去六个月里想出的还要多。

英国政府为失业的年轻人进行了 6h 的德·博诺思维培训，结果就业率增加了 5 倍。

思考练习题

1. 简述水平思考法是如何突破传统思维模式的。
2. 尝试在一次会议中使用六顶思考帽法，并考察实际效果。

3.1.3 交朋友小组法——弹弓法[二]

弹弓法是一组流程，该流程在一段连续的时间内利用 4 种不同类型的参与者和 2 个不同的流程，以获得突破性的构思。4 种不同类型的参与者是参与生产的消费者（Prosumers[三]）、消费者、项目团队成员和主持人/辅导人。2 个流程是焦点小组[四]法和

[一] http://www.ceconline.com/ART_8800046312_150000_MT_01.HTM [2008-7-2]

[二] 格里芬，梅尔. PDMA 新产品开发工具手册[M]. 赵道致，译. 北京：电子工业出版社，2011.

[三] Prosumer 是 Producer 和 Consumer 的合成词，意为参与产品制造的消费者（即消费者直接参与产品的设计与制造过程）。该词最早于 20 世纪 80 年代由未来学者 Alvin Toffler 在其著作《第三次浪潮》中提出。

[四] 焦点小组是指为了听取对某一问题、产品或政策等的意见而召集到一起的一群人。

创造性解决问题[注]会议。

1. 参与生产的消费者的含义

（1）参与生产的消费者的概念

弹弓法流程产生于英国航空公司（British Airways，BA）的一个致力于提升商务级服务的产品开发团队。在弹弓法流程中，参与消费者活动和具有专业产品开发技术的人在团队中的角色被称为参与生产的消费者。

弹弓中参与生产的消费者是能够发挥消费者和专业产品开发人员双重作用的独立个体。参与生产的消费者可以来自大型企业其他部门，以及没有竞争的其他企业的产品开发实习者、科研人员和顾问（咨询人员）。他们具有不同的学科能力，包括市场研究、营销、设计、物流、制造、工程技术、科学、经济、行政管理、项目管理、财务、IT 和供应链。

一个弹弓中，参与生产的消费者有 3 种角色（如图 3-2 所示）：① 消费者；② 熟练的构思生成者；③ 公平的挑战者。

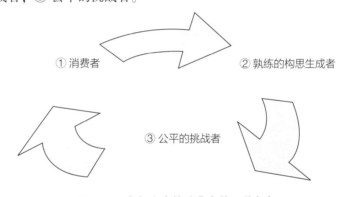

图 3-2　参与生产的消费者的 3 种角色

消费者。作为消费者的角色，参与生产的消费者沉浸于他们自己的消费体验中，有寻找解决消费问题的内在动机。为了使消费者的角色更有效，他们必须与具有资格的讨论小组的参与者具有足够的共同特点，这样才易于将他们融合在一起。同样，参与生产的消费者期望和主持人以相同的方式，对介绍的专题做出反应，表达自己的见解，就像通过资格预审的目标市场的消费者一样。

熟练的构思生成者。在创造性解决问题的会议中，参与生产的消费者沉浸于消费体验中，加上专业知识和创造性技能，会有意识地开发创造性。创造性的张力在促使

注：译者注：创造性解决问题方案是一种创造问题解决方案的智慧激发流程，是一种特殊的问题解决方法。该方法要求独立地解决问题，而不是通过辅导学习来解决问题。

参与生产的消费者提供突破性构思方面发挥了重要作用。

公平的挑战者。参与生产的消费者能够成为延伸项目团队的公平的挑战者,因为他并不是项目团队的经营情况动态的一部分,而是深刻地了解项目团队面临的挑战。在项目进行过程中,参与生产的消费者没有像项目团队成员那样有偏见和(对内容)有所过滤,也没有对公司内部企业文化产生怀疑。在项目经营状况方面,参与生产的消费者提供的创造性构思是不受限制的,因为其不受开发和执行构思等内在责任的制约。

（2）参与生产的消费者的特征

参与生产的消费者作为一个独立的个体,在弹弓中具有如下特征:① 没有兴趣的冲突;② 能够签署保密协议;③ 参与与专题领域相关的消费;④ 具备与专题有关的知识;⑤ 有新产品开发的经验;⑥ 有创造性解决问题的技能;⑦ 有良好的人际交往能力。

2. 焦点小组和创造性解决问题方案会议

对收集客户声音的数据进行逻辑分析,可以有效地支持许多学术研究和报告。研究表明,了解客户需求被视为关键要素,排在首要位置,它是推动新产品开发成功的关键要素;不了解客户需求是导致新产品开发失败的因素。同样,库珀（1999）主张,如果客户提供错误的信息,那么产品开发者将连续失败。阿拉姆（2005）注意到,使用较好的策略才能有效获得有用的客户信息。在焦点小组会议上,将参与生产的消费者和客户混合起来是改进这种相互作用的一种方法。

一个焦点小组创造性解决问题的会议可以开发创造性构思。合理性使用这两个流程来源于创造性压力的价值,就像一个产生突破性构思的跳板。在与客户声音产生共鸣之前,项目团队成员、参与生产的消费者（仍然发挥消费者的角色）和一名熟练的服务商/主持人会有很多方法制造创造性压力,从而促使接下来的创造性解决问题的会议产生突破性构思。

3. 弹弓法的不寻常作用的原因

在开发一个高品质的解决方案集的任务中,与独立执行其组成的任何流程相比,有三个原因可以使弹弓法变得更加不同寻常和更加有用:

1）引入一个具有双重身份的角色,他既有消费者的作用,也有产品开发人员的作用,被称为参与生产的消费者。参与生产的消费者要充分了解客户的感受。参与生产的消费者也要从专业的产品开发人员那里提炼高水平的创造性思路,同时也要公正地、全面地质疑团队的偏见和外部同行的假设。

2）有目的地开发创造性（张力）。当参与生产的消费者和项目团队成员成为从消费体验者到创意产生者作用之间的弹弓时，创造张力则有助于产生突破性构思。

3）将定性研究的经验和用创造性解决问题的会议结合起来，使创新张力得到优化。通过定性研究可以倾听客户的声音，然后立刻在接下来的创造性解决的会议中对其进行处理。

4. 何时使用弹弓

项目的领导者需要考虑在以下情况下使用弹弓：当项目的主题需要在较短的时间内，利用有限的预算获得客户的第一手资料、产生一系列高质量想法的时候。弹弓可以在产品开发阶段确定产品的机会缺口。它是一个很有效的工具，项目团队成员会较容易地发现客户需求，然后立刻将他们的焦点转向收集的产品。它可以用于启动产品的修改和扩展工作。通过一个焦点小组来调查现有产品的优点和缺陷，然后立刻通过信息来征求（开发）第二代产品的意见。在产品开发阶段，弹弓是项目团队利用客户关于产品概念或技术原型的想法，然后立刻对这些概念和原型进行提炼的有效方法。

弹弓的价值体现在对流程的各个组成部分的重视上：① 设定主题和目的；② 选择主持人和引导者；③ 组成项目团队；④ 为会议做好后勤工作；⑤ 筛选和补充参与生产的消费者和普通消费者；⑥ 编制焦点小组讨论指南；⑦ 编制创造性地解决问题会议的流程；⑧ 执行焦点小组方法；⑨ 执行创造性地解决问题会议；⑩ 记录和公布结果。

项目领导者可以在各种各样的场合下使用弹弓，其基本流程可以根据不同的主题和目标进行扩展和重复。

5. 弹弓法的实施步骤

（1）设定主题和目的

制定明确的主题和目的是弹弓成功实施的第一步。一个弹弓的主题和目的依赖于其商业背景。弹弓的主题将决定筛选参与流程的参与生产的消费者和普通消费者的规则。明确的弹弓目的将决定讨论方向的组成部分和创造性解决问题会议的流程设计。

（2）选择主持人和引导者

一个技能熟练的人能够扮演焦点小组的主持人和创造性地解决问题会议的引导者双重角色。有两种人可以选择：一种是具有主持人技能的人，另一种是具有创造性地解决问题技能的人。满足具有这双重技能的人可以在公司内或公司外选择。如果这个人是公司内的人，那么个人与主题、项目团队成员特别是团队领导的关系应视为中立的、客观的和公正的，这是十分重要的。

主持人的候选者要能够完成筹备和控制焦点小组的所有步骤。

在创造性解决会议中，要有熟练技能的引导者发挥作用，包括拥有丰富的应用工具的经验和管理组织动态的技术，得出见解和看法，并优先考虑发展下一步。

(3) 组成项目团队

项目团队需要项目领导负责。一般来说，一个项目团队的成员有 6~12 名。团队成员应在项目专题中发挥适当的职能，具有关于企业内、外的经验，性别和年龄构成应该科学。团队领导还可以把在解决问题方面的偏好、创造力和个性方面不同的团队结合起来。

(4) 为会议做好后勤工作

弹弓的具体后勤可以由团队领导和与其合作的主持人/服务者控制，通常由团队领导或后勤协调员协助。

焦点小组讨论必须发生在一个典型的市场研究机构，提供一个房间，包括一间前室（里边有主持人的讨论）、一间单向玻璃窗的密室和一套音响系统，供团队成员能够看到和听到前室的讨论。每个会议都应当录音和录像，以便团队和其他利益相关者在未来审查其内容。

安排好焦点小组和创造性解决问题会议。如果参与生产的消费者和普通消费者能够参加上午焦点小组的讨论，那么创造性解决问题的会议需要下午在同一地点举行。如果参与生产的消费者和普通消费者能够参加下午晚些时候或晚上早些时候的焦点小组讨论，那么创造性解决问题的会议必须在第二天进行。它可以在同一地点或其他方便的地方进行。

弹弓流程可以包括在多个焦点小组会议中。表 3-1 为弹弓的第一小组和第二小组的讨论提供了格式化的议事日程。项目领导将基于对整个项目的考虑，决定所有焦点小组的数量、弹弓的主题和目的、预算和团队成员可用的时间。

表 3-1 弹弓法的议事日程

具有一次焦点小组会议的弹弓法日程安排

时间	任务
8:30—10:30	焦点小组
10:30—11:00	休息
11:00—12:30	创造性地解决问题会议
12:30—13:15	午餐
13:15—14:30	创造性地解决问题会议
14:30—14:45	休息
14:45—16:00	创造性地解决问题会议

具有两次焦点小组会议的弹弓法日程安排

时间	任务
8:30—10:30	焦点小组 1
10:30—11:00	休息
11:00—13:00	焦点小组 2

(续)

时间	任务
13:00—13:30	午餐
13:30—14:45	创造性地解决问题会议
14:45—15:00	休息
15:00—17:00	创造性地解决问题会议

(5)筛选和补充参与生产的消费者和普通消费者

消费者和普通消费者需要参与焦点小组调查。从一开始，团队领导就必须了解弹弓的主题是否需要探索的焦点小组或开发的焦点小组。探索的焦点小组的工作是更好地了解普通消费者与弹弓主题相关的经验，探索找出现有产品和服务的差距。开发的焦点小组的工作是了解普通消费者对设计和产品雏形的反映。

(6)编制焦点小组讨论指南

弹弓的讨论指南提供了从消费者和客户那里学习专题领域的架构。无论讨论的目的是探索性的还是开发性的，讨论指南的大纲和行动流程往往都相似。探索性焦点小组的目的是探索尽可能广阔的领域，开发性焦点小组的目的是对开始的概念或原型的进一步深入和理解。

(7)编制创造性地解决问题会议的流程

一个流程计划包含时间、任务和完成任务必需的材料信息。一定要考虑需要的因素、创造的讨论和结果的记录。

(8)执行焦点小组方法

在开始弹弓焦点小组访谈之前，主持人将了解小组成员和参与生产的消费者，以便认识和克制他们的偏见和臆断，促使他们积极倾听。

主持人将指导密室的参与者如何记录前室的讨论内容，告诉他们注意意见和深入的观点。

在焦点小组访谈中，一名技术熟练的主持人要保证所有的消费者都参与到讨论中，促使所有的参与者相互配合，合理地控制时间，以保证所有讨论指南上的任务都提及，尽可能地将密室额外的问题融合到讨论中。

(9)执行创造性地解决问题会议

普通消费者离开讨论场所后开始进行创造性地解决问题会议。在创造性地解决问题的会议中，一名技能纯熟的服务者帮助焦点小组成员和参与生产的消费者实现突破性构想。有效的服务包括：

1)管理小组动态，保证每个人都参与其中。

2)指导参与生产的消费者在普通消费者和小组成员角色之间的转变。

3)在可利用的时间内执行所有的有分歧的和求同的小组的流程安排。

4）保证有一份关于会议讨论和产生的结果的完整的报告。

（10）记录和公布结果

一个弹弓焦点小组流程可以采用很多种方式记录，如：

由密室的参与者制作数字化的说明。

将创造性解决问题会议中的所有的观点和概念（包括投票）数字化。

保存焦点小组访谈中的录音和录像文件。

创造一个可以检索的关于焦点小组访谈的音频/视频数据库。

由主持人写一份焦点小组访谈的报告。

将所有的概念录入数据库。

记录弹弓焦点小组的结果由项目引导，需要为未来建立一个数据库，帮助散发流程的结果。

选择哪个弹弓将决定流程结果的分发列表。这个分发需要小组领导来负责。所有涉及这个弹弓项目的参与者都会收到这个结果。

6．弹弓法成功的关键

一个弹弓法成功的关键有三个方面：① 周密的准备和计划；② 选择技能纯熟的主持人和服务者；③ 有一套严格的、规矩的、灵活的执行流程。

3.2 发现型创造方法

3.2.1 穆勒五法

引导案例

基因疗法取得成功[一]

脊髓性肌萎缩症(SMA)是一类由脊髓前角运动神经元变性导致肌无力、肌萎缩的疾病，它属常染色体隐性遗传病，临床并不少见，此前尚无特异的有效治疗手段。如果不及时治疗，患病婴儿将在2岁左右面临死亡。

今年，研究人员报告称，他们通过在脊髓神经元中添加一个缺失的基因，挽救了身患Ⅰ型脊

[一] http://tech.china.com/article/20180103/2018010394552.html ［2018－1－20］

髓性肌萎缩症的婴儿的生命。与此同时，该基因可以突破血脑屏障到达中枢神经，这对于基因疗法治疗其他退行性神经疾病具有开创性和里程碑式的意义。19 世纪英国逻辑学家穆勒对归纳法做了第一次系统的阐述，提出了著名的探索因果联系的归纳方法——穆勒五法。这五种方法是对历史上求因果方法的比较严格、全面的总结。它们是一些比较简单的，但又具有一般性的方法。这五种方法是求同法、求异法、求同求异并用法、共变法、剩余法。

1. 求同法

人们在生活中观察到，新降的雪有 40%～50% 的空气间隙，若有堆积，就能保持地表温度；棉花疏松多孔，具有保温功能；泡沫塑料中间有很多小孔间隙，也能保温不传热。虽然积雪、棉花、泡沫塑料是完全不同的物类，其质地、形状、用途等各不相同，但它们都有一个共同情况，即疏松多孔。于是人们得出结论：疏松多孔的东西可以保温。

这个推断就是通过求同法得出的。

求同法的内容是：考察几个出现某一被研究现象的不同场合，如果各个不同场合除一个条件相同外，其他条件都不同，那么，这个相同条件就是某一被研究现象的原因。因这种方法是异中求同，所以又叫作求同法。

求同法可用下列公式表示：

场合	有关情况	被研究现象
（1）	A、B、C	a
（2）	A、D、E	a
（3）	A、G、F	a
…	……	…

所以，情况 A 是现象 a 的原因（或结果）。

求同法的特点是"异中求同"，即在各种不同的情况中寻求唯一相同的情况。由于事物的相关因素往往是复杂的，很可能表面相同而实非相同，或表面相异而实非相异。而且，求同法没有考察所有场合，也没有考察各个场合中所有的情况，所以，求同法得出的结论是偶然的。

要提高求同法结论的可靠性，就要注意以下两点：

1）各场合是否还有其他的共同情况。人们在应用求同法时，往往忽略了不同情况中隐藏着另一个共同情况，而这个比较隐蔽的共同情况又恰好是被研究现象的真正原因。例如，候鸟秋天南飞，春天北回。在诸种场合中，似乎只有气温的升降这一"共同情况"导致候鸟春来秋往，即气温的升降是候鸟迁徙的原因。但是科学家们怀疑这一结论，他们经过反复研究，发现在候鸟迁徙的诸场合中除了气温升降这个"共同情况"外,还有一个被忽略的"共同情况",即昼夜时间的增减(日照时间的增减)。通过进一步考察、研究,发现导致候鸟迁徙的原因正是昼夜的增减。

2)要尽量增加可比较的场合。进行比较的场合越多,结论的可靠程度就越高,如果比较的机会少了,往往可能有一个不相干的现象恰好是它们共有的,人们便会产生误解。例如,某年高考,某校获得高分的10多名考生都在考前喝过蜂王浆。于是,有人据此得出结论,喝蜂王浆是考生取得优异成绩的原因。但是,后来对更多的在高考中取得优异成绩的同学进行考察,发现并不是这么回事。

2. 差异法(求异法)

有一次,法布尔在郊外的森林中发现一只蛹,就带回自己的家中,很快蛹就孵化成一只雌蛾。雌蛾从蛹中孵化出来的当晚,几十只雄蛾从远处飞来,围着雌蛾转。法布尔反倒很奇怪,这些蛾子生活在10km外的森林里,雌蛾孵化的晚上,天那么黑,它是怎样找到雌蛾的呢?

雄蛾是怎样找到新娘的?法布尔做了很多实验,他用罩子把雌蛾罩起来,雄蛾还是能找到;他把雌蛾转移,雄蛾还是能找到;后来把雌蛾用玻璃罩严密封住,不让空气进去,雄蛾就找不到了,像没头的苍蝇乱飞乱舞,新娘就在身边,雄蛾就是找不到,它们有眼却看不见。如果把玻璃罩漏一点缝,雄蛾就会精神大振,一下扑向玻璃罩。

法布尔终于搞清楚了,是雌蛾发出的气味把雄蛾吸引到自己身边。法布尔把雌性昆虫发出的信息素叫作性引诱素。法布尔揭开了雄蛾找到新娘的谜团。

这个结论就是用差异法得出的。

差异法的内容是:比较某现象出现的场合和不出现的场合,如果这两个场合除一点不同外,其他情况都相同,那么这个不同点就是这个现象的原因。因这种方法是同中求异,所以又称为求异法。

求异法的过程如下:

场合	有关情况	被研究现象
(1)	A、B、C	a
(2)	-、B、C	-

所以,情况A是现象a的原因(或结果)。

求异法的特点是"同中求异",它要求被研究现象出现的场合与不出现的场合中,只有一种情况不同,其余的情况完全相同。这一般只有在人工控制的条件下才能做到,因此,求异法的应用一般是以实验为基础的。所以求异法的结论要比求同法可靠得多。但是,求异法也无法保证能够考察所有的情况,因此其结论仍然是偶然的。

应用求异法时应注意以下两点:

1)两个场合是否还有其他差异情况。求异法要求,在被研究现象出现的场合和被研究现象不出现的场合中只有一个差异情况存在,其他情况必须完全相同。如果其他情况中还存在着另一个差异情况，那么很可能它就是被研究现象的真正原因。例如，在对生物钟的研究中，医务人员注意到，同样的医疗措施得出不同的医疗效果，这往往与治疗的时间有关。糖尿病患者在早晨4时对胰岛素最敏感；人得传染病最可能死亡的时间与细菌最敏感的时间是一致的，在早晨5时左右。由此，他们认识到在进行医学研究时，对试验组和对照组除了采取某种医疗措施或使用某种药物外，还必须注意时间的相同，而不要因时间的不同而使其他情况不同，从而导致错误的结论。所以，在使用求异法时应当严格遵守"其他情况完全相同"的要求。

2）两个场合唯一不同的情况，是被研究现象的整个原因，还是被研究现象的部分原因。如果被研究现象的原因是复合的，而且各部分原因的单独作用是不同的，那么，总原因的一部分情况消失时，被研究现象也就不再出现。只有找出被研究现象的原因，才能真正把握这些现象与被研究现象之间的因果联系。

3. 求同求异并用法

人们在农业种植中发现，种植豆类作物（大豆、豌豆、蚕豆等）时，不用给它们施加氮肥，而且这些豆类作物还可以使土地的含氮量增加，而种植其他作物（小麦、玉米、水稻）时，却没有这种现象。后来经人们研究，豆类作物的根部长有根瘤，而其他作物没有。因此人们断定，豆类作物的根瘤能够使土壤的含氮量增加。这一结论就是通过求同求异并用法得出来的。

在这个例子中，被研究对象是种植某些植物不但不需要给土地施氮肥，而且土地的含氮量还会增加。两组事例，一组为正事例组，是被研究对象出现的场合，即种植豆类作物的场合，一组为负事例组，是被研究对象不出现的场合，即种植小麦、玉米、水稻的场合。在正事例组中只有一种共同情况，即豆类植物都长有根瘤；负事例组中也只有一种相同情况，即非豆类植物都没有根瘤。在此基础上比较两个正负事例组的差异，即有无根瘤的差异，从而得出结论。

求同求异并用法的内容是：如果某被考究现象出现的各个场合（正事例组）只有一个共同的因素，而这个被考察现象不出现的各个场合（负事例组）都没有这个共同因素，那么，这个共同的因素就是某被考察现象的原因。该法的步骤是两次求同一次求异。

求同求异并用法的步骤如下：

场合	有关情况	被研究现象
正事例组		
（1）	A、B、C	a
（2）	A、D、E	a
（3）	A、F、G	a
…	……	…

负事例组
（1）　　　　　－、B、C　　　　　－
（2）　　　　　－、D、E　　　　　－
（3）　　　　　－、F、G　　　　　－
　…　　　　　　……　　　　　　…

所以，情况 A 是 a 的原因（或结果）。

运用求同求异并用法，要经过三个步骤：① 第一步是比较正事例组的各个场合，得出凡有情况 A 就会出现现象 a；② 第二步是比较负事例组的各个场合，得出凡无情况 A 就无现象 a 出现；③ 第三步是比较正负事例组，根据有情况 A 就有现象 a，没有情况 A 就没有现象 a，推出情况 A 是现象 a 的原因。

纵观整个过程，实质上第一步用的是求同法，第二步用的还是求同法，第三步用的是求异法。从宏观方面来看，求同求异并用法是一种特殊的求异法，穆勒称之为"间接差异法"。显然，较之求同法和求异法，求同求异并用法是一种更为先进的逻辑方法，它可以避免单一使用求同法或求异法的不足。但求同求异并用法在考察有关情况时，可能忽视本是相关的情形，故而其结论也是或然的。

为了提高求同求异并用法结论的可靠程度，运用求同求异并用法时应注意以下问题：

1）在正、负事例组中，应尽可能多地选择一些场合进行比较。因为比较的场合越多，就越能排除偶然因素的影响，越能提高结论的可靠程度。

2）对于负事例组的各个场合，应尽可能选择与正事例组场合较为相似的进行比较。因为负事例组中的场合在数量上可以是无限多的，有些与正事例组相差太远的负事例场合对于探求被研究现象的因果联系不起什么作用，只有考察那些与正事例相似的场合才是有意义的。只有尽量提高正负事例组的相似程度，才能提高结论的可靠程度。

4. 共变法

某家生产台灯的企业，第一季度的资金利用率为 50%，利润是 10 万元，第二季度的资金利用率为 55%，利润是 11 万元，第三季度的资金利用率为 60%，利润是 12 万元，第四季度的资金利用率为 70%，利润是 14 万元。该企业在管理、人员素质、生产设备等其他方面的情况没有改变。于是得出结论：资金利用率的提高是利润增加的原因。这一结论就是通过共变法得出来的。

共变法的内容是：在其他条件不变的情况下，如果某一现象发生变化，另一现象也随之发生相应变化，那么，前一现象就是后一现象的原因。

共变法可用公式表示如下：

场合	有关情况	被研究现象
(1)	A_1、B、C	a_1
(2)	A_2、B、C	a_2
(3)	A_3、B、C	a_3
…	……	…

所以，情况 A 是现象 a 的原因（或结果）。

这种共变有三种情况：

第一种是同向共变。它是指如果作为原因现象的量一直递加，那么作为结果现象的量也随之一直递加。例如，在其他情况不变的条件下，潜水越深，压力越大；反之，潜水越浅，压力越小。

第二种是异向共变。它是指如果作为原因现象的量一直递加，那么作为结果现象的量则随之一直递减。例如，一定质量的气体，在其他情况不变的条件下，该气体所受的压强越大，其体积就越小；反之，该气体所受的压强越小，其体积就越大。

第三种是既同向又异向的共变。它是指如果作为原因现象的量一直递加，那么作为结果现象的量并不是一直随之递加，而是递加到一定程度后反而递减。例如，在炼铁时增加碳元素的比例会加大铁的硬度，从而增加铁的强度，但是，碳元素增到一定量后就不能再增了，如果再增，铁就会逐步变脆，韧度降低，从而降低铁的强度。

共变法的特点是"同中求变"，即在其他有关情况都保持不变的条件下，寻求唯一与被研究现象发生相应变化的情况。如果许多情况都在变化，就很难确定哪个情况与被研究现象有因果联系。显然在自然条件下，要做到这一点是很困难的。所以，共变法通常是在人工控制的条件下应用的，因而其结论的可靠性程度也较高。但在最终的原因未得到证实之前，它的结论仍具有或然性。

为了提高共变法结论的可靠程度，运用共变法应注意以下几点：

1）不能只凭简单观察，来确定共变的因果关系，有时背后有着更深刻的原因。有时两种现象共变，但实际并无因果联系，可能二者都是另一现象引起的结果。如闪电与雷鸣。

2）共变法通过两种现象之间的共变，来确定两者之间的因果联系，是以其他条件保持不变为前提的。

3）两种现象的共变是有一定限度的，超过这一限度，两种现象就不再有共变关系。例如，对农作物施肥，在一定限度内，可以增产；但如果超过这个限度，就会适得其反。

5．剩余法

有一次居里夫人和她的丈夫为了弄清一批沥青铀矿样品中是否含有值得提炼的铀，

对其含铀量进行了测定。令他们惊讶的是，有几块样品的放射性甚至比纯铀还要大。这就意味着，在这些沥青铀矿中一定含有其他的放射性元素。同时，这些未知的放射性元素只能是非常少量的，因为用普通的化学分析法不能测出它们来。量小，放射性又那样强，说明该元素的放射性要远远高于铀。1898年7月，他们终于分离出放射性比铀强400倍的钋。该元素的发现，应用的是剩余法。

剩余法的内容是：如果某一复合现象已确定是由某种复合原因引起的，把其中已确认有因果联系的部分减去，那么剩余部分也必有因果联系。

剩余法可用公式表示如下：

复合情况A、B、C、D与被研究的复合现象
   a、b、c、d有因果联系
   B与b有因果联系
   C与c有因果联系
   D与d有因果联系

所以，A与a有因果联系。

剩余法的特点是"余中求因"，即已知两个复合现象之间有因果联系后，把其中已确定了有因果联系的部分除去，再从剩余的结果中分析原因。由于剩余法不能保证将各种因果联系都研究穷尽，因而其结论也具有或然性。

应用剩余法时应注意以下两点：

1) 必须确知被研究的复合现象中的一部分现象（b、c、d）是由复合现象中的某些情况（B、C、D）引起的，并且剩余部分（a）不可能是这些情况（B、C、D）引起的。否则，结论就不可靠。

2) 复合现象的剩余部分（A）不一定是一个单一的情况，很有可能是个复合情况，在这种情况下，人们就必须进一步研究、探求剩余部分的全部原因。

实际案例

穆勒五法的现实应用[一]

在现实生活中，我们经常通过穆勒五法来解决一些疑难问题。运用求异思维也可以从差异中构想出新的创意点子。香港有一家经营黏合剂的商店，在推出一种新型的"强力万能胶"时，市面上已有各种形形色色的"万能胶"。老板决定从广告宣传入手，经过研究发现，

[一] https://wenku.baidu.com/view/0ea172ba783e0912a3162a63.html ［2018-2-2］

几乎所有的"万能胶"广告都有雷同。于是，他想出一个与众不同、别出心裁的"广告"，把一枚价值千元的金币用这种胶粘在店门口的墙上，并告示说，谁能用手把这枚金币抠下来，这枚金币就奉送给谁。果然，这个广告引来许多人尝试和围观，产生"轰动"效应。尽管没有一个人能用手抠下那枚金币，但进店买"强力万能胶"的人却日益增多。这里，店主采用了与众不同的广告形式，其实就是应用了"同中求异法"：一是自己的产品与其他产品相比有它的特异性（黏合剂特别牢固），二是这个广告形式与众多广告形式相比有特异性（大多数看到广告的人都会产生抠金币的心理）。运用"求异思维"产生的创意是很多的，如把某种产品的形状"求异"一下，把某种物品的颜色"求异"一下，把某种产品的结构"求异"一下，把解决某种问题的方法"求异"一下，都有可能出现新的创意或解决问题的新方法。

思考练习题

1. 求异法的实例：秋末冬初，街道两旁的响叶杨开始落叶。可是路灯下面的却迟迟不落，即使是同一棵树也有这样的情况。这是为什么呢？人们最终想到这与路灯照射有关。请你举出其他例子。
2. 下面这4个判明因果的实例为求同法、求异法、共变法、剩余法各一例，请分辨出每一例各属哪种方法。
（1）农民张三找出自家地里庄稼生长不良有施肥、管水、防治病虫害、土地翻整、种子的原因。他曾经怀疑是施肥的原因。但当他了解到李四和自己施同样的肥，而且庄稼生长良好后，他确定不是施肥的原因。
（2）接上例，张三也曾怀疑是管水的原因。但当他了解到王五管水做法和自己不一样，但王五的庄稼和自己地里庄稼一样生长不良后，他确定不是管水的原因。
（3）张三在寻找庄稼生长不良的原因时只有五个因素：施肥、管水、土地翻整、防治病虫害、种子。他用求同法、求异法等方法确定不是施肥、管水、土地翻整、防治病虫害的原因。既然不是以上四方面的原因，那肯定是种子的原因。
（4）冬春季节农民用塑料大棚种植蔬菜，当他们观察到棚内温度高时蔬菜就长得快，温度低时蔬菜就长得慢。从而得出结论：温度的高低决定蔬菜的成长。

3.2.2 假设——演绎法

引导案例

人的胖瘦是由什么来决定的

人的胖瘦是由什么来决定的？对于这一问题，一直有着许多假说，如饮食说、运动说、激素说等；但都不能圆满地解释人类的胖瘦问题。早在几十年前，美国缅因州杰克逊实验室的研究人员，在遗传学研究方面发现肥鼠的胖瘦是由基因突变所造成的。其中有两个基因，一个叫"胖子"（ob），一个叫"糖尿"（db）。据此，他们提出假说：ob 可能是一个像激素一样的信号，由某个组织产生后分泌到血液里，作用于某个靶组织（如脑），进而影响摄食行为；db 的行为却不像是信号本身，而像是接受、执行这个信号的分子。为了验证这一假说，许多研究人员进行了创造性的探索。1994 年 12 月，在美国洛克菲勒大学工作的中国学者张一影和他的合作者终于取得了突破性研究成果。他们发现，ob 基因在脂肪组织里活跃，产生相应的蛋白质产物，命名为"瘦素"。瘦素的行为确实像杰克逊实验室研究人员的假说那样，它是个激素样分子，由脂肪产生，进到血液里再进到下丘脑控制摄食行为。

假设，就是以已有的事实材料和科学原理为依据，对未知的事物或规律进行的推测论断。假设演绎法就是以假设作为前提，再运用演绎推理的方法，从假设推出可由经验验证的结论，再用实验进行检验和修正。人类对自然界的认识是永无止境的，我们在进行科学研究和探索上，永远存在着一个广阔的未知领域，这就使得假设验证法在科学研究和创造中有着重要的意义。

假设的验证与完善，会形成假说。假设是经由直觉、想象和类比得出的初始设想，要经过逻辑上的论证，看其是否合理地解释已知的经验事实。如果基本设想得到验证，这种假设就可经过修正、补充，形成一个完整的假说。假说是科学发现的思维形式，是人们根据已经掌握的科学原理和科学事实，对未知的自然现象及其规律性所做出的假定性解释和推断。假设演绎法就是首先对被研究对象的性质和规律提出假说，然后再运用演绎推理的方法，由假说推论出可由经验严整出的结论，再由实验进行检验和修正。如果说科学发现不存在普遍适用的发现模式，但却存在具有高层次意义上的认识模式。某些科学事实的直观发现也许不需要假说，但任何理论的发现却要经过假说的中间阶段。科学发展形势本身就是要经过从问题到假说，经过无数实验的检验而上升为理论的过程。

1. 运用假设演绎法的注意要点

1）既尊重事实，又超越事实。在提出假设时，应尽可能充分地了解和掌握创造对象的情况，包括形态、构造、方法、原理、材料、功能等，了解得越细越好。在此基础上，提出自己创造性的假说。同时又要超越现实，否则就谈不上创造。

2）既要遵循现有的科学理论，又要不受它的束缚和限制。对现有科学理论应采取辩证否定的态度，对其科学性的一面，应予以继承；对其不完善、不合理、不科学的部分，应敢于运用批判思维，对其进行验证、检验，要进行大胆地猜想与假设。

3）既要善于坚持，又要勇于放弃。假说毕竟还不是科学事实，据此进行的创造，既可能走上成功的坦途，也可被误入歧途。一个人一方面应有一种勇于开拓、勇于进取的气魄，同时当事实证明假说是错误的时候，也应有急流勇退、及时修正的灵活性，这样才能坚持真理，发展真理。

2. 假设演绎法的实施步骤

1）提出假设。先就一个现象产生的原因提出假设、猜想。

2）根据这个假设，推出如果条件改变会有什么结果。如之后的实际案例"鸟是怎样知道回家的路的"第一个研究，根据鸟是通过记忆路途返回的这个假设推论，如果出发时，不让它看见路途，重返回时就找不到家。第二个研究是根据鸟是借太阳光位置定位的假设，推出如果太阳光位置改变了，鸟飞行的方位也会改变。

3）验证假设。设计具体的实验来实现条件的改变，看是否有预期效果出现。如第一个研究用镇静剂使鸟入睡，将其运走。第二个研究，设计巧妙的实验装置，改变射入鸟笼的阳光的方位，如果出现预期效果，假设就被验证；相反，假设就被推翻。

4）修改、完善假设，直到它取得可靠知识的地位。

可见，假设验证法是首先对被研究的对象、性质或规律做出推测，推出假设，从假设中推出可验证法、结论，再用实验去验证它。运用这种方法可以使我们的创造成为更能动、更自觉的活动。尤其是在资料不充足、数据不完备，且缺少借鉴的情况下，这种方法可以为你提供一把打开创造之门的金钥匙。

科学家运用假设验证法进行科学研究，得到了许多重要的发现。例如，鸟类的归巢能力除了与太阳有关系，还与自然界的什么要素有关系呢？特别是鸟类如何在夜间迁徙。实际上，鸟判定方位是综合无数条件、多种方式的非常复杂的过程。运用假设验证法加以研究。

解答1：有科学家还提出地球磁场方向会使鸟体内产生感应，鸟是靠地球磁场这个大罗盘来测定方位的。

做实验。在鸟的头上安上线圈，连接电池，人为造成了北极指向南极的磁场。在阴天将鸟放出，实验会指向错误方向，本来应该向东北方向飞，现在就朝西南飞。

验证了鸟是靠地球磁场这个大罗盘来测定"方位的"这一假设。

解答2：鸟在测定航向时，视觉范围很重要，地平线是个判定方向的依据。

做实验。如果看不到地平线会怎样呢？把一些鸽子从小放在地平线之下的大坑里，从来没有机会看到遥远的地平线。这些鸟不知道如何定向，虽然它也能看见太阳和星星。当这些鸟被带到数公里之外的地方放飞时，它们都迷了路。

"鸟在测定航向时,视觉范围很重要,地平线是个判定方向的依据"的假设得到验证。

实际案例

鸟是怎样知道回家的路的

鸟类的迁移是一个十分吸引人的玄妙问题。令科学家感兴趣的是鸟是怎样知道回家的路的,即使它们飞到极遥远的地方,也能找路回家。曾有一些自作聪明的人认为:这些鸟所以能返回旧巢,可能是鸟对沿途有记忆,它们能照原来路线飞回。为了试验这个假设是否正确,有人曾预先给鸽子注射大量镇静剂,然后运送它们,这些鸽子在某一遥远的地点苏醒后,它们同没有注射镇静剂的鸽子一样,都能返回旧巢。这证明人们的这个假设是错误的。

20世纪50年代,德国学者吉斯达夫·克兰默认为候鸟是借太阳位置来定向的。为了证实自己的假设,他设计了一个巧妙的试验来验证。实验中,他把拟椋鸟(一种候鸟)放在一个特殊设计的鸟笼内,这个笼子中有6个距离相等的窗,每一个窗都可以看见天空(如图3-3所示)。他发现笼中的鸟在迁徙季节都面向迁徙时所应飞行的方向:春季向东北,秋季向西南。然后,他决定试将太阳"移动",看鸟有什么反应。他将被实验的许多鸟放进一个只有一米光线射入的鸟笼,发现笼中的鸟都朝着同一个方向:这个方向就是它们若不被关就飞往的方向。他想,可能鸟把这束光线当作了太阳的方向。然后以太阳为基本方位,调整出自己的飞行方位。到底是不是这回事呢? 克兰默用一些可以调节角度的玻璃镜,将光线折射90°入笼内,发现笼中所有的鸟也照相等的角度转身。结果证实了克兰默的假设。

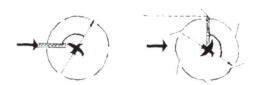

图3-3 吉斯达夫·克兰默设计的鸟笼

思考练习题

1. 手机电池的充电效率与室内温度是否有关系?请提出一种假设,再设计实验来验证你的假设,并提出改进充电效率的办法。
2. 提出假说的初步设想时,一般不应过于强调思维的逻辑可靠性,而应多发挥思维的创造性。直觉、灵感和想象这类非逻辑思维形式,在假说初步设想的提出中起着怎样的作用?

3.2.3 思想实验方法

引导案例

伽利略的斜面实验[一]

作为经典力学基础的惯性定律，就是"理想实验"的一个重要结论。这个结论是不能直接从实验中得出的。伽利略曾注意到，当一个球从一个斜面上滚下而又滚上第二个斜面时，球在第二个斜面上所达到的高度同它在第一个斜面上开始滚下时的高度几乎相等。伽利略断定高度上的这一微小差别是由于摩擦而产生的，如能将摩擦完全消除的话，高度将恰好相等。然后，他推想说，在完全没有摩擦的情况下，不管第二个斜面的倾斜度多么小，球在第二个斜面上总要达到相同的高度。最后，如果第二个斜面的倾斜度完全消除了，那么球从第一个斜面上滚下来之后，将以恒定的速度在无限长的平面上永远不停地运动下去。这个实验是无法实现的，因为永远无法将摩擦完全消除掉。所以，这只是一个"理想实验"。但是，伽利略由此而得到的结论，却打破了自亚里士多德以来1000多年间关于受力运动的物体，当外力停止作用时便归于静止的陈旧观念，为近代力学的建立奠定了基础。后来，这个结论被牛顿总结为运动第一定律，即惯性定律。

伽利略斜面实验的卓越之处不是实验本身，而是实验所使用的独特的方法，即在实验的基础上，进行理想化推理（也称作理想化实验）。它标志着物理学的真正开端。

所谓思想实验方法，是指从经验事实中抽象出具有特定质的规定性的理想模型并在思想上进行实验，在理想条件下进行严密逻辑推理，演绎出事物本质和规律性的一种思维方法。思想实验也可称为理想实验、假想实验或抽象实验。思想实验在形式上具有实验方法的某些特点，它要在思维中设想出同真实实验相似的实验物、实验条件和实验过程，但它又不同于真实的科学实验（实验室实验）。从原则上说，思想实验是无法在现实中操作的。思想实验本质上是理性的思维推理。它也不同于单纯的逻辑演绎和数学运算，而要在思想中对理想模型中的"实验对象"进行"控制"和"变革"，使它能够运动变化并观测其结果，然后再运用推理得出符合逻辑的"实验论断"。

1. 理性模型的建立

思想实验的实验物、实验条件和实验过程都远离人们的直观经验，这里关键的问题在于建立理想模型和运用理想化方法。理想化方法也是一种科学抽象，它的特点是高度纯化，完全排除次要因素的干扰，把对象置于理想状态下来研究，理想模型是人们为了便于研究问题而在思维中建立起来的。

[一] https://baike.baidu.com/item/理想实验//4327099 ［2018-2-1］

理想模型是人们在实验材料和经验事实的基础上，综合运用逻辑与非逻辑思维方法进行的思维创造，是对原型高度抽象化了的思想客体或思想事物。如把太阳和地球抽象为"质点"，而完全排除了形状和大小等属性。就其"没有一定的形状和大小"而言，"质点"在现实世界中是根本找不到对应物的，它只是一种理想的纯粹状态的客体，是在思维中建立起来的思想客体或思想事物。又如原子模型、DNA双螺旋结构模型、理想刚体、理想气体、理想循环等，广义的思想模型也包括数学模型。它把研究对象的本质属性、基本结构关系以及基本过程以最纯粹的形式表现出来，是科学理论与现实原型之间的中介环节。

2. 理想模型在科学研究中的方法论意义

运用理想模型揭示事物的本质在科学研究中具有普遍的方法论意义：

1）理想模型可以对研究对象进行极度的简化与纯化。理想模型既来源于现实原型又高于现实原型，在现实认识条件缺乏或认识对象难以完全把握的情况下，作为一种近似，人们可以将理想模型的研究结果运用于实际过程。通过理想模型的研究可以使研究工作顺利进行，同时也可以获得对对象的规律性认识。如当人们试图研究地球围绕太阳公转的运动时，便可以将地球当作一个质点来处理。理想模型只是近似地反映原型的性质和规律，借助于理想模型得到的研究结果运用于现实原型时应注意应用的条件。

2）理想模型的运用可以促使人们在研究中发挥科学想象力和逻辑思维能力。理想模型的建立本身就是一个想象力和严密的逻辑思维综合运用的结果。运用理想模型可以使研究在一定程度上跨越现有的研究条件，揭示理想条件下可能出现的情况，从而给科学研究指明方向，进而提出科学假说和科学预见。理想模型的这种预见功能也就是创造性功能，理想模型的构建和运用本质上是一种创造性思维方法。

3）理想模型的建立是思想实验（或称理想实验）的前提。在思想中塑造理想模型在纯化条件下的运动过程，进行严密的逻辑推理，可以更本质、更生动地演绎出客体的规律。萨迪·卡诺正是通过理想化的蒸汽机模型（理想的可逆循环，每个过程都是平衡的），从而证明了一切实际过程中热功转换的不可逆性；如果不设计出理想热机，只靠真实热机，是无法用实验和数学发现热学的这个普遍规律的。正如恩格斯所指出，卡诺"研究了蒸汽机，分析了它，发现蒸汽机中的基本过程并不是以纯粹的形式出现的，而是被各种各样的次要过程掩盖住了；于是他撇开了这些对主要过程无关紧要的次要情况而设计了一部理想的蒸汽机（或煤气机），的确这样一部机器就像几何学上的线或面一样是不可能制造出来的，但是它按照自己的方式起了像这些数学抽象所起的同样的作用：它表现纯粹的、独立的、真正的过程。"㊀

㊀ 马克思恩格斯选集（第3卷）[M]. 北京：人民出版社，1972.

3. 思想实验方法的操作

思想实验的前提是理想模型，思想实验的设计和运用必须具备以下条件。

1）思想实验要以真实的物质实验为基础，抓住关键性的科学事实，使思想实验具有可靠的客观基础。伽利略通过思想实验（在完全消除摩擦力的情况下金属球从斜面滚下，并继续在平面上运动），演绎出物体运动的质的规定性——惯性原理，就是以真实的斜面实验为基础的。当然，这个例子也说明了用思维来创造理想实验的重要性。"惯性定律标志着物理学上的第一个大进步，事实上是物理学的真正开端。它是由考虑一个既没有摩擦又没有任何外力作用而永远运动的物体的理想实验而得来的。"㊀

2）在思想实验中必须发挥创造性想象的作用，进行巧妙的构思，恰当地运用各种思维方法，要超越物质条件的限制。爱因斯坦在创立相对论时曾设计过人以光速跟着光速运行的思想实验，在高速运动的列车上观察闪电的思想实验，和自由下落的升降机的思想实验，这些思想实验都富有创造性的想象力和大胆的猜测，包含着机敏的直觉和精巧的设计。正是以这些思想实验为前提，才逻辑地演绎出尺缩效应、质量等效等结论。

3）思想实验还必须运用严格的逻辑推理手段，在逻辑上是自洽的。每一个思想实验都是一个严密的逻辑推理系统，都必须运用归纳与演绎、分析与综合等多种逻辑方法，遵守逻辑规则。

4）思想实验的结果在应用中是有条件的。理想模型不等同于现实原型，思维中的逻辑过程也会与真实的物质运动过程有差异，不能将思想实验的结果无条件地向外推。

实际案例

理想实验㊁

爱因斯坦在建立狭义相对论时，曾经做了一个关于同时性的相对性的"理想实验"。即当两道闪电同时下击一条东西方向的铁路轨道时，对于站在两道闪电正中间的铁道旁边的一个观察者来说，这两道闪电是同时发生的。但是，对于乘坐一列由东向西以高速行进的火车、正好经过第一个观察者对面的第二个观察者来说，这两道闪电并不是同时下击的。因为，第二个观察者是在行近西方的闪电而远离东方的闪电，西方的闪电到达他眼里的时间要早一点。因此，在静止的观察者看来是同时发生的闪电，在运动中的观察者看来却是西方先亮，接着东方再亮。同时性的相对性这一概念的提出，是狭义相对论建立过程中的一个关键。

㊀ 爱因斯坦，英费尔德. 物理学的进化［M］. 上海：上海科学技术出版社，1979.

㊁ https://baike.baidu.com/item/理想实验//4327099 ［2018-2-1］

爱因斯坦在建立广义相对论时，做了自由下落的升降机的"理想实验"。他设想：在自由下落的升降机里，一个人从口袋中拿出一块手帕和一块表，让它们从手上掉下来，如果没有任何空气阻力或摩擦力，那么在他自己看来，这两个物体就停在他松开手的地方。因为，在他的坐标系中，引力场已经被屏蔽或排除了。但是，在升降机外面的观察者看来，这两个物体以同样的加速度向地面落下。这个情况正揭露了引力质量和惯性质量的相等。爱因斯坦又设想了另一种情况的"理想实验"，即升降机不是自由下落，而是在一个不变的力的作用下垂直向上运动（即强化了升降机内部的引力场）。同时设想，有一束光穿过升降机一个侧面的窗口，水平地射进升降机内，并在极短的时间内射到对面的墙上。爱因斯坦根据光具有质量以及惯性质量和引力质量等效的事实，预言一束光在引力场中会由于引力的作用而弯曲，就如同以光速水平抛出的物体的路线会由于引力的作用而弯曲一样。爱因斯坦预言的光线在引力场中会弯曲这一广义相对论效应，已为后来的观测结果所证实。

量子论的建立也同"理想实验"密切相关。在量子力学中，海森堡用来推导测不准关系的所谓电子束的单缝衍射实验，也是一种"理想实验"。因为，中等速度的电子的波长为 8～10cm，这跟原子之间的距离属于同一个数量级。因而，只要让电子束穿过原子之间的空隙，就会发生衍射。但是，要想制成能够使电子发生衍射的单缝，首先就必须做到把单缝周围的所有原子之间的空隙都给堵死。实际上这是做不到的。在实验中，人们只能做到电子的原子晶格衍射实验，而无法实现电子的单缝衍射实验。

思考练习题

仔细阅读思想实验的具体案例，分析思想实验的具体实施过程。

3.3 联想型创造方法

引导案例

身体的潮汐

精神病学家利伯，有一次在海边度假，看到涨潮现象后突然联想到，都说人们身体也有一个海洋，会不会也有"身体的潮汐"呢？

由这一联想开始，他研究起来，最后发现，每当月圆之夜，精神病院里病人的病情会加重，新入院的精神病人也会增加，特别是一些狂躁病人会情绪激动，无法平静。他进一步研究发现，月亮的圆缺对人有明显的影响。月亮圆时，心脏病患者的发病率增大，出血病人增多；肺病患者容易发生咯血现象；消化道出血的病人病情会加重，危险性增加，死亡率较平时高。

利伯通过联想所研究得到的这一系列发现带来了科学界的巨大轰动。

3.3.1 联想的概念

1. 联想的含义及分类

联想是指从一个事物想到另一个事物，从一个概念想到另一个概念，从一种方法想到另一种方法，从一形象想到另一形象的心理活动。

人们在日常的创造性思维活动中常用的联想有以下几类：

（1）相近联想

相近联想是指在时间和空间上接近的事物表象的联结。如看到桌子想到椅子，提到起床的时间，自然想到电视播早间新闻。因为在信息存储编码的过程中，时间和空间上相近的事物就是存储在一起的，所以表象的这种联结通道是经常打开的，人们可以毫不费力地、自发地遵循这种途径去思考。这一途径虽没有创造性，却是产生其他联想的基础。

（2）相似联想

相似联想是指对一件事物的感知回忆，引起对它在性质上相似的事物的感知和回忆。这种途径是思维空间跳跃的结果，模仿、学习和借鉴的需要，决定了注意力对事物之间某方面相似的敏感。相似联想在创造中占有重要的地位，许多创造技法所采用的基本思维形式是相似联想。

（3）相反联想

相反联想是指由某一事物的感知和回忆引起与它具有相反特点的事物的感知和回忆，是一种逆向思维。相反联想的挑战性、新颖性、独特性往往都大于相似联想。在人格上更具有叛逆性格的人，在认知风格上更具有独特性的人，能自如地进行相反联想，而多数人需要特意运用相反联想的方法，才能产生相反联想。

（4）自由联想

自由联想是指头脑中储存的记忆表象，由于某种契机而使另外一些表象与之自然而然地发生联结的过程。如由计算机想到游戏，由游戏想到儿童，由儿童想到未来，由未来想到科幻小说……

（5）强制联想

强制联想是指把任何毫无关系的事物强拉在一起的一种联想。乍一看好像非常荒唐，其实是打开了事物联系之网，提供了发现相似性和相反性的可能和机会，有助于打破原有的固定联系，建立新的联系。

2. 联想的作用、能力与局限性

（1）联想的作用

联想是创造性思维的一个核心过程，运用联想可以为产生新颖的构思打开思路，解决具体的问题。联想是凭借自己以前所学的知识、获得的经验和日常生活过程中通过敏锐的观察、判断，从一个事物、概念、方法或者形象联想到另外一个事物、概念、方法或者形象的心理活动。联想常常是类比模拟的前奏，因此与产生具体结果的创造性思维过程紧密联系。在构思过程中，运用具体的联想方法可以打开思路联系的通道，设计者运用模拟的方法，产生系列的新颖、独特的造型，如小沙里宁设计的肯尼迪航空港（如图3-4所示）、伍重设计的悉尼歌剧院（如图3-5所示），等等。

图3-4 肯尼迪航空港

图3-5 悉尼歌剧院

（2）联想的能力

联想是人人都会的，但联想能力却是人人各不相同。联想能力不仅是个先天遗传的问题，还涉及后天学习的问题。只有那些记忆力强、知识丰富的人才具有较强的联想能力，有助于在思考过程中具有创造性。一个人是否在设计的某一过程中具有创造性，也和他的联想能力、专业及相关学科的知识面有关。只有那些知识丰富的人，在设计构思的过程中才能熟练地运用联想，设计出让自己满意、让公众认可的形象。我们在进行创造活动的过程中，运用一定的方法，一方面可以提高联想能力，获得创造性的结果；另一方面可以提高自己的审美能力。

（3）局限性

建筑构思过程中运用联想和在其他发明创造过程中运用联想是不同的。产品的开发等创造活动，其结果具有直接性，随意性强。而建筑因为其艺术性和技术性所受约束较多，人们的自由联想最终会受到建筑本身功能、形象、精神和审美等方面的约束。悉尼歌剧院的形象虽有很多美丽的联想，但在建造过程中却颇费一番力气，可见其局限性。

3.3.2 自由联想法和强制联想法

所谓联想法，是人们总结概括出来的一些促进人们产生丰富联想、控制联想途径和方向的技巧。对于联想能力较弱的人来说，通过联想法的训练可以打开思路，调动心理资源，建立新的联系，从而提高联想力。联想法有多种，本书主要介绍自由联想法和强制联想法。

1. 自由联想法

自由联想是一种思维的自由探索，是思维的发散式过程，即自然地从一事物想到另一事物的过程。自由联想的过程是随意的，其结果是不确定的。本书主要介绍自由漫谈法和入出法两种。

（1）自由漫谈法

自由漫谈法是在禁止批判、自由奔放、踊跃发言和借题发挥四条原则基础上，召集若干人对诸多问题征询解决办法和意见的方法。

1) 自由漫谈法的原则。

① 禁止批判。就是为人们的讨论提供一个宽松自由的心理环境。这在集体讨论时至关重要。因此参加讨论的人要有团体合作精神，不能在问题上有原则性的分歧。如讨论某种风格时，持有现代的和后现代的观点的人很难达成共识。

② 自由奔放。参加人思维应该活跃，充分自由地调动人们的联想能力。

③ 踊跃发言。由于个人经验和知识面的不足，对解决问题会有所限制，许多人在一起，只有从不同角度提出见解，才能有助于问题的解决。

④ 借题发挥。先发表的意见起到启发、诱导作用，后发表的人尽可能在他人观点的基础上纵横发展，产生连锁反应，这样越到后面发表的观点质量越高，这样可以互相启发、互相补充，有利于问题的解决。如果各讲各的，相互不发生思想碰撞、交流，也很难激发出智慧的火花。

2) 自由漫谈法的应用。自由漫谈法在建筑设计上应用比较多，特别是在讲究团队精神的今天，通过自由联想法有助于问题的提出，获得最佳效果。例如我们接到一个设计题目，几个人要从不同角度对这个题目进行分析，有人会从环境角度对题目提出要求和见解，有人会从文化角度提出见解，有人则从功能上提出不同的见解，同时对于每个角度，所有人都会提出自己的意见，这样才能有助于选出令大家满意的方案。国外的许多建筑设计所在方案前期阶段往往都采用这种方式，这也是能够成功的基本保证。

例如，我们在针对社区中心的设计过程中就应用了自由漫谈法，这是个竞赛题目，限制较少，没有提出明确的功能要求，大家接到这个题目时无从下手，对社区中心的内容也不了解,于是我们组织了学生进行了个人调研,然后应用自由漫谈法进行集体讨论。

首先,针对目前的具体情况编制了调查表。

调查内容包括几大项:社区规模、人口构成、地点选择、设施、功能、服务对象、社区发展趋势等。

其次,同学们根据调查表的几大项进行问卷调查。由于学生自身条件的限制,他们往往仅从某一方面进行较深的了解,会提出自己的见解,有时这些是超出调查范围的,而这往往更有助于问题的展开。同学们会根据自己的熟悉程度选择不同的地点、调查对象,如有的同学选在老工业区中的社区,有的选在高档住宅区,有的则选择在农村。另外也可以从不同的角度探讨社区中心,如生态方面、无障碍设计方面、老龄化社区等方面。这样对我们后期开展自由漫谈法的讨论提供了许多思路。

最后,回到班级进行初步讨论,根据自己的调查结果,运用自由漫谈法谈谈应该设计什么样的社区中心。

① 每个人提出自己的调研重点及调研方向,其他同学进行针对性的讨论。

② 把每次讨论的结果一一列出来。许多同学都提出了自己的见解,明确了自己的设计方向。得出以下多种结果:

生态的社区中心

老龄化的社区中心

老工业区的社区中心

场地化的社区中心

桥——沟通的社区中心

稻花香——农村的社区中心

节约用地的社区中心

半地下的社区中心

反映民风民俗的社区中心

同学们运用自由漫谈法明确了设计题目,深入了解了各个题目的内容,对社区中心的设计提供了社会的、综合的依据。

思考练习题

1. 运用自由漫谈法对自己的宿舍做出分析。
2. 运用自由漫谈法对香山饭店做出分析。
3. 运用自由漫谈法提出解决某大学新教学楼建设中的教室朝向问题(大楼坐西朝东,朝西的教室夏天西晒,冬天遭受西北风)。

（2）入出法

此方法的特点是把所期望的结果作为输出，以能产生此输出的一切可以利用的条件作为输入，从输入到输出经历自由联想提出设想，用限制条件来评价设想，由此反复交替，最后得出理想的输出。此方法和自由漫谈法相比多了一个评价过程，得出的结果更有意义、更为成熟。

1) 入出法的使用程序。

① 主持人提出输出。

② 与会者根据输出提出各种输入。

③ 对输入进行全面的分析。

④ 与会者提出种种联想和设想。

⑤ 由主持者宣布限制条件。

⑥ 与会者又根据限制条件继续提出各种联想和设想。

⑦ 给出联想的评价结果，给出输出。

2) 入出法的应用。上面提到的自由漫谈法相当于建筑设计过程的最早期阶段应用的方法，是广泛调查、寻求多方面解决问题的过程，而入出法则是明确了问题的方向而通过多途径解决这个问题的过程，是设计构思过程的再深入、再明确的过程，这也是人们思维过程的必经阶段，因此入出法在建筑构思阶段是非常重要的，对于集体合作的设计，通过入出法的讨论，有助于明确问题，发现问题，最终得到令各方满意的设计。

我们在设计课的教学过程中就经常应用入出法对构思的结果进行讨论，比如在对社区中心的设计中，同学们根据自己的调查和自由漫谈法的讨论得出了以上各个结果，但社区中心在反映以上各个方面结果的同时，它们应该有一个共性，即我们设计的社区中心到底反映了什么内涵，我们应用入出法讨论如下：

输出结果——一个具有归属感的居民生活中心：

人们根据结果提出各种联想

家庭生活社区化

吃的场所

玩的场所

学习的场所

买菜休息聊天下棋的地方

建造在阳光、空气、位置都好的地方

是否要反映居民的文化

是否布置硬地、绿地等

灯光场地

……

提出种种假设后，接着讨论那些能形成具有归属感的社区中心：

人们开始提出各种限制条件

基地的限制

哪些人利用社区中心

建筑自身条件的限制

自然环境和文化环境的影响

造价的限制

用材的限制

……

人们对这些限制找到对策，最后结果是形成具有归属感的社区中心。

我们看到在设计过程中运用入出法就是不断地设想，不断地发现问题、评价问题，最后达到输出的目的。

在这个社区中心的设计中，有的同学选址在农村，通过分析当地的地理位置、经济状况和居民精神生活的需要，设计了具有当地特色的社区中心。该设计的构思是：使农村通过社区中心放眼外部世界，获取外面的最新信息，获得知识，受到教育，最终充分发挥地方资源优势，发展市场，提高人们的物质与文化生活，使农村时刻和外界联系在一起。该同学利用原来的交易市场、古树、古井，形成一个和谐空间。

思考练习题

1. 以网络节点为输出内容考虑所有输出条件，设计新式电话亭。
2. 讨论茶室的输出结果，依次列出茶—茶道—茶室各阶段的输入条件和各个关系，设计（或设想）茶室的发展之路。

2. 强制联想法

联想是两种心理现象建立关系的历程，关系建立后，其中之一出现时，即将引起对另一事物的反应。时间上、空间上接近的事物很容易建立起这种联系，如看见桌子自然会想到椅子。一些性质上如外形相似的事物，也容易建立起联系，如看见蜘蛛网就会想起渔网。但是一些相距很远的事物，如果不采取强制性措施，人们很难在它们之间建立联系。而创造性思考往往需要发现事物之间新的联系，甚至跳跃性地创建新的联系。强制联想法就是强制人们运用联想思维，充分激发人的大脑想象力，产生有创造性设想的方法。运用强制联想法时，需要在不相干的事物之间强制性地建立起某种联系，从而获得意外的设想。

一片草叶与一把菜刀之间有哪些相似性？设计一种新式菜刀，能从一片草叶身上汲取什么启迪？草叶呈墨绿色，有根须，雨水落在上面就会滚落（不透水），并且还是生长的、活的，等等。草有颜色，或许启发我们设计一把彩色菜刀。草有根须，或许启发我们设计刀架、钩扣或皮条连在菜刀上，使菜刀"植根"于厨房这片沃土。水珠总是从草叶上滚落这一属性启发我们将刀面抛光镀铬，使之防水防锈。草是活的，或许可以启发我们设计一种可以伸缩或可以折叠的菜刀。要看出草叶与菜刀之间的相似性，必须发挥我们的创造想象力。一个审慎而又富于创造力的问题解决者，不仅能够硬想出互不相关的项目之间的联系，而且能够硬想出它们之间新颖的富于独创性的联系，从而导致问题的创造性解决。

强制联想可以把任何毫无关系的事物强拉在一起，乍一看，好像非常荒唐，其实是打开了事物联系之网，提供了发现相似性和相反性的可能和机会，有助于打破原有的固定联系，建立新的联系。

强制联想的思维机制是打乱原有信息存储编码，创造新的编码，然后搜索可行的新编码，放弃无意义的新编码。所谓与所解决问题没有联系的事物，就是按原信息存储编码没有建立联系的事物，因而要使用时就无法调出。如果完全随机地将这类事物与要解决的问题纠缠在一起，再通过事物要素的重组和想象，也许就能暴露出事物之间的某一侧面的联系。比如，花与床没有联系，这是因为在信息存储时，花作为植物，床作为家具是分类编码存储的。花的脆弱，床的坚硬；花的短暂，床的长久；花的香味，床的无味，都是它们不能被编在一起的原因。当把它们强行联系在一起时，或许会发现花作为承受雨露的容器与床作为"盛人"的容器是相通的。能够找到彼此的类似，前提是通过联想使二者建立起联系。发现了类似，也就为转化做好了铺垫。

建筑师在构思方案的过程中，有时需要通过强制联想法获得某种灵感，将一些若有若无的想象强制性转化成方案的构思。如某年日本《新建筑》杂志社举行的题为"茶室"的竞赛，一等奖的方案为仅在山间小路上利用两侧树木支撑起一块布，非常合情合理，作者能把茶室和山间小路、树干、布联想在一起，或多或少运用了强制联想法。

应该说强制联想法可以迫使人们去联想那些根本想不到的事物，从而产生思维的大跳跃，跨越逻辑思维的屏障而产生更多新奇怪异的设想，而有价值的创造性设想往往就会孕育其中。这便是强制联想法的创新机理。强制联想法有多种，本书仅介绍焦点法、图片联想法和符号展开思考法。这三个方法都强调构思过程的多种设想，是建立独特性构思的基本方法。

（1）焦点法

世界著名建筑师伊罗·萨里曾经受环球航空公司的委托，在纽约肯尼迪机场设计一座建筑，他构思多日都未获得满意的方案。

一天早餐时,他偶尔瞥了一眼放在桌子上的柚子——可能在大多数人的眼里,柚子和建筑没有什么联系——但对于伊罗·萨里来说,他那偶然的一瞥使他豁然开朗,他出神地盯住柚子左看右看,然后连早饭也没有吃完就急忙走进了设计室,想象的翅膀引领他进入了自由的创新天地。当建筑物竣工时,建筑界为之一振,赞誉萨里设计的建筑是"一种完全流体的式样,把弯曲和环转包含其内,使人想象到大鸟的飞翔"。

萨里的强制联想在创新设计中起到了作用,所谓强制联想就是把原本毫不相关的东西硬联系在一起,其结果,有时很荒唐,有时却很有创意。

1)焦点法简介。焦点法是美国 C. H. 赫瓦德总结提出的一种创造技法。焦点法就是将要解决的问题作为焦点,随便选择一个事物作为刺激物,通过刺激物和焦点之间的强制联想,获得新设想、新方案的方法。焦点法也是一种强制联想法。

台湾小朋友翟梅发明下雨自动关窗装置,就是通过强制联想法构思成功的。她的发明思路是这样的:首先由窗户自动关闭这一要求联想到弹簧门,即应有一弹性张紧机构,下雨前窗户是开的,得有一控制机构与弹性张紧机构平衡。该控制机构如遇下雨就变湿,结果失去控制,让窗户关上。什么东西在干燥时能承受拉力,下雨时就失去拉力呢?由此,她联想到卫生纸。于是,她设计出这样一种装置:打开的窗户外侧用一束卫生纸系结,内侧用一束橡皮筋张紧,这就解决了下雨自动关窗的问题。

2)焦点法的应用步骤。焦点法的应用步骤通过新式手提包的发明来加以介绍(如图 3-6 所示)。

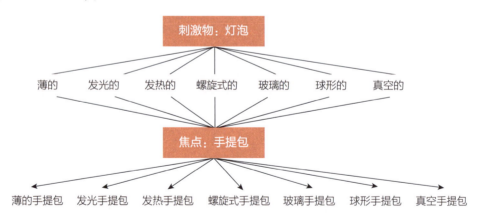

图 3-6 利用焦点法发明新式手提包

① 确定发明目标 A,如要发明手提包。
② 随意挑选与手提包风马牛不相及的事物 B 作为刺激物,如挑选灯泡。
③ 列举事物 B,如灯泡的一切属性。
④ 以 A 为焦点,强制性地把 B 的所有属性与 A 联系起来产生强制联想。

通过新奇有效的强制联想,就会得到一系列有关手提包的设想:发光手提包、发热手提包、电动手提包、插座式手提包、螺旋式手提包、真空手提包……有的可能很荒唐，有的则有一定价值。如果都不令人满意，还可以就其中一种属性产生进一步联想。

如：发亮——

　　白天——

　　云彩——

　　会变形——

　　会变色——

　　会形成雨——

　　会被风飘走——

　　悬浮感——

　　……

　　像云彩一样会变形的手提包

　　像云彩一样会变颜色的手提包

　　会下雨降温的手提包

　　会吹风的手提包

　　有悬浮感的手提包

　　……

自然界的一些现象看上去似乎与我们要解决的问题风马牛不相及，但如果将它们联系起来，往往可以激发出许多耐人寻味、不同寻常的见解，有助于我们从困境中解脱出来，如蜜蜂的蜂房激发出了蜂窝状结构的航天飞行器的设想。

运用强制联想法，必须思路开阔，善于把握事物之间的共同之处和彼此之间的关系，善于调动你记忆中的所有储备。另外，还要善于从毫不相干的事物之间透过现象分析，找到其中隐蔽的相似之处，展开联想。我们在平时要多看、多想、多在脑中放一些供联想的事物。有时也许只是一句话、一个故事、一次游戏，就会激发起我们发明的灵感。

3）焦点法运用例题。

例题：以任一物品作为刺激物，设计新式帽子。

解题：选择字典作为刺激物。

1）选择刺激物——字典。

2）列举字典的特性——字母排列；笔画排列；解释词意；页码；外文翻译（双解）；地名和人名；度量衡；历史年代；成语；专业术语。

3）将字典的特性强制性地与帽子结合，提出各种设想——

发明标有字母的帽子，人们可根据姓氏的第一个字母购买帽子，使用时方便认知。

由笔画想到猜字谜语和拼图游戏，发明可拼接的帽子，不戴时可拆开来玩。

设计有不同含意的帽子、如情人帽、母子帽、兄弟帽、姐妹帽、老乡帽、战友帽等。

由页码想到一页一页地翻，可设计能层层揭下外皮的帽子，让帽子每天换一个花样。

设计印有外文单词的帽子和能说外语的帽子，帮助学习外语。

以成语为意境，设计帽子，如海枯石烂帽、心心相印帽。

受各专业精神的启发，产生设计灵感，受数学启发，设计的帽子所有的尺寸暗含某个数的倍数；由建筑专业想到设计是积木块帽子。

（2）图片联想法

看到这张月圆的图片（如图3-7所示），人们会想到什么？"中秋节""嫦娥奔月""悲欢离合"……

由一个图片而自然产生的联想，叫图片联想。图片联想法就是在解决问题时利用与解决的问题本无关系的图片，产生强制联想，启发思维的方法。图片联想法的特点是不用概念作为刺激物进行联想、类比，而是用图片作为刺激物，发挥人的视觉想象力，在图片和需要解决的问题之间产生联想，进行类比，以获得创造性设想。

图3-7 月圆

1）图片联想法的功能。

a）视觉刺激更直接、生动。利用视觉形象作刺激物还可以使人比较容易地直接从形象思维进入问题，更符合人类思维的过程和状态。图片上的各个特征都是有特定意义的，在图片的启发下所产生的想法必然是新颖奇特，不同于旧思路的。意大利超市的创意广告（如图3-8所示），是蔬菜广告？还是造型艺术？我们不禁感叹利用图片进行想象的无限创意。

图3-8 意大利超市的创意广告

b）图片给予的视觉刺激有利于打破概念束缚。图片给人的视觉刺激是非常丰富的，更有助于人们产生大量的联想。因为用语言概念作为刺激物，容易使人受抽象概念的束缚，受旧的暗示作用影响，趋于习惯性的思路。利用视觉形象作为刺激物可以更远地离开要介绍的事物概念，通过看图片并理解这些图片，就不会再去想那些困扰心头的问题。图3-9中，大家可以一目了然地看到"抄袭他人论文成果"的可耻后果。从一定意义上说，一张生动的图片可能要比一篇成千上万字的明文规定表达的含义还深刻得多。

图3-9 抄袭他人论文成果

按理说，没有感知觉经验的积累，便不能上升到抽象的理性认识。但是，由于人们学习间接经验和知识的时机大大增加，往往在接受抽象的理性认识之前缺乏丰富的感性认识的积累。所以，一旦需要改进感性认识所直接涉及的事物时，脑子里只有抽象的符号，而直接的经验、生动的形象信息十分匮乏，这就阻碍了创造发明的顺利产生。远离生活和实践，死啃书本，必然会培养出左脑发达、右脑萎缩、形象思维不发达的人。大哲学家康德说过，没有抽象的视觉谓之盲，没有视觉的抽象谓之空。这种以图片作为刺激物的方法，可以帮助某些人改变旧的思维习惯，弥补空洞、抽象思维的缺陷，以一种全新的途径去解决问题。

2）图片联想法的使用程序。在集体讨论时，也可以使用图片联想法。

具体的程序如下：

a）确定要解决的问题，并给小组成员看一张图画。

b）每个成员都用一两个句子描述自己所看到的东西（远离要解决的问题）。

小组成员努力把图片中的种种元素或结构与所考虑的问题联系起来，并越来越详细地分析首先获得的印象，即逐步完善自己的设想。

c）当小组成员不再有设想时，看下一张图片，重复上面的过程。

小组最好在实施这个方法之前，将要解决的问题讨论一下，最后在设想产生后再交换一下好的设想，确定最优方案。

使用图片联想法时，挑选图片很重要，最好是与解决的问题相距很远，又具有幽默感。有的创造小组专门设计了一套图，如发明这个方法的德国巴赫勒—法兰克福研究所就制作了专门的一套图。

例如，用图片联想法解决"如何改善新建住宅小区的集中供热系统的安装，又不降低舒适度"的问题。

首先，暂时远离问题，看一幅画。刺激物（与问题无联系）：一幅火车的图片（如图3-10所示）。

图 3-10 火车

其次，看到火车，我们能产生哪些联想呢？

a. 火车为了安全，需要有运行的时间表。

b. 火车的发明，应用的是空气动力学原理。

c. 火车的速度非常快。

d. 驾驶火车需要训练有素的专业人员。

e. 特殊基础设施，如火车站、铁轨等。

最后，回到要解决的问题上，根据以上线索，产生强制联想，提出解决小区安装集中供热系统的新设想：

根据 a，按每日或每周制订安装供热系统的程序表。

根据 b，在房屋中，供暖设备的设计要应用热力学原理，以减少热损耗（例如：对流）。

根据 c，两套供热装置，一套根据室外气温达到一定温度时提供基本热量，另一套装置按要求使温度提高，如洗澡间的温度。

根据 d，提高供热设备维修和管理人员的业务素质。

根据 e，提供标准的基础安装设施，使安装检修更为便捷。

3）图片联想法例题。

例题：请从图 3-11 和图 3-12 中挑选一张图片，试着通过图片联想法，解决计算机疲劳症的问题。

图 3-11　图片联想（一）　　　图 3-12　图片联想（二）

解题：根据图 3-11

产生的联想	得到的设想
A. 瀑布式的胡子——流动性	A. 可动的椅子，定时提醒做眼保健操
B. 常青树	B. 绿色的保护屏
C. 手杖——声音	C. 定时放音乐提醒休息
D. 遮目	D. 定时播放屏保
E. 腾云驾雾——轻松	E. 定时提醒工作者的疲劳程度
F. 卡通形象——活泼\天真	F. 使用儿童语言编写眼保健操，幽默，童真，听起来心情愉快

根据图 3-12

产生的联想	得到的设想
A. 有支架	A. 设计支架式保护屏
B. 帽子	B. 戴一种帽子可刺激脑部穴位
C. 鸡和鸡蛋	C. 用鸡蛋清来敷眼睛消肿
D. 巧克力颜色	D. 定时黑屏
E. 海螺	E. 多吃海产品
F. 天线	F. 用天线把辐射引出去
G. 蘑菇	G. 养仙人球降低辐射
H. 脚	H. 足疗
I. 天外来客	I. 失重状态——放松
J. 大眼睛	J. 戴防护眼镜

（3）符号展开思考法

1）符号展开思考法的基本原理。

① 技法的要点和特点。符号展开思考法就是为了进行设想的转换，把主题尝试着用图形和符号来浓缩和提炼，以引出设想。也就是利用拓扑学的原理将同胚的事物抽象成一些图形符号，然后根据事物的类似关系，自由地摆脱现实的构想，谋求新的转化的方法。

运用符号进行思考，可以使复杂的东西变得简明易懂，使下一个思考变得容易，由于这些符号的自由联想，刺激直观的功能，诱发新的设想，一般常识所无法想象的概念也能毫不费力地表达出来，从而使前瞻的设想也能充分自由地展开。

② 拓扑学的同胚原理。拓扑学是研究图形在连续变形下的整体性质不变的科学。拓扑学最感兴趣的是图形的位置，而不是它的大小或形状。

同胚是最常见的拓扑性质。以物体上是否有穿透的洞（一个洞为一个亏格）来界定是否同胚。刺鲀和翻车鲀的外形很不相像，但在拓扑学看来它们是相同的事物，都没有亏格。同样的道理，三角形、长方形、圆形、球体、没有锁上的锁头都是同胚的。

符号展开法使用拓扑学的同胚概念，力求实现符号化，使思维得到飞跃。因为，首先，把复杂的东西抽象成同胚的符号，简明易懂，使思考变得容易；其次，同胚事物的抽象能使我们去除一些次要的方面，更注意物体之间的类似与关系（同胚），同时由符号产生联想，摆脱现实的束缚，自由地进行构想和新的组合。

2）建筑实例分析。现代著名建筑大师赖特在其著名作品古根海姆博物馆的设计过程中，用一个在三个向度上都是曲线形的富有流动感的结构（即螺旋形的结构，而不是圆形平面的结构），来包容一个流动的空间，使人们真正体验到空间的运动。其主体的陈列厅是圆筒形空间，高约30m，周围是盘旋而上的层层挑台，外围直径从底层的30m，到顶层的38.5m，逐层扩大。在空间的内部，赖特安排了一个螺旋形盘道，形成一个连续的参观路线，参观时观众先到最上层，然后顺坡而下，参观陈列在挑台一侧墙面上的美术作品。这种流线组织正是实现了赖特多年探求的理论，当人们沿着螺旋形盘道运动时，周围的空间是渐变的，而不是折叠的视景。由此，赖特在古根海姆博物馆的设计中把这种思想抽象为螺旋形的曲线，继而衍生出圆环形、圆筒形等符号，并运用到设计中，结合建筑的功能和结构要求，便产生了焕然一新的建筑形象，其形态和结构组织都开创了博物馆建筑的先河。

法国建筑师保罗·安德鲁在查尔斯·戴高乐机场第一航空港候机楼的设计中，就是从泊机的要求出发，考虑既能巧妙地将旅客分流，又能将大部分的飞机停泊在中央候机楼的附近，于是将平面选择为圆形。在这里，飞机像卫星一样环绕停泊在其周围。在圆形的中心，设置了服务于停车场和旅客流线的楼层以及货物分拣层，建筑高度集中化，将这种功能有效地，同时又复杂地叠合在一起。

从"现代主义"的观点出发来考察这栋建筑，机场可以说是人们用来乘坐飞机的机器，它像是一台吞吐旅客的水泵一样，人们必须赋予这种运动以现实性和合理性的建筑表现。也许是安德鲁研究过数学的缘故，在他看来，圆形的中心是极为重要的存在，一切都收敛在几何中心点上。在这里赋予空间的所有要素都消失了，阳光也难以照射到。通过拓扑学的思考，圆形的中心被虚空化，在这一虚空的空间中，设置有连接各楼层的直线交错的旅客流线。通过这一虚化的中心循环流动，像水泵一样集中和发散的吞吐运动就成为可能。这一中心被称为"井"空间，它为空间导入了阳光和诗意，是航行的象征，隐喻着诞生，它确实是诞生的场所。

安德鲁的另一作品查尔斯·戴高乐机场第二航空港ABCD候车厅也依然是一座从符号出发构思设计的后现代主义建筑作品，椭圆形的平面是它的主要形态特征。之所以采用这种形式，是因为这项工程的建造曾不止一次被石油危机所打断，于是这项工程的建设被分成很多阶段，计划在多年后才能完成。而椭圆形是一种久经考验的组织模式，理论上能被无限重复使用，在处理入境、离境及旅客转运问题上能保证将公路运输和机场设施分离开。因此 ABCD 候车厅以相同的对称设计为特征，通过一个中枢连接，屋顶从内部看像一块巨大的黑色织物有节奏地伸展开来，逐步覆盖整个候车厅，织物上的圆孔使天光流泻而入，材料的选择、光影的变换、开向飞机跑道但又被室内光亮掩盖的大玻璃和室内空间封闭的环形布局，共同为过往乘客创造出一种宁静平和的感觉。

符号展开思考法是一种重要的创造性思考方法，尤其在建筑设计领域，它是图式语言与抽象思考之间相互转换的有力工具。熟练掌握这种方法，将其运用到设计过程中，可以带来更为广阔的思维空间。

3) 符号展开思考法的操作程序。在这种转换技法所借助的各种符号中，拓扑学（相位数学）原理的应用比较典型。下面将使用拓扑学的做法作为进行方法的实例介绍如下：

a) 观看课题，再思考此后想到的符号（就是考虑课题的本质和期待产生什么设想）。

例如：课题是"设计一个广场"，那么，可以这样考虑：如果计划一块硬质铺地和一块软质铺地，在平面构成上可以将这两块地形成两个亏格，抽象成下面的图案：

b) 接着，根据该符号想象出许多与此符号同胚的符号。

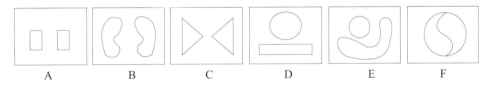

c) 把制作出来的符号逐个画在卡片上，再顺次取出，根据卡片顺序一边看这个图形，一边进行联想，以图形表达出所联想的东西或联想到的结构。例如看到 A 想到电源插座，看到 B 想到嘴唇、磁铁、香肠、双胞胎等，看到 E 想到人、门锁、花蕾、滚珠，看到 F 想到太极、阴阳、男女等。

d) 最后，把由此联想出来的设想和结构作为线索，再应用到先前的课题中去，尝试考虑问题的新方法。

例如：电源插座——→动力的连接和启动

由此想到两块铺地的动线连接。

磁铁——→吸引

由此想到两块铺地的相互吸引，相互呼应，在色彩上采用对比色，使绿地看起来更绿，使暖色看起来更暖，在形状上考虑这种效果。

双胞胎——➤相似、相亲

由此想到设计两块紧密联系在一起的铺地。

花蕾——➤春天、少女

由此联想到设计少女侧脸形状的草地，其余是硬地。

太极——➤阴阳八卦、和谐

由此联想到绿化景观和人们活动（如打太极拳等）的协调。

实际案例

仿生椅

人们将某些生物的形态或功能与椅子联系起来，取得灵感，就产生了仿生椅。这样的家具不但具有原来的功能，还增加了趣味性和可爱性，如图3-13所示。

图3-13 仿生椅

思考练习题

1. 请对以下几组词进行联想，尽量想出多种联系来。

①老鹰——橘子；②天山——电话；③书架——星星；④劳动——拖鞋；⑤小刀——键盘；⑥资料——路灯；⑦电影——水龙头；⑧苹果——手机；⑨北极熊——太空；⑩月球——饮料。

2. 就餐时使用餐巾可以避免洒落的食物污染衣裤，但不能防止污染地面（地毯）。有人曾发明一种胸部装有手风琴式可折叠的围嘴。这种围嘴设计新颖，对儿童十分适用，但给大人使用，不美观，看来传统的餐巾不能丢。你能想办法改进吗？

3. 请在下面列出的事物中随便选择一个作为刺激物，使用焦点法发明或设计新式办公桌。

礼帽、篮球、冰激凌、兔子

4. 运用焦点法为长期伏案工作的人们设计一种防治颈椎病和腰椎病的新式办公桌椅。

5. 请从图3-14中挑选一个作为刺激物，产生联想，解决眼镜易碎又易丢失的问题。

图3-14　刺激产生联想的图片

6. 请从西方古典柱式和拱券中抽象出符号，运用符号展开思考法进行拓扑变换，启发思考，做一凉亭的设计。

3.4　类比型创新方法

引导案例

海鸥侦察机（如图3-15所示）[一]

海鸥是最常见的海鸟，人们一提起海鸟就会很自然地首先想到海鸥。在海边、海港，在盛产鱼虾的渔场上，人们都可以看到成群的海鸥欢腾雀跃，它们有的悠然自得地漂浮在水面上，有的游泳、觅食，有的低空飞翔。它们飞起来就像离弦之箭，在空中直击海面，瞬即又腾空而起，海鸥的飞行本领是有目共睹的。

来自美国佛罗里达州大学的工程师里克·林德（Rick Lind）从海鸥身上得到启发，研制出一种能够在高层建筑

图3-15　海鸥侦察机

[一]　http://it.sohu.com/20081024/n260223983.shtml（2014-8-20）

周围穿越,同时又能俯冲于林荫大道的远程遥控侦察机,适用这种环境的远程遥控侦察机迎合了现代战场的需要。图中林德手拿的侦察机原型,充分利用了海鸥可在肩部与肘部灵活弯曲翅膀的能力特点。笔直的肘部可在最大程度上提高侦察机的稳定性,肘部以下部分则可提高飞机在骤降、俯冲和翻滚时的机动性。

类比一词源于希腊语,含义为"按比例"。古希腊数学家发现,两个尺寸不同的三角形若三条边的比例关系相同,则这两个三角形相似。这种利用比例来发现相似性质的方法,是最早意义上的类比。后来古希腊人又将类比的含义扩展为作用等关系方面的相似性。古希腊著名的哲学家柏拉图曾做过这样的类比:善念之利于学,犹如阳光之利于视。这是一种作用关系的类比。

所谓类比,就是由两个对象的某些相同或相似的性质,推断它们在其他性质上也有可能相同或相似的一种推理形式。

其实,各个领域都存在着可供类比的相似关系,从马克思主义哲学观点看,世界上的一切事物之间,不但具有密切的联系,而且还存在着某种程度的相似性。基于上述观点,类比的方法不仅可以用于同类事物之间,甚至也可以用于不同类的事物之间。也就是说,世界上一切事物之间都存在着应用类比方法的可能性。

最常见的类比就是比喻,如我们常把小孩的脸比作苹果。更高级的类比就是隐喻。隐喻是一种暗含的比喻,比如说人生是个舞台。隐喻是一种心理机理,缺乏具体性,所以几乎是不能言传的,往往通过直接类比、亲身类比、幻想类比、符号类比等具体操作表现出来。

具体来说,类比型创新方法就是将待发明的事物或待解决的问题和已有事物或解决方案进行类比,首先发现已有事物或解决方案的某个属性与将要发明的新事物或待解决问题的属性契合,然后将已有事物和方案中与该属性相关的属性运用到新事物的发明或新问题的解决上。

类比型创新方法的作用原理:

(1)变陌生为熟悉(异质同化)

简单说来就是指把不习惯的事物当成早已习惯的熟悉事物。人的机体在本质上是排斥任何陌生的东西的,思维也是如此。当遇到陌生事物时,人的思维总是设法将它纳入一个可以接受的认知模式中。通过把陌生事物和熟悉事物联系起来,把陌生的转换成熟悉的,人们就能逐渐了解这个陌生事物。

想一想,你如何给老年人解释什么是 MP3 播放器。

"MP3 播放器是由存储器、LCD 显示屏、中央处理器、数字信号处理器构成的一种音乐播放器。"

如果这样解释就糟糕了,老年人肯定还是不明白,现在我们换种说法,MP3 就是比手掌还小的录音机，它还有收音机的功能，这样解释老人估计就能明白了。

变陌生为熟悉，就是将未知的事物通过与已知的事物的联系整合进知识框架中。

人们对火星很陌生，所以人们在认识火星时，会把它和地球进行比较，比如火星上有没有水，有没有大气，有没有生命。

例如，关于宇宙中到底有没有外星人、外星人长什么样等类似问题一直吸引着人类。古今中外的地球人，按照自己熟悉的事物，建构出许多外星人的形象，比如古代有人将外星人描绘成水母的形状，现代人将其描绘成身材高大、长有三头六臂的巨人或者有硕大的脑袋、皱皮肤、凸眼睛、小个子，等等。

变陌生为熟悉可以帮助人们了解问题，查明问题的主要方面以及各个细节。尤其是当面临一个新问题时，在这一阶段，人们将借助于分析，设法将陌生的事物进行分解，尽可能地将之与以前所熟悉的事物相联系，从而达到理解问题的目的。

但仅仅理解了问题，对于解决问题，尤其是创造性解决问题还是不够的。创造性解决问题往往需要对问题本身有新的解读和看法，独特的视角带来独特的方案，因此我们还要设法变熟悉为陌生。

(2) 变熟悉为陌生（同质异化）

变熟悉为陌生就是有意识地用全新的方式方法分析和解决问题，将熟悉的事物看成不熟悉的，也就是试着从新的角度，甚至要改变、逆转通常世人认为可靠、熟悉的观察问题和解决问题的角度和方式来看待事物或问题。

比如一块磁铁和曲别针相吸，我们通常会把它描述为磁铁把曲别针吸了过来，但从另外一个角度看，我们也可以说是曲别针紧追着磁铁，这就是在用一种新的角度和方式看待一个熟悉的问题，即变熟悉为陌生。

当你对一件事物十分熟悉的时候，从另外一个角度讲也就说明你对某一事物的想法固化或僵化了，要想对该事物提出新的看法，必须设法将熟悉的事物转变为陌生的。

变熟悉为陌生，就是从新的角度和方式来看待熟悉的事物，从而产生新奇感受。比如说，通常我们将橡皮筋视为能够拉伸的绳子，那么如果把它看成能够缩紧的绳子，它会不会有什么妙用呢？光盘，我们通常都会将它视为存储媒介，如果单从其塑料质地的角度看，它还能有什么用呢？巧克力是无可争议的美食，那么如果把它看成玩具呢？

转换惯常的视角，用新的视角和方式看事物，会发生什么呢？

橡皮筋：能够拉伸的绳子——能够缩紧的绳子

光盘：储存媒介——塑料制品

巧克力：食物——玩具

如果这样思考，给我们的感觉就是耳目一新的，而新颖性正是基于从新角度来解读的。所以说，变熟悉为陌生的一个非常重要的作用就是启发我们进行创新。比如问大海为什么是蓝色的，中学生只会给你一个非常标准的答案：阳光射到海水上时，由于海水对红、黄色光进行选择吸收，而对蓝、紫色光强烈散射、反射，因而海水看起来呈蓝色，但是学龄前儿童却会给出各种各样充满想象力的答案。

3.4.1 直接类比法

1. 直接类比原理

直接类比的思维过程分为两个阶段。第一阶段，把两个事物进行比较；第二阶段，在比较的基础上推理，即把其中某个对象有关的知识或结论推移到另一对象中去。

飞行器自动控温系统的发明过程经历了观察、分析、推理、类比、模仿等多个环节（如图 3-16 所示），但是核心的方法是类比。许多发明来自于捕捉与所解决问题类似的情境，然后将该情境中有用的原理直接类推到要解决的问题之中，这就是直接类比。

图 3-16 飞行器自动控温系统发明过程

科学史上，有不少科学家应用类比方法提出重要的科学假说，有力地促进了科学的发展，也有的科学家应用类比方法获得了科学发现和技术发明。如德布罗意和薛定谔根据光学中的费尔马原理与经典力学中莫泊图原理的相似性，从光具有波粒二象性类推出物质粒子也具有波粒二象性，建立了波动力学。

运用直接类比法，主要通过描述与创造发明对象相类似的事物、现象，去形成富有启发的创造性设想。直接类比是事物之间的类比，在技术发明中最经常使用的思路是将创造对象与其他事物进行类比。人类从动植物获得灵感的直接类比方法，又叫仿生法。雷达、飞机、电子警犬、潜水艇等科技产品都是模仿生物体的结构和功能而发明的，所以又叫结构模拟法和功能模拟法。

2. 直接类比的种类

（1）外形类比

为迎接 2008 年北京奥运会，国家游泳中心启动了"水立方"设计方案（如图

3-17所示）。该方案由中国建筑工程总公司、澳大利亚 PTW 建筑设计事务所、ARUP 澳大利亚有限公司联合设计。

这个看似简单的"方盒子"集中体现了中国传统文化和现代科技的融合。在中国文化里，水是一种重要的自然元素，能激发起人们欢乐的情绪。国家游泳中心赛后要成为北京最大的水上乐园，所以设计者针对各个年龄层次的人，探寻水可以提供的各种娱乐方式，开发出水的各种不同的用途，他们将这种设计理念称作"水立方"。希望它能激发人们的灵感和热情，丰富人们的生活，并为人们提供一个记忆的载体。

图3-17　国家游泳中心"水立方"

为达到此目的，设计者将水的概念深化，不仅利用了水的装饰作用，还利用了其独特的微观结构。基于"泡沫"理论的设计灵感，他们为"方盒子"包裹上了一层建筑外皮，上面布满了酷似水分子结构的几何形状，表面覆盖的 ETFE 膜又赋予了建筑冰晶状的外貌，使其具有独特的视觉效果和感受，轮廓和外观变得柔和，水的神韵在建筑中得到了完美的体现。

（2）结构类比

航天飞机、宇宙飞船、人造卫星等太空飞行器，要进入太空持续飞行，就必须摆脱地心引力，这就要求运载它们的火箭必须提供足够大的能量。

为了使太空飞行器达到第二速度，运载火箭就必须提供相当大的推力。因为运载火箭上带有推进剂、发动机等沉重的"包袱"，如果飞行器自身重量轻，也就可以大大减轻运载火箭身上的"包袱"，也就能使太空飞行器飞得更高、更远。为了减轻飞行器的重量，科学家们绞尽脑汁，与太空飞行器"斤斤计较"。可要减轻重量，还要考虑不能减轻其容量与强度。科学家们尝试了许多办法都无济于事，最后还是蜂窝的结构帮助科学家解决了这个难题。

大家都知道，蜜蜂的窝（如图3-18所示）都是由一些一个挨一个、排列得整整齐齐的六角小蜂房组成的。18世纪初，法国学者马拉尔琪测量到蜂窝的几个角都有一定的规律：钝角等于109°28′，锐角等于70°32′，后来经过法国物理学家列奥缪拉、瑞士数学家克尼格等人先后多次的精确计算，得出：消耗最少的材料，制成最大的菱形容器，它的角度应该是109°28′和70°32′，和蜂窝的结构完全一致。

蜂窝的这种结构特点不正是太空飞行器结构所要求的吗？于是，在太空飞行器中采用了蜂窝结构，先用金属制造成蜂窝，然后再用两块金属板把它夹起来就成了蜂窝结构。这种结构的飞行器容量大，强度高，且大大减轻了自重，也不易传导声音和热量。因此，今天的航天飞机、宇宙飞船、人造卫星都采用了这种蜂窝结构。

图3-18 六角蜂窝

（3）功能类比

蚂蚁（如图3-19所示）在外出寻找食物的时候，就会时不时地返回蚁巢重新调整导航系统以防迷路。蚂蚁不但通过路标来确定方向，还拥有一种名为"路径整合器"的备份系统。该系统会对走过的距离进行测量并通过体内的罗盘不时地重新测算蚂蚁所在的位置。这使得蚂蚁即便离开巢穴走过跟迷宫一样的路时，也能找到直线返回巢穴的路径。

科学家利用这一理念制造出更智能的机器人（如图3-20所示）。苏黎世大学的马库斯·克纳登教授指出，如果从蚂蚁那里学到路径整合以及识别路标的知识，就能将这些应用到自动化机器人身上。其中包括在重要位置重新设置调整导航系统。这能使机器人在辨别方向上的性能更加可靠。

图3-19 蚂蚁

图3-20 智能机器人

3. 使用类比解决问题的程序

第一步，根据要解决的问题，想一想世界上还有什么事物与要解决的问题具有同样的功能。

第二步，那个事物的功能是如何发挥的（原理）。

第三步，运用那个原理到要解决的问题中。

第四步，完善这个设想。

例题：老鼠是人类的敌人，人类常用的灭鼠方法是用鼠夹。但旧式的鼠夹响声太大，老鼠们不会轻易靠近鼠夹。所以需要发明一种无声捕鼠器。

解答：因为无声捕猎只能发生在动物、植物界，无生命的世界还谈不上捕猎。

第一，寻找能满足这种需要的动物和植物。

想一想，什么生物能无声地捕猎？青蛙、蛇、蜘蛛、壁虎、猫、蝙蝠、猪笼草、狸藻、毛毡苔……

第二，弄明白其中的原理。

这些生物无声捕猎的原理是什么？青蛙靠舌头卷、蛇靠蛇信子一伸一缩、壁虎靠变色善于伪装、猫靠脚上的肉垫、蝙蝠靠特殊的超声波系统、蜘蛛靠网粘住猎物、猪笼草靠蜜液引诱昆虫、狸藻靠茎上小囊口倒生的刚毛使小昆虫只能进不能出、毛毡苔靠叶上分泌的带有甜味和香味的黏液……

第三，模仿这个原理提出设想。

借用上述原理提出方案：设计入口处有倒刺的捕鼠器；设计活动门略长于门框，老鼠只能进不能出的捕鼠器；发明既能分泌香气引诱老鼠，又能粘住老鼠的捕鼠器；发明利用超声波技术捕鼠的工具……

第四，完善这个设想。

3.4.2 亲身类比法

美国学者鲍勃·麦金和比尔·威波兰克提出了一种培养学生想象力的方法，叫作"苹果之旅"。该方法在美国斯坦福大学视觉思维课程上进行了试验，收到了很好的效果。该方法的主要环节如下："首先，闭上眼睛，放轻松……你刚吃进去的苹果，现在正在你的消化系统中消化。苹果变成了你。想象你就是刚才被吃进去的苹果。想象你长在一棵苹果树上。深吸一口气，呼出来。呼气时，把所有的紧张统统松弛下来，让所有的杂念沉寂下去……你感觉到温暖的阳光照在皮肤上，柔和的轻风吹拂着，天空湛蓝，阳光渗入到你——苹果的身体里，感觉妙极了。你可以听见树叶被微风吹得沙沙作响，闻到渐渐成熟的苹果的甜甜香气。你成为大自然的一部分，感觉真好……"

这一试验使许多参与者深有感触：当你的身心随想象融入大自然脱离了固有的躯体后，随所遇而成形，你会感到你的思维无比自由，感观无比清新，你仿佛活跃在无比宽广的奇幻世界里，身心无比舒坦。

在这个训练想象力的试验中，要求学生把自己比作苹果，就是运用的亲身类比法。

当人们研究一个发明对象时，会把已经知道的物品或曾经看到的某种现象同正在研究的对象联系起来,加以比较,从中得到启发。这种把某一事物的原理类推到另一事物上,或者是模仿和借鉴某种技术解决现在的难题,这就是类比。

亲身类比,又称拟人类比,即把自身与问题的要素等同起来,从而帮助我们得出更富创意的设想。在这个过程中,人们将自己的感情投射到对象身上,把自己变成对象,体验一下作为它会有什么感觉。这是一种新的心理体验,使个人不再按照原来分析要素的方法来考虑问题。

1. 亲身类比法的特点

世界上的事物尽管千差万别,但并非杂乱无章的。它们之间存在着某种程度的对应与类似。如果我们能善于在异中求同、同中见异,就可得到创造性的成果。

SCUM 在这里用来指那些无以为形、无以名状的泡沫多元聚酯胶。一个人如果变成它,会有什么感觉呢?这个人会觉得:我(SCUM)是残渣、底层泡沫,会快速成型。外形就像电影《异形》中的外星生物一样,会令人厌恶,让人躲避;也会像病毒吞噬细胞一般令人恐惧。如果使用鲜艳的色彩进行装饰,也是非常可爱的。如果把我打扮成毛茸茸的动物,小朋友一定会喜欢我。

图 3-21 是设计师杰斯基的个人创作,看过 SCUM 的人往往无法在恶心或喜爱之间做决定。它让人联想到一切令人不愉快的分泌物,但是它那明亮的色彩和幽默的造型(有时像水母,有时像垃圾山)却又让人忍俊不禁。同时还能从中读到那种街头痞子特有的不屑和挑衅,游戏般强调瞬间的本能,以及一个艺术家对造型的精密考虑。设计师创作时,以"我就是它"会给看见它的人什么感觉的心态来塑造,便是运用了亲身类比。

图 3-21 装点后美丽的 SCUM

运用亲身类比,最简单的做法是问"假如我是它……",这是一种移情,又叫拟人化。即把要解决的问题、面对的事物人格化,使无生命的东西有了生命。

比如,"假如我是铅笔,我想变成什么?"把自己比作铅笔,想象一下自己的感受,这样的体会过程使设计师对铅笔产生不同以往的看法,设计师说"我想让自己变成项链""我想让自己变成一把锁""我想让自己变成麻花",于是,一连串的创意像喷泉一样涌出。要记住，这些精美的设计都来自"假如我是它……"这样的思考能激发人的情感，启发人的智慧，促使人提出独特的设想和解决问题的方法。

所以，在创造发明中，如果我们能有意识地用自我欺骗的方式，通过拟人化、移情，把自身的性格、情感、感觉与课题对象（或问题因素）等同起来，这就是亲身类比。亲身类比使我们看问题的角度变了，感受也不一样了，从中获取关于对象（或问题因素）的全新感受和深刻见解，帮助我们最终产生创造性设想。

拟人类比，在我国的典籍中屡见不鲜。《易经》的"天行健，君子以自强不息"就是一种天人合一、万物一理的拟人类比。文学艺术中的拟人类比更是随处可见，例如把祖国比作母亲，把美丽的姑娘比作鲜花。科学上，拟人类比的例子也是不胜枚举，如凯库勒在梦见一条蛇咬住自己的尾巴后，提出了苯分子环状结构理论。

还有设计机械装置时，常把机械看作人体的某一部分，进行拟人类比，从而获得意外的收效。如挖土机的设计，就是模仿人的手臂动作：它向前伸出的主杆，如同人的胳臂可以上下左右自由转动；它的挖土斗，好比人的手掌，可以张开，合起；装土斗边上的齿形，好似人的手指，可以插入土中。挖土时，手指插入土中，再合拢、举起，移至卸土处，松开手让泥土落下。这是局部的拟人类比，各种机械手的设计也是如此。整体的拟人类比，就是各种机器人的设计。这种拟人类比还常用于科学管理中，比如把某工厂的厂办比作人脑，把各车间比作人的四肢，把广播室比作嘴巴，把仓库比作内脏等，从而按人体的正常活动管理全厂。这样就能及早发现问题，实现协调有序的管理。

2. 亲身类比使用程序

1）把自己比作要解决的问题（移情），或让无生命的对象变成有生命、有意识的（拟人化）。

2）变换角度后，你就是它，它就是你，产生新的感受和看法。

3）根据上述感受提出新的解决办法。

4）恢复到原来的状态，评价设想的可行性。

曾有一家工厂要改进原来生产涂料的配方，使涂料能更好地黏附在白灰墙的表面上。但试验了许多配方都不理想。一位技术人员用亲身类比法提出了解决问题的方案。

他想：我是一滴涂料，刚刚被涂到白墙的表面上。我喜欢白灰墙的表面，因为我知道，我只能在这里为自己建造一个临时住所。但我处于恐慌之中，因为我在跌落、跌落……我试图挤到墙里面去，我就要被杀死了！我用我的手去抓一个像样的支撑物，但我在滑落，越来越快！我不能抓到支撑物了……

经过这样的亲身类比后，他又重新回到了现实的自我状态中，知道了涂料需要有一双有渗透力、能"插"到白灰墙里的"手"，实际是意味着涂料里应有一种溶剂，既能与结合力差的白灰相结合或渗透到其中去，又能使涂料随着结合渗透进去。

他根据上面的思路,终于试制出一种渗透性很强的新型涂料。

练习: 某罐头厂要设计一种榨果汁的机器。试用亲身类比法,提出设想。

解题: 工厂的技术人员在提出设想时,运用亲身类比法,把自己设想成橘子瓣中的一个小液泡,然后问自己,"我怎样才能从包围我的胞壁中跑出去呢?"从而得到一些有趣的想法。

甲说:气球里的空气是怎样跑出去的?使劲挤压,把气球压破了,空气就跑出来了。那么,谁来挤压我呢?可以找一个重大的砣压在我身上,"啊!好重呀,我都喘不上气了。"只能换种方法了。

乙说:把包围我的胞壁冻一下,它变脆了,一碰就破,我就跑出来了。不过这样容易把我也冻坏。

丙说:用绳子拴个石头,抓在手里,在头上转几圈,一松手,小石头就飞了。如果也给我这样的离心力,就像从背后推了我一把,帮我冲破胞壁的包围跑出去。

罐头厂采用了丙的设想,设计了离心式榨果汁机。

练习:体验挫折

按照下面的描述去做,完成练习。

你需要一把塑料小勺和一盒火柴。点燃一根火柴烧这把勺子,直到有轻微的弯曲及形状改变。让勺子冷却变硬。现在点燃另一根火柴,再烧这把勺子。但这次,你要试着把它变回原来的形状。

现在,想象你就是这把塑料小勺。你有许多朋友——一些另外的塑料小勺。在你被制造的那个工厂里,你结识了它们。突然有一天,你被带离,有人已经点燃了一根火柴,并且把你放在火焰上。你努力收缩、弯曲,试图从火上躲开。火伤害了你10s后,就被拿开了。你的身体冷却下来。正当你开始去放松时,你发现你无法伸直你的脊背。

当你认识到你已经被弯曲了那么多,以至于无法再伸直时,你的感觉如何?

高热使你弯曲和瘫痪。他们把你扔回到其他的塑料小勺之中。你看上去不同了,因为你跟它们的形状不同了。现在你怎样与你的朋友相处呢?

尽管你已经弯曲变形,但至少你变得个性化了。在你被烫之前,你同其他的塑料小勺几乎一样。现在你不同了。你愿意同所有其他塑料小勺一样,还是愿意看上去与众不同?

你再一次被带离。你是硬的,弯曲变形的。无论你怎样努力都无法伸直。另一根火柴已经点燃,你的身体再一次被烧烫。你无法拉回你的身体,使其看上去像从未被烧过一样。这个失败对你有什么影响?

那么你明白了如何成为它,最重要的是感觉和行为。现在你自己试着去成为它。按你的办法去感觉、去行动,成为一把小勺。没有两把相同的小勺。你这把小勺要有你自己的个性。

你知道海伦·凯勒的故事吗？比一比，她和小勺是一样的吗？经历了这样的心理历程之后，想一想自己在成长过程中受到打击后曾有什么表现，那么现在你认为该怎样正确地对待挫折呢？

3.4.3 幻想类比法

幻想类比就是将幻想中的事物与要解决的问题进行类比，由此产生新的思考问题的角度。例如，要设计能自动驾驶的汽车，人们想到神话中用咒语起动地毯的故事，由此启发人们运用声电变换装置实现汽车的自动驾驶。

1. 幻想类比的创造机制

借用幻想、神话和传说中的大胆想象来启发思维，在许多时候是相当有效的。在这里，首先要强调的幻想类比只是运用幻想激发想象力。幻想就像帮助我们过河的垫脚石，只是一个工具，幻想并不是我们马上要实现的目标。

幻想类比在设计中的应用往往会得到奇异的效果，如儿时看过《一千零一夜》，是否憧憬着拥有一块阿拉伯飞毯？现在你所看到的这块毯子虽然不能真的带你飞腾起来，但你却可以随心所欲地使用它。具有高度功能性和互动性的坐垫地毯（如图3-22所示）为喜欢席地而坐的人们提供了选择的乐趣。它的背面有三个互相独立的气囊，使用附带的充气装置，你可以通过调整气囊中的空气容量来改变它的外观，当然一切都是为了使你感到舒适。有了这种自选的随意性，可能也会为最挑剔的人所称道。

图3-22 坐垫地毯

2. 运用幻想类比的操作步骤

1) 根据要解决的问题，想一想有什么幻想故事和传说。
2) 这个故事和传说中使用了什么新奇的想法。
3) 根据上述想法受到启发，提出新的解决办法。
4) 评价设想的可行性。

尝试解决看似不可能实现的理想状态，也需要幻想类比。

建筑师幻想当屋子主人离开屋子时，住宅屋面会自动关闭，在周末屋子主人回来时，又会张开，怎样解决这个问题呢？

郁金香因阳光作用会自动地绽开和闭合，自动化的车库大门也能做到自动开启。

牵线木偶也能在人的控制下，做各种动作。建筑师想：如果有一个小人国里的人帮助自己开启门窗该有多好啊。

最后，建筑师从牵线木偶那里借鉴灵感，使用绳索和滑轮来升降百叶板。升降体系做成重量均等，因此在平台上的人体就可以掀起屋面，屋面降低时，平台升到原位。平台的开、闭使用弹簧闩固定。

3. 幻想类比法运用案例

著名哲学家艾赫尔别格曾经对人类的发展速度有过一个形象的幻想比喻。他指出，在到达最后 1km 之前的漫长的征途中，人类行进的道路十分艰难崎岖，虽侥幸穿过了荒野和原始森林，但对周围的世界万物茫然一无所知。只是在即将到达最后 1km 的时候，人类才看到了原始时代的工具和史前穴居时代创作的绘画。他接着描绘道，在最后的赛程里，人类看到难以识别的文字，看到农业社会的特征，看到人类文明刚刚透过来的几缕曙光。离终点 200m 的时候，人类在铺着石板的道路上穿过了古罗马雄浑的城堡。离终点还有 100m 的时候，在跑道的一边是欧洲中世纪城市的神圣建筑，另一边是"中央之国"的四大发明的繁荣场所。离终点 50m 的时候，人类看见了一个人，他正以创造者特有的充满智慧和洞察力的眼光注视着这场赛跑——他就是达·芬奇。剩下 5m 了，在这段最后冲刺中，人类看到了惊人的奇迹，电灯的光亮照耀着夜间的大道，机器轰鸣，汽车和飞机疾驰而过，摄影记者和电视记者的聚光灯使获胜的赛跑运动员眼花缭乱……

在这里，艾赫尔别格运用了丰富的幻想类比，将漫长的人类历史即所谓的"最后 1km"栩栩如生地展现在人们面前。

练习：思维游戏

回答下列问题，不要认为它们荒唐，有时新的设想也许就产生在这样的思维游戏中。

1）如果沙漠中的沙子是钻石，沙漠中的绿洲会是什么？
2）如果人是汽车，遗传将控制哪些东西？
3）如果房子是云，闪电会是什么？
4）如果电来自老鼠，你会怎样使用这种能源？
5）机械蜜蜂会在什么样式的空间中生活？

3.4.4 符号类比法

符号类比法就是通过逆向思考、浓缩矛盾等技巧，在抽象的语言（符号）与具体的事物之间反复建立新联系，从而从原有的观点中超脱出来，得到丰富、新颖的主意的方法。

符号类比运用了两面神思维：对立事物的结合预示着矛盾，而且是自相矛盾。在科学研究中，碰到这种矛盾对立的现象，却往往预示着将会有新的突破。

1. 浓缩矛盾的技巧

矛盾就是指对立的事物和概念，如冰雪和火山，冷酷和热情。浓缩是指抽象的概念、词语、符号。符号类比中的"浓缩矛盾"（Compressed Conflict）或称"简约反差"，即用精炼的、紧凑的、利落的语言形式去表达相互对立的、矛盾的属性。比如，"粗心的担忧""痛苦的微笑""笔直的弯曲""摇摆的稳定"，等等。

莎士比亚在一幕悲剧中使用了短语"被俘虏的胜利者"，以描写一个靠魔鬼帮助而取胜的人却是自己的罪恶的俘虏。科学家们使用浓缩矛盾来进行"安全攻击"，给了法国科学家巴士德（Pasteur）一个启发，他通过给病人注入少量的病菌去阻止病人的病情恶化，因为人体会变得适应那些病菌。用小病去替代死亡，这就是"安全攻击"。

掌握浓缩矛盾的技巧有什么重要的意义呢？那就是学会一种两面神思维方式，去解决复杂的问题。

这种浓缩矛盾的基础训练从两个方面展开：

一方面，从抽象概念到具体事物。训练从浓缩矛盾的词意中联想具体的事物。一个缩简的自相矛盾词能描述不止一个事物。例如，"庞大的精确"能形容一头大象用鼻子捡起一粒花生。同样的词，又能形容一架巨大的电视接收系统或一台大型计算机。这完全取决于人们如何利用自己特别的大脑去想象它。

另一方面，从具体事物到抽象概念。训练由具体的事物概括出一个矛盾短句。用矛盾短语概括事物的方法，是先找一个词，概括你要解决的问题，再寻找这个词的反义词，把它们组合在一起。比如你要解决的问题是打公用电话不卫生的问题，就要用一个抽象的概念概括这个问题，就是"肮脏"。

摆弄词组之所以能够产生新的设想，就是因为语言本身也是一个"陈旧的隐喻"的巨大储藏库。它的丰富的内涵可以通过各种方式得到扩展和挖掘。例如英文"电"这个词就来源于古希腊文琥珀。因为电的首次产生是同皮毛与琥珀的摩擦相联系的。19世纪因电磁理论的发展及电力技术的运用，又使电这个词包括了震颤或激起麻感的含义。所以，只要我们仔细琢磨每个词意的来历，就会有许多深藏的东西可供发挥。

自相矛盾在创造性思考过程中具有重要作用，因为它能同时容纳两种不同，甚至对立的见解。实际上，正是这种情况会刺激人们走出狭隘的思维轨道，迫使人们对已有的假设产生怀疑，从而带来科学上的重大突破。有人曾在无意中听到著名物理学家玻尔在处理难题时说："我们遇到自相矛盾的问题，真是棒极了，现在我们有希望获得一些进展了。"

2. 符号类比法的具体操作程序

运用两种技巧解决问题。

1）从具体到抽象，把要解决的具体问题用抽象的概念表达。

2）找到它的反义词，把两者联系在一起就构成了矛盾短语。

3）从抽象到具体，玩弄词句，受这个矛盾短语的启发，联想到其他具有这种对立性的事物。

4）通过大量列举，发现有价值的对象，分析其原理。

5）借助其原理，产生直接类比，形成新的解题方案。整个过程是以符号（主要是语言符号）为中介的类比，因此叫符号类比法。

在创造中，我们如果有意识地运用这种矛盾词语组合的"符号类比"方法，一定会开阔思路，独辟蹊径。

例题：运用符号类比法，创造新的建筑房屋和架桥的方法。

第一步，哪些动物或植物会建屋架桥？

第二步，分析它们建屋架桥的方法。

第三步，用对立矛盾的词来形容这一过程。

第四步，选择其中一组词，由这组词产生新的联想——还有什么事物符合这组词所描写的状态。

第五步，运用动植物的这一原理，发明一种新的房屋或桥梁。大胆运用，不要怕荒唐。

第六步，修改、完善设想，使设想变得可行。

解答：

A. 伸缩桥

第一步，想到非洲和澳大利亚的白蚁，能用泥土筑成几米高的塔形的巢。

第二步，它们建屋架桥的方法：白蚁先堆起两根下粗上细的泥柱，再推动泥柱的顶端，使两个柱头粘在一起，如此反复工作，便堆成一个大土堆，再把土堆加高，就形成了塔。泥柱连接后成拱形结构，符合力学原理，负荷量大，结实。

第三步，由泥土的特点和建成后的拱形结构的特点想到柔软的坚硬；由泥柱连接前后的特点想到直立的弯曲。

第四步，选择"柔软的坚硬"，由此联想到软体动物的触角，虽然很柔软，却不易受到伤害，原因在于受攻击时，触角能很快地收缩；安全时，又能伸出来。

第五步，运用动植物的这一原理，发明一种类似于天线那样的可收缩式房屋。由数节渐次变细的钢管和配件连在一起，不用时可收缩。

第六步，修改、完善设想。考虑到建屋的过程可能横向展开，也可以纵向展开，设计能与主结构连接的墙板、楼板和相应部件，收缩屋作为一种可移动式建筑，是固定式建筑的补充，既可独立，也可附加在固定式建筑上，因此还要考虑固定方式和连接方式的设计（如图3-23所示）。

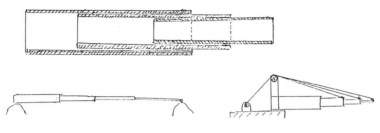

图 3-23　收缩房屋

第七步：画出图并建造模型。

B. 汽车桥

第一步，联想到猴桥，众多猴子互相抱紧，从一棵树到另一棵树，那么由一个猴子来采集树冠边的水果时，就可便利地享受水果。

第二步，这种桥的诀窍在于每个猴子用自己身体的拉力和扭力来形成一个悬索结构的桥梁。

第三步，用矛盾的词来描述这种桥，就是"费劲的便利"，猴子搭桥很费劲，但采水果很便利。

第四步，通过"费劲的便利"想到更多同时具有这样对立性质的事物，如驯养信鸽（驯养信鸽的费劲和信鸽能送信后得到的便利）；鲸鱼捕食（张开大嘴巴费劲地等待食物的到来，突然闭上嘴巴，就便利地得到了大量食物）；多米诺骨牌（费劲地搭起后，轻轻一碰一下子全倒了）。

第五步，由上述事物想到发明一种汽车桥。

在各辆汽车前后都装上凹凸装置，能使很多车连成一条长龙，产生不弯曲、不打折的整体效果。这样在过河和过洼地时，就由后面轮子着地的汽车来推动前面的汽车。前面的汽车到了彼岸后，又用拉力把后面的汽车拉过去。

第六步，修改设想。

第七步，把设想画出来或做出模型（如图3-24所示）。

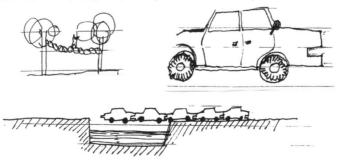

图 3-24　汽车桥

实际案例

蝴蝶的鳞片

蝴蝶（如图 3-25 所示）不仅给人们带来美的享受，更重要的是，它还给科学家以有用的启示，解决了航天领域的一大难题。

这件事说来十分有趣。人类发射的人造地球卫星，在太空飞行时会受到太阳光的强烈辐射，向阳的一面温度往往高达 200℃，而背阳的一面温度却下降到 -200℃。这样，卫星上装置的各种精密仪器、仪表就很容易被"烤"裂或"冻"裂。科学家对此大伤脑筋。后来，他们发现了蝴蝶的鳞片可以巧妙调节体温的作用；当太阳光直射时，鳞片会自动张开，以降低太阳管的辐射温度，从而少吸收太阳光的热能；当外界气温下降时，鳞片又会自动闭合，紧贴体表，使太阳光直射身上，以便吸收到更多的热量，因此它能将自己的提问始终控制在一个正常的范围内。就这样，科学家模仿蝴蝶鳞片的原理，为人造卫星设计了一种控制系统，从而圆满地解决了这个难题（如图 3-26 所示）。

图 3-25　蝴蝶

图 3-26　太空飞行器

实际案例

进化小人橡皮擦（如图 3-27 所示)[一]

这款橡皮擦组合借用了经典的人类进化图造型，设计师还对它们进行了立体设计，让橡皮小人的形象更加逼真。

图 3-27　进化小人橡皮擦

[一] http://www.patent-cn.com/2011/08/08/55393.shtml#more-55393 ［2011-8-24］

思考练习题

1. 先做以下练习，要努力使自己的思维活跃起来，情绪也变得兴奋起来。

   A. 哪种机械的东西，动作像一条发怒的蛇？

   B. 哪种动物的行为像送货车？

   C. 你认为哪种动物像蒸汽挖土机？

   D. 你认为哪种生物曾给发明瓦的人以启发？

   E. 早期的人跟哪种动物学会了愤怒？

   F. 在自然界中，我们应该向哪种动物学习忍耐？

   然后试着解决下面的问题：特警队员专门执行艰巨危险的任务，可是他们穿的鞋很普通。现在请你发明一种新型鞋，能使他们在爬高执行任务时更安全。你可以设想：平时，这双鞋一点也不妨碍走路；当爬到高处时，这双鞋还能让人站得特别稳固，甚至能倒立着工作！想一想，哪些动物和植物爬在高处时也很安全呢？

2. 想象一下，假如你是一辆洒水车，你会有什么感觉？你能否从中受到启发，改进现有的洒水车呢？

   记住：使用"假如我是它，我会……"

3. 为了防止汽车被盗，人们想出了很多办法，如上锁、送存车处、安放报警装置，等等。假如你就是汽车，自己被盗，你会有什么感受？你会怎样与小偷周旋，由此得到灵感，能想出更简便易行的方法吗？

4. 假设让你设计一个供市民休闲的广场，面积大约有 $800m^2$。

   《格林童话》中有一篇《水妖》的故事，讲的是一个男孩和女孩在井边玩，不小心掉到水井里，被水妖捉去做苦力。孩子们忍受不了，连夜逃跑。没走多远就看见水妖追上来了。女孩朝身后扔了一把刷子，那刷子立刻变成了一座布满了成千上万根刺的大刷子山，水妖得费好大的力气才能爬过这座山，但她最终还是爬过去了。看到这情景，男孩朝身后扔了一把梳子，那把梳子变成了一座布满成千上万个尖齿的大梳子山，水妖却懂得抓牢尖齿往上爬，最后竟爬过去了。这时，女孩朝后面扔了一面镜子，那面镜子变成了一座非常光滑的镜子山，太光滑了，水妖竟没法爬上去。

   以这些情节为线索，用幻想类比的方法，提出有关广场设计的新设想。

5. 请你造一个矛盾短句去形容一只狮子。首先想象你是一只狮子，正在丛林中寻猎。你没出一点声音，悄悄地接近你的猎物——一头个头跟你差不多的小鹿。然后你猛扑上去杀死了它！

   什么字可以形容你如这只捕猎的狮子？

   再想象你是那只狮子，你的每条神经都那么专注，以至于你甚至没有注意到附近一个拿着猎枪的猎手。

   什么字可以形容你如这只被捕猎的狮子？

   现在把这两个字放在一起组成一个短句，即矛盾短句，形容你为一只狮子时的情形。

这个矛盾短句也许并不像你期望的那样对立。如果有更合适的字，你可以改变、更换短句中的字，直到你认为两个字确实互相对立。

6. 运用符号类比法提出一个有关大学生就业难问题的解决方案。

第一步，列举这个社会问题的现象和矛盾。

第二步，用对立的抽象短语形容这个现象。

第三步，这个短语又能让你想到什么现象？

第四步，从这些现象中受到启发，提出一个非常大胆的想法。

第五步，完善这个设想，最终提出一个切实可行的、解决大学生就业难的问题。

关键在于不要急于提出自己的看法，而要先离开这个问题，从表面不相关的事情中获得灵感。

3.5 系统转化方法

发明创造可分为两大类型，即原理突破型和组合型。原理突破型发明是由于发现了新规律、探索出新技术原理而做出的发明，其突破在于找到了以科学原理物化为技术原理的方法而做出的发明。如内燃机代替蒸汽机，电力代替汽力，晶体管代替真空管等均属于此。组合型发明是利用已有的成熟技术，通过适当的组合而做出的发明。如"CT 扫描仪"的发明，是通过把 X 射线照相装置同电子计算机结合在一起实现的。这两项技术本身都是成熟的技术，并无原理上的突破。但组合为一体后，便可诊断出脑内疾病及体内癌变。而这一特殊功能是原来两项单独技术所没有的。

3.5.1 感官利用法

引导案例

猜猜它是什么？[一]

很明显，这是一只塑料青蛙（如图 3-28 所示），但它可不仅仅是个玩具，它还有一个很古怪的用途。仔细观察它的设计，看看你能否猜到这个古怪的用途。

[一] http://www.patent-cn.com/2007/08/17/5106.shtml#more-5106

它是什么?

这其实是一款用来踩易拉罐的装置:把易拉罐放在青蛙头部下方,然后用力一踩,易拉罐就被踩扁了。当然,其实大部分人不需要这种装置也可以直接踩出相同的效果,不过这款装置的确能够提高一点成功率,而且可以多一点情趣。

人们感知事物需要用自己的感官器官。在创造性解决问题时,人们也可以充分利用自己的感官,从视觉、听觉、嗅觉、味觉和触觉等感觉的变化中,对原有的事物或产品进行改造。这就是感官利用法。

图 3-28 奇怪的"玩具"

1. 利用视觉——颜色、形状变一变

人们不仅欣赏和利用色彩的一般装饰作用,而且创造性地研究、开发和利用色彩的特殊装饰作用和各种非装饰功能,发明新的事物。例如交通信号灯。世界上第一个交通信号灯用的是红色和绿色,红色示意"停止",绿色示意"当心"。过了半个世纪,直到1918年才创造出今天的红、绿、黄三色信号灯。用红色、绿色和黄色分别代表不同的语言来指挥交通,色彩的功能就是非装饰性功能。

利用颜色发明创造新事物,一要研究色彩的成因和原理;二要研究光和色的特点和关系;三要研究色彩同各种事物的功能性关系。

如何让洗浴液多姿多彩起来?

最简单的办法莫过于拥有这样一款多彩洗浴喷头了。这款喷头内置了许多不同的 LED 彩灯,能够点亮喷头。喷头颜色根据水温的不同而变化(如图 3-29 所示)。

利用形状发明创造新事物。书本通常是长方形的,沈阳市某中学设计了形状各异的蝴蝶型的书;传统牙刷是平头的,现在有很多企业生产的牙刷是波浪形的,受到消费者的欢迎。

不少人都有在暴风雨中雨伞被吹翻的狼狈经历,荷兰一家制造商研制出一款外形酷似美军隐形轰炸机的雨伞,可抵挡十级强风,即便大风吹得树倒屋塌,它也"永不反骨",被科学家形容为终极防风雨伞(如图 3-30 所示)。防风雨伞的外形就像美军隐形轰炸机,伞篷采用"前短后长"不对称设计,在保证使用者视线不会受阻的同时,背部也不会被伞面滴下的雨水弄湿。流线型的设计,使防风雨伞的伞面保持干爽;伞骨是铝质的,拿着这种雨伞感觉十分轻巧。

图3-29 彩色洗浴喷头

图3-30 防风雨伞

2. 利用味觉和嗅觉——味道变一变

外出旅行、游山玩水的时候,如果能随时随地喝上几杯酒,这对不少人来说是十分享受的。荷兰

码3-2 彩色洗浴喷头

一家职业学院的5个学生将其变为了现实,他们发明了一种酒精粉末,加水之后就会变成酒,可以说十分方便。这种粉状酒精每包重20g,饮用前,加入适量水,会发现有气泡冒出,颜色变成石灰色,水就变成了酒,酒精含量只有3%。

世界各国的许多发明创造者对香味及其在发明创造中的应用,做了广泛的研究,取得了多方面的成果,创造出许多各种飘香意味的新事物。

任何发明创造都离不开选择,只有经过周密的选择才能决定做什么和怎样做。香味化设计是一种选择性很强的创造方法。设计香味化的新事物必须进行三方面的抉择:① 选择香化对象;② 选择香味;③ 选择香化技术。

选择的最终结果是将香味化对象、香味和香化技术科学地、创造性地融合在一起,出现一件新的香味化事物。香化对象多以生活用品为主,如纽扣、墨水、纸张、风扇、项链、跳棋、钟表、服装、火柴等。非物品的香化对象则有医疗和供销,如美国、德国和日本研究的香味疗法,苏联还创建了世界上第一座主要靠四季不断开放的带有特殊香气的花治病的医院。

船底的藤壶常常影响船的行驶。怎样才能清除它们呢?科学家们想到用杀虫剂清除它们,但杀虫剂有毒,会污染海洋。后来,科学家想出了用辣椒赶走藤壶的主意。他们把一面涂满红辣椒的瓷硅扔进藤壶最猖獗的码头,结果涂了红辣椒的一面什么也没长,没涂的那面却长了很多藤壶。于是科学家有了一项清除藤壶的新发明——用红辣椒做成船底涂料,并把它命名为"藤壶咒"。

3. 利用触觉、听觉——音乐化构思设计

平时过生日,全家人都要聚在一起,喝点酒,举杯庆祝。为了使生日聚会气氛热

烈，改进一下我们常用的酒杯怎么样？利用触觉尝试一下。在酒杯把手上装上触摸开关，只要举起杯子，电子音乐就会响起，全家人和着音乐一起唱"生日快乐歌"，是一件多高兴的事呀！

音乐化构思设计的对象分为两大类：一类是产品，如音乐热水瓶、音乐伞、音乐楼梯、音乐牙刷、音乐花盆、音乐梳子等；另一类是方法，如音乐方法、音乐养殖法、音乐捕鼠法、音乐捕鱼法等。

音乐化构思设计，可从五个方面进行创新。

1）以各种事物作为载体，提供悦耳动听的歌声乐曲，使人心情舒畅。例如，以手套做音乐的载体，在手套的手背部夹层中设置一个超薄型印刷电路板，其中包括发音片、水银电池、振荡集成电路等，手套各手指部均设有矽胶或塑胶碳膜开关。戴上这种手套，用手指按压实物就会发出乐声，而且具有不同音阶，可随时在物体上敲奏出各种旋律。

2）通过音乐代替某种信号或配合别的信号，传递某种消息或特定的指令。例如，钟表报时、广告宣传、压力升降、传递暗语、接近临界线、超过额定负荷等，都可利用某种特定音乐声告诉人们。

3）利用音乐的多种奇异功能为人类服务。例如，国外在 20 世纪 50 年代就开始利用音乐治病。

4）借助音乐调节人的心理，以达到预期目的。例如我国古代就把乐曲当作攻心战术使用，"四面楚歌"这一成语典故就是一个范例。

5）将噪声改变成乐音。例如使机器发出的杂乱刺耳的噪声变成易于被人们接受的乐音；使一串鞭炮爆响成为一曲音乐等。

实际案例

防水 MP3 播放器（如图 3-31 所示）

为了打发泡澡时的无聊，日本 JVC 公司推出了一款适合在浴室里使用的防水 MP3 播放器，这对于爱洗澡的日本人来说无疑是个不错的选择。这款型号为 XA-AW33 的播放器能够漂浮在水上工作，支持 MP3、WMA 等格式的音乐播放，此外还可以支持 FM 收音功能，提供的普通碱性电池则可进行 15h 的音乐播放。XA-AW33 播放器本身的重量为 260g。日本一家公司还推出了一款能够在游泳的时候使用的便携式音乐播放器。

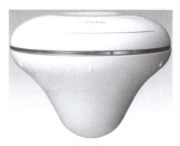

图 3-31　防水 MP3 播放器

思考练习题

从视觉、听觉、嗅觉、味觉和触觉等感觉出发，考虑计算机的设计问题，怎样使计算机更人性化？头脑风暴法的应用范围和适用的问题类型是什么？

3.5.2　要素重组法

引导案例

智能穿戴：专利引爆"私人订制"[一]

戴上一副时尚的眼镜，无须动手操作便可进行视频通话、拍摄照片和录像、上网冲浪或处理电子邮件（如图3-32所示）。这款神奇的眼镜的功能实际上就是通信+微型投影仪+摄像头+传感器+存储传输+操控设备的结合体，这就是被称作可穿戴电脑的设备，苹果、三星即将推出的智能手表也属此类，并成为2014年最吸引眼球的智能电子消费品。

图3-32　谷歌眼镜

日本创造学家高桥浩认为"发明创造的根本原则归根到底不过一条，那就是将信息进行分割和重新组合。"爱因斯坦对组合原理说得更为深刻，"组合作用似乎是创造性思维的本质特征"，可见组合法的重要性。

组合法有多种类型。按组合因素不同，有技术手段的组合、原理组合、现象组合、材料组合等；按组合方式不同，有成对组合、内插式组合、辐射组合、系统组合等；按组合要素性质不同，有同类组合、异类组合等。这里仅介绍几个常用的类型。

1. 同类组合法

（1）同类组合法的创造原理

同类组合法是指两种或两种以上相同或相近事物的组合，特点是参与组合的对象与组合前相比，其基本性质和结构没有根本变化，只是通过数量的变化来弥补功能上的不足或得到新的功能。最简单的同类组合，如装在一只精巧礼品盒中的两支钢笔、两块手表，还有子母灯、双拉链、鸳鸯宝剑、双插座等。

[一] http://gongkong.ofweek.com/2014-02/ART-310045-8470-28780769.html ［2014-8-20］

组合餐具也是运用了同类组合法。中餐在欧美国家颇受欢迎，但是使用筷子却成了他们最头疼的事情。不过有了这样一款名为 Frogetmee 的二合一筷子，或许一切就会方便很多。它的一端是勺子，另外一端是被做成了镊子形的筷子。通过这样简单的组合，可以加强同类产品使用管理上的条理性，也能够加速中餐在全球范围内的推广（如图 3-33 所示）。○

（2）同类组合法的运用程序

1）思考同类组合的效果。任何事物都可以自组，但自组后的效果很不一样。在运用同类组合时，主要追求的是量变引起的质变。

2）解决同类组合的结构问题。同类组合过程中，参加组合的对象同组合前相比，其工作原理和基本结构没有什么变化，并在组合体中具有结构上的对称性。因此，同类组合在连接上是比较容易的。但是对于某些创造性较强的同物自组（如三轴电风扇），可能在结构设计时还会碰到技术难题。这时，同类组合能否成功就取决于创造者解决技术问题的能力。

在文具用品专柜前，我们能看到各种组合文具包装精美，样式各异，品种齐全，可以清晰看见里面装有订书机、剪刀、铅笔、圆珠笔、即时贴等（如图 3-34 所示）。

图 3-33　二合一筷子

图 3-34　组合文具

2. 异类组合法

（1）异类组合法的创造原理

异类组合是指两个或两个以上不同领域中的技术思想或两种以上不同功能的物质产品的组合，组合的结果带有不同的技术特点和技术风格。异物组合实际上是异中求同、异中求新，由于其组合元素来自不同领域，一般无主次之分，参与对象能从意义、原理、构造、成分、功能等任何一个方面或多个方面进行互相渗透，从而使整体发生深刻变化，产生新的思想或新的产品。

这款有趣的概念设计——电视凳（如图 3-35 所示）就是异类组合的产物。它在

○ http://discover.163.com/07/0618/08/3H8ONEAB000125LI.html ［2008-7-20］

凳子的底面设计有一个电视，平时可以像普通凳子一样使用，要看电视的时候将凳子翻过来即可。不过最有趣的是，你可以直接仰卧到地上，把头伸到凳子底下看电视。⊖

图 3-35　电视凳

（2）异类组合的运用程序

1) 首先要确定一个基础组合元素。

2) 根据发明创造的目的，进行联想和扩散思维，以确定其他组合元素。

3) 再把组合元素的各个部分、各个方面和各种要素联系起来加以考虑。这些要素没有主辅之分。

案　例

数码案板

在未来的厨房艺术中，每家每户都将会增添一副新面孔，这就是一款高科技数码案板（如图 3-36 所示）。这块案板上嵌有一块可折叠的液晶显示屏，可以让你边炒菜边看菜谱。从此，你在厨房中就可以随时看着菜谱，变幻出各种美味佳肴。不仅如此，你还可以下载最新的菜谱，每顿都可以尝试新菜式。而这些都将在厨房的方寸之间完成。这款将普通的案板和成熟的数码技术相结合的产物，相信在将来一定会成为家庭主妇的厨房利器。⊜

图 3-36　数码案板

⊖　http://discover.news.163.com/08/0415/10/49IK651B000125LI.html

⊜　http://discover.news.163.com/08/0410/09/495IOJTQ000125LI.html

3. 主体附加组合法

这款创意设计表面看来就是一个普通的吸管，不过它却内置有 LED 灯（如图 3-37所示）。想要开灯，只需要将吸管弯曲即可，直立时则会关闭。由于夜晚比较安静，所以很多人都喜欢在晚上读书学习，尤其是学生，更是乐此不疲。可是由于集体宿舍很容易打扰到别人，所以也就出现了不少针对这部分人群设计的产品。[一]

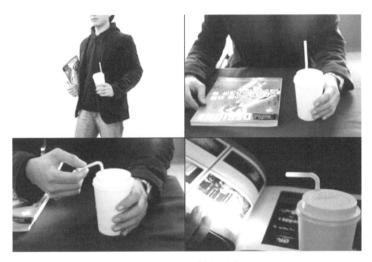

图 3-37 吸管阅读灯

（1）主体附加组合及其特点

主体附加组合是指以某一特定的对象为主体，增添新的附件，从而使新的物品性能更好、功能更强的组合技法。它以一种"锦上添花"的方式，在原本已为人们所熟悉的事物上利用现有的其他产品或添加若干新的功能，来改进原有产品，使产品更具生命力。

有人把栅状钩子分别附加在三个电扇叶片上。在电风扇工作时，就会使空气快速流动。当有蚊子飞过时，就会被吸进叶片中去，并且被挡在栅网上。这就是"杀虫电风扇"。有人对普通手杖进行主体附加改装，使其具有挂杖助行、照明、按摩、磁疗、报警、健身防卫等多项功能。带闪光灯的照相机；安装载物架、车筐、打气筒的自行车；手机附加摄像头增加拍照功能，还可增加其他电子附件使其具备收录、录音等功能，都是运用了主体附加组合技法。

许多产品已得到人们的广泛认可和使用，但人们的潜意识里依然感到这些产品有某些缺陷，渴望它们有更好的表现。例如，叫壶（如图 3-38 所示）的出现，就是迎

[一] http://discover.news.163.com/08/0410/11/495Q66DQ000125LI.html

合了人们这种潜在的需求。它是在传统的水壶的壶盖或壶嘴上多加一个小孔哨，使水壶在水开时能发出响亮的哨音，提醒人们。

运用主体添加法，不仅能搞出"小发明"，也可以实现技术上较复杂的"大发明"。许多重要的优质合金材料，就是在"添加实验"中显露优势的。主体附加组合法的特点：一是不改变主体的任何结构，只是在主体上连接某种附加要素。如在奶瓶上附加温度计，在铅笔上附加橡皮头等。二是要对主体的内部结构做适当的改变，以使主体与

图3-38　叫壶

附加物能协调运作，实现整体功能。比如，为了减少照相机的体积，有人将闪光灯移至照相机腔体内。这种组合不是将闪光灯与照相机主体简单地连在一起，而是将两种功能赋予一种新的结构形式——内藏闪光灯的照相机。

（2）主体附加组合的运用程序

1）有目的、有选择地确定主体。

2）分析主体的缺点或对主体提出新的希望和功能。

3）根据实际需要确定附加物及组合的方案。

主体附加既能产生有用的辅助功能，也可能带来无用的多余功能。在洗衣机上附加定时器，增加的定时功能是有必要的，而在洗衣机上附加一个洗脸盆，对于绝大多数家庭来说则是多余的。因此，采用主体附加进行创造时，一定要考虑有无必要进行功能附加。

练习：手帕与系列词组组合，进行产品设计。

1）沙眼帕。在手帕上滴入含有治疗沙眼药液的软质水，用手帕擦眼，即可治疗沙眼。

2）美容帕。在手帕上滴入混合高级美容液，用手帕擦脸时，可达到美容的效果。

3）癣用帕。在手帕上滴入混合型高级药，还可渗入香精，起到治疗的效果。

4）香水帕。只需注入高级香精即可。

5）棋盘帕。人人需要娱乐。在手帕上印制各种棋盘，便可以给人们的娱乐提供方便。

6）童话帕。童话是开发儿童智力的有效方法。手帕是儿童喜爱且必需的生活用品。在手帕上印制童话连环画，一定会受小朋友们的欢迎。

7）字母帕。学习外语，应从儿童开始。在手帕上印制外语字母、短语、小故事，形成语言环境，加强学习和训练。

8）智能帕。在手帕上印制各种智力开发题。

9）科普帕。收集新的科学知识，印在手帕上，做成"十万个为什么"系列。

10）中学生帕。可在手帕上印制对数表、函数表、时差表、地图、历史年表、铁路图、公路图、航海图、航空图、星座图等。

实际案例

带计算器的方便卷尺（如图 3-39 所示）[一]

图 3-39　带计算器的方便卷尺

这款拉绳式卷尺，非常适合测量曲线距离和复杂路径距离。它不仅配备了方便测量的水平仪，还带有科学计算器。使用时，测量结果可以直接显示在计算器屏幕上，同时，计算器还可以帮助记录三个测量数据，以便直接进行计算。

思考练习题

1. 将下列组合物品分别添入表格中。多头听诊器、会唱歌的杯子、五色圆珠笔、带刻度的剪刀、组合沙发、壁挂式鱼缸、积木、太阳能手提包、按摩椅、电脑版冰箱、带收音机的台灯。

组合方式	发明示例
同类组合	
异类组合	
主体附加	

[一] http://www.patent-cn.com/2011/08/18/55643.shtml#more-55643　[2011-8-24]

2. 将下列事物进行任意组合，看看是否会产生新的发明。

计算机、自行车、眼镜、电磁炉、水性笔、手机、耳环、运动鞋、橱柜、床、飞机、电梯、书包

3. 以门为主体，增加新的附件，提出尽可能多的新设想。

3.5.3 省略替代法

引导案例

透明口罩（如图 3-40 所示）[一]

口罩虽然可以阻挡细菌的传播，但是与此同时，它也遮挡了佩戴者的表情。对于需要与客户交流的食品销售人员来说，"没表情"有时候并不是什么好事。这款新式的透明口罩，不仅具有传统口罩阻挡细菌的功能，还可以让佩戴者展露自己的笑容，甚至可以满足女性使用者化妆的需求，不会破坏妆容。它可以反复清洗使用，并有两种不同规格可供选择，佩戴时还可以微调大小至最舒适的位置。

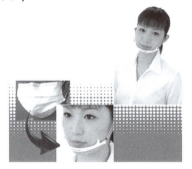

图 3-40　透明口罩

1. 省略法

省略法就是尽可能地省去一些材料、成分、结构和功能等，来诱发创造性设想的方法。如眼镜变得越来越薄、越来越小巧，再省去镜架就有了隐形眼镜。一封信函通常由信纸、信封和邮票组成，通过省略，就有了简易的明信片或其他简易信封。数码相机省略掉胶卷，免去了经常换冲胶卷的麻烦。气球爆竹用五彩气球取代各种火药鞭炮，避免了噪声、空气污染和火灾隐患。无线电话省略了电话线，再将电话小型化，可将其随身携带。无线话筒省略了电源线，讲话或唱歌非常方便。

我们知道，世界上第一台计算机有一间房子那么大，重 30t。后来，科学家使用集成元件，使电脑的体积不断缩小，缩到电视机大小，而且功能增强了，从而使电脑迅速普及到千家万户。现在，又相继出现了笔记本电脑、掌上电脑、可穿戴式电脑。电

[一] http://www.patent-cn.com/2011/08/19/55672.shtml#more-55672 ［2011-8-24］

脑越来越精致、小巧，这发展变化过程就是逐步缩小体积、省略部分元器件的结果。生活中我们也经常使用一些袖珍物品，如随身听、袖珍小电筒、折叠雨伞、液晶小彩电等，它们都是通过省略技法研制出来的。

(1) 省略法的创造原理

发明创造应遵循事物的基本构成规律。任何事物都由成分和形式构成。成分是构成事物的物质或因素，形式则是各个构成物的形状、各种构成因素的形态以及相互间的搭配和排列。不同的成分与不同的形式，不同的成分与相同的形式，相同的成分与不同的形式构成了形态各异的事物。这就是事物的基本构成规律。

发明创造所要解决的核心问题就是用什么成分、以什么形式构成何种事物。我们把构成某一事物的每个成分及其形式叫作组成事物的环节。每个环节都有各自的功能。事物的环节越多，其构成就越复杂。一台机器有成千上万的螺栓、铆钉、卡环、开口销、键、焊缝等，那么这台机器的连接环节就是由这些不同的成分与形式构成的。同样服装的连接环节由线、纽扣、拉锁等成分与相应的形式构成；楼梯、电梯是建筑物上下层之间的连接环节；公路、铁道、航线是城镇之间的连接环节。连接环节仅仅是组成某一事物的环节之一。

事物由各种不同的环节组成，因而可以通过改变已有事物的环节进行发明创造。例如，从有跟丝袜到无跟丝袜，减少了一个结构环节；把手表壳和表带整体化，省去了手表和表带之间的连接环节；用冲压加工代替车、铣、钻加工，从而把三道加工环节合并成了一道加工环节。

(2) 省略法的运用程序

1）认真剖析事物的各个环节。
2）寻找落后的环节、功能衰退的环节、意义或作用不大的环节。
3）把有待于解决的问题同每个环节联系起来思考。
4）确定哪个环节或哪些环节可以取消或省略。

案 例

结束厕所耗水历史的"生态厕所"

一种既节能又节水的智能环保厕所，已出现在一些城市的街头。与传统厕所相比，新型厕所不但拆装简易、没有臭味污染，而且还无须水源，每个蹲位年节水可达200t。这种"生态厕所"采取的是一项收集小便冲洗大便的免水但可冲洗的新型技术，它用特殊的环保液将尿液处理后转化为无异味无污染的再循环水，可直接用于再次冲厕；粪便也将被降解成无味的浆状物。既可避免散发异味，同时也达到了节省水耗的效果。同时，新型厕所无须上下水管道，易于拆装，便于推广。

当然，生活中不是任何物品都可以缩小、省略的，这要求我们在发明过程中，既要考虑节省、方便，又要注意某部件在整体中的特殊功能和实用价值，有时也可以用更轻便、耐用的材料或部件来取代物品的某一部分。

2. 替代法

（1）替代法的创造原理

用一种成分代替另一种成分、用一种材料代替另一种材料、用一种方法代替另一种方法的创造，是从事发明创造的人经常思考的，寻找替代物的过程也就成了解决问题的过程。这是发明创造的思路之一。例如，制造塑料往往用石油做原料。有人考虑到淀粉是天然高分子化合物，其化学结构与聚乙烯等合成的高分子化合物的结构很相似，天然淀粉便成了代替石油制造塑料的好原料。

最常见的是材料的替代和技术的替代，使事物的功能、材质不断更新。替代法较广泛地应用于新产品的研制和新材料的开发中。例如，有人已成功研制出以纳米技术增强塑料和纳米结构超强钢板替代传统金属材料的技术，将使汽车重量大大减轻，从而节省燃油。人类发明的第一代电视机是黑白电视机，后被第二代的彩色电视机取代。如今又出现了第三代电视机，即清晰度高、色彩还原度好、文字显示清晰的数字电视机。

当今社会，各行各业、各个领域、地区，以及各个国家之间的竞争日益激烈。必须勇于创新，敢于用新事物代替旧事物，新材料取代旧材料，新方法取代旧方法，才能在竞争中取胜。为了加快企业和社会发展，我们的企业要创新产品，工作要有新思路。只有大力推行新技术、新材料、新工艺、新方法、新手段，我们的社会才能快速发展。

（2）替代法的运用程序

1）确定被代替的事物。

2）全面找出被代替事物的各种缺陷。

3）分析缺陷是由于什么原因造成的。如果被代替物的缺陷从结构设计上和制造方法上都不好解决或者根本就不能解决，就要考虑用其他材料来替代。

4）分析如何才能找到替代的方法。

例如，设法改进一件家家户户必备的生活用品。

第一步，确定被代替物——切菜板。

第二步，以往的切菜板大都是木质的，缺点是沉重、易磨损、常掉屑、不结实、难洗刷等。

第三步，以上这些缺点的根本原因是由于切菜板是木质的，因此这些缺点难以解决。

第四步，用一种新的材料替代木材。这种新材料就是聚乙烯塑料。这种新材料强度高、韧性好、耐腐蚀、重量轻、洁白无毒、无味、易清洗，使用中不打滑、不起毛、不裂纹，已经被广泛使用。

练习：研制新式野战干粮

野战干粮有压缩饼干、罐头食品、方便面等，请研制新式野战干粮。

第一步，明确对象。

第二步，列出旧事物的缺点。压缩饼干、方便面的口感差；罐头食品不易携带。

第三步，分析缺点，并考虑用新的野战干粮来替代它。新食品应便于携带；有一定的保质期，能平战结合，便于生产、流通、库存；营养丰富，口感好。

第四步，构思新式野战食品。

软包装浓缩八宝粥；软包装浓汁扬州炒饭；软包装三鲜馄饨；软包装各色馅心的包子；软包装酱炙无骨牛肉、羊肉、猪肉、鱼、鸡肉、兔肉等；软包装浓缩水果。最后可制订政策，鼓励食品厂生产平战结合的软包装食品，并严格质量评定，确定定点生产厂。

实际案例

无线应急呼叫系统（如图 3-41 所示）[一]

在 2011 年韩国老年人及残疾人用品博览会上，一家公司展出了这款一键式无线应急呼叫系统。它体积小巧，可以随身携带，并依托当地的追踪技术作基础，可以为使用者提供快捷服务。使用者在遇到各种突发事件时，只需按动按钮，即可发出求救信号。这一系统简单便捷，行动不便、突发疾病或是交谈困难的用户也可以方便与外界联系，非常适合老年人和残疾人使用。

图 3-41 无线应急呼叫系统

思考练习题

1. 把活动梯子作为一个省略的对象，你将减少什么环节来方便其使用？

[一] http://www.patent-cn.com/page/2 ［2011-8-24］

2. 去大医院就医的环节比较复杂,而且人也较多,在就医的过程中可以减少哪些环节来节省病人的时间,提高医生的工作效率?
3. 对于那些懒人来说,自己下厨做饭是件麻烦事,可以用什么办法来减少做饭的环节,使它成为一件快乐的事情?
4. 纸的发明改变了人类的记事方式,并且被沿用至今。现在造纸的原料——树木越来越少了,那么未来是否会有一种物质来代替纸且被广泛应用呢?
5. 在地震多发区,是否能用其他材料代替钢筋混凝土来建筑房屋,以减少自然灾害对人类造成的损害?

3.5.4 感官补偿法

引导案例

智能仿生腿让残疾人再次行走[一]

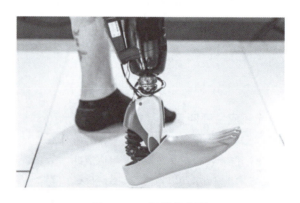

图 3-42 智能仿生腿

智能仿生腿(如图3-42所示)(假肢)是一种能够很好代偿下肢残缺者基本功能的机械电子装置,集信息、电子、控制、生物医疗、材料、能源以及机械技术为一体。智能仿生腿可以帮助残疾人恢复生产能力,使残疾人自力更生,为社会减轻经济负担,促进社会的稳定和繁荣。目前,它已经成为许多发达国家康复医疗领域的研究热点。

一 https://baike.so.com/doc/8396762-8716012.html (2019-1-23)

1. 感官补偿法的创造原理

有为数不多的人,由于种种原因而导致感官上的终生残疾。研究伤残虽然让人苦恼,但因此也常会发现一些常人不易发现的问题。例如众所周知的眼残疾——色盲,就是由一位本身就是色盲的大科学家道尔顿首先发现的,并对此种残疾进行了很有影响的研究。

我们绝大多数人都是健全人,没有残疾人的种种体验。但健全人也可以针对伤残人的某些残疾(聋、盲、哑、肢体残缺等)搞出许多发明来。如聋人电话、盲人手杖、盲人阅读机、哑语电话、人造假肢等。"无阻碍设计"就是考虑到人在行动能力丧失的情况下借助代肢体所产生的各种不便,然后在建筑中给予最大程度的补偿以适应其代肢体的活动需要。同样,老年公寓、老年住宅也是假设人的感知觉部分丧失或全部丧失,通过建筑功能和尺寸的调整来对其活动的需求进行补偿。为社会上的弱势人群做设计需要一种换位思考法,就是站在使用者的切身角度来思考问题,假设自己是各种不同的特殊使用者,有不同的需求需要在建筑中得到满足。

东京地铁中专门为盲人设置了地图,让盲人靠触觉感知地图信息,来补偿视觉缺失,图3-43就是专门为盲人设计的地图。日本某老人院的卫生间里没有设门槛,并用布帘代替门,以方便轮椅的出入;沿墙设有扶手,以臂力辅助腿力,这都是补偿式的思考方法。

图3-43 为盲人设计的地图

2. 感观补偿法的实施步骤

(1)感官补偿法的具体步骤

1)假装残疾,体验伤残的感受。

2)把注意力放到因感官伤残而遇到的种种麻烦上。

3)利用难度体验,考虑补偿办法,摆脱所遇到的麻烦。

例1: 闹钟几乎家家都有,它是提醒我们时间的好伙伴,可它一旦"闹"起来就难以停止,让人听得心烦。如果你"瘫"在床上,该怎么办呢?

第一步,使自己的感官暂时"伤残"。让他人把自己的手、脚捆上,坚持一段时间,体验一下这种难受的滋味。对残疾人来说,由于感官伤残伴随多年已经适应,往往没什么感觉,但对于正常人却不是一件容易忍耐的事。

第二步,闹钟响起来了,最大的麻烦是手不能伸向近在眼前的闹钟。

第三步,想到用说话补偿手的功能,发明一种声控的"听话"闹钟。

例2：护士手托托盘往掀盖污桶里扔东西，如果一只手残疾了，怎么办？

根据感官补偿法，没有手，人们往往想到利用脚来补偿；因而设计出了脚踩式开盖垃圾桶——脚踩开关使桶盖打开，既卫生又方便。

由此可见，感官补偿法不仅是为残疾人发明的可补偿感官的工具，同时也可发明一些为正常人所需要的东西。

（2）感官补偿法的诀窍

感官补偿法的诀窍是向大自然学习。虽然我们大多数人的感官是正常的，但在认识世界的过程中却不是万能的。如人的确没有老鹰视觉清晰，没有蝙蝠听力好，没有狗的嗅觉灵敏、没有野兽跑得快，等等。

但是人类所发明的望远镜、显微镜、辨声仪、汽车等却使我们的感官得以补偿，使人真正成为万物之灵。因此对正常感官进行补偿，也是一个大有潜力可挖的创造领域。如锤、铲、锄等生产工具；船、车、收音机等交通工具；电话、电视、计算机等各种传感器都是正常人功能补偿型发明创造成果。

对伤残人士来说，老式假肢在很大程度上只是摆设而没有实际功能，美国科学家设计出一种新型仿生手（如图 3-44 所示）来使患者感受久违的触摸感觉，还

图 3-44　仿生假肢

能通过思维控制其动作。科学家们相信，像真手臂一样灵活、美观的仿生肢体的诞生已经为时不远。[一]

实际案例

城市的"呼吸的网络"

地球越来越拥挤了。在城市里空气污染十分严重，怎样通过建筑的创新给忙碌的城市增加一个"肺"呢？

针对城市空气污染，有建筑师设计了"呼吸的网络"。创意是采用在城市铁路车厢的外部加装带有氧化钛涂层的皱纹板，作为城市的人工"肺"，列车运用现存的铁路网络，在行进过程中吸附城市空气中的氮氧化合物和二氧化碳，并利用日光中的紫外线，以及夜间设在隧道、桥梁及车站中的紫外线照射装置，进行紫外线照射。同时，通过光合作用将吸附的有害物质分解，使处于呼吸困难状态下的地球恢复正常。

[一] http://discover.163.com/07/1128/09/3UCJE53J000125LI.html

思考练习题

1. 乘公交车时，坐轮椅的残疾人怎么上车？请你用感官补偿法来解决这个问题。
2. 假如耳朵失聪了，你能用感官补偿原理发明不响的"闹钟"吗？
3. 开车时无法发短信，你能想到什么解决办法？
4. 认真观察身边的事物，特别是一些为人们所利用的工具，想想它们同人的哪些器官有关？
5. 请利用感官补偿法来发明一种能够随时监控家庭用水用电等耗能情况的提示器。

3.5.5 侧向移植法和侧向外推法

引导案例

袁隆平培育籼型杂交水稻

中国是一个人口众多的国家，大米的供应是否充足，关系到国计民生。早在大学时，袁隆平就有一个梦想：培育一种高产优质的水稻品种。

袁隆平从人类不能近亲结婚的规矩中得到启示：如果能培育出杂交水稻的种子，那么它的第一代将以最大的优势，找到水稻雄性不育的植株。因为水稻是雌雄同株的自花授粉植物，在同一朵花上并存着雌蕊和雄蕊。只有找到雄性不育的水稻植株，才能实现异花授粉，从而培育出杂交水稻。袁隆平在每年的水稻扬花季节，都在几百万株水稻中细心寻找，如大海捞针一般艰难。功夫不负有心人，他终于找到了雄性不育的水稻植株。他用别的稻花和它杂交，成功地繁殖了一代雄性不育的水稻。1973 年，他试种的水稻亩产达 500kg，而晚稻亩产达 600kg。

籼型杂交水稻的成功培育，大幅度提高了水稻产量。它的种植范围迅速扩大至全国。许多国家也纷纷引进杂交水稻。袁隆平被人们誉为"杂交水稻之父"。

那么杂交水稻的研制中用了什么创造技法呢？

袁隆平使用的是移植法，即把别的领域的原理和方法移植到自己的领域的方法。与移植法相反，人们还可把本领域非常成功的方法推广到其他领域，这又称为外推法，移植和外推都是一种功能的转化。

1. 引入新功能——侧向移植法

"移植"一词的原意是指植物的嫁接种植方法。创造学中的移植法是指将某个领域的原理、技术、手段、方法、结构或功能引用和渗透到其他领域，用以创造新事物的方法。移植法具体有侧向移植和侧向外推两种运用技巧。

初唐著名医学家孙思邈,年轻时便精通医道,给人治病。有一天,一个病人撒不出尿,尿脬快胀破了,痛苦异常。孙思邈想:"尿流不出来,可能是管排尿的口子失去了作用。如果想办法用根管子插进尿道,尿也许能排出来。"可是这又谈何容易?尿道很细,上哪儿去找这种既软又细的管子呢?孙思邈陷入了苦苦的思索。一天,正巧邻居的一个孩子拿着一根烤热的葱管在吹着玩,葱管尖得像壁虎的小尾巴。孙思邈见后,茅塞顿开,找来一根细葱管,切去尖的一头,小心翼翼地插进病人的尿道里,再用力一吹,不一会儿,尿果然顺着葱管流了出来。

从思维角度看,移植是一种创造性思维方法。它通过相似联想、相似类比,力求从表面上看来仿佛毫不相关的两个事物或现象之间发现它们的联系。

移植是一种应用广泛的创造技法。通览人类的发明创造成果,有不少发明是这种技法应用的结果。人们在购买火腿肠后,几乎都是用牙齿撕开外包装进食,既不卫生也不方便。火腿肠易拉起封条(如图3-45所示)在火腿肠外包装上的应用,就是引用了香烟的包装方法,十分方便。

英国剑桥大学教授贝弗里奇说:"移植是科学发展的一种主要方法。大多数的发现都可应用于所在领域以外的领域,而应用于新领域时,往往有助于促成进一步的发现。重大的科学成果有时来自移植。"

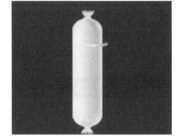

图3-45 火腿肠易拉起封条

(1) 侧向移植法的特点及原理

法国近代微生物学奠基人巴斯德曾花费大量时间和心血研究证明:酒变酸和肉汤变质的原因,都是由于细菌在作怪,经过高温处理的瓶子里的酒或肉汤,只要与外界严密隔离,就不会变味变质。

当英国外科医生李斯特看到巴斯德的这一实验报告后,心想,如果说细菌破坏了酒味和使肉汤变质,那么细菌不也是使动过手术后的病人的伤口化脓溃烂的"罪魁祸首"吗?于是,李斯特把巴斯德的理论和经验移植到医疗领域里,发明了外科手术消毒法,拯救了无数病人的生命。

这个发明实例揭示的道理,正是创造性思考的关键所在:不同领域的知识和方法有时可以相互移植和借鉴,这就是侧向移植,即不是按常规的做法,而是主动把注意力引向其他领域,使用其他领域的原理、技术、方案来解决问题。

采用侧向移植,首先要分析问题的关键所在,即搞清创造目的与创造手段之间的不协调、不适应问题;然后借助联想、类比手段,找到被移植的对象,确定移植的具体形式和内容,并通过实验研究和设计活动实现发明创造。

(2) 侧向移植法的类型

1) 原理移植法。科学原理具有普适性,可以将某一事物原理移植到可以使用这一原理的事物上，从而创造出新的产品。

江西省临川县河东中学初二女学生范碧海发明的拔棉秆器就是运用了侧向移植法中的原理移植。范碧海同学家在农村，有责任田，每当收完棉花后，她都要跟父母到田里去拔棉秆。棉秆很粗壮她很难拔起来，还常把手磨破。于是她很想做一个工具，来代替繁重的徒手劳动。但是，她想来想去，不知如何下手。后来她参加了县里举办的小发明培训班。教师讲的移植发明技法对她启发很大。她想，要是将钉锤撬钉的原理移植过来肯定行，因为带羊角的钉锤能撬起钉在木头里的钉子，类似的拔棉秆器也一定能拔起地里的棉秆。在老师的指导下，通过一段时间的努力，她终于完成了这项发明。拔棉秆器外形类似羊角钉锤，作用原理类似钉锤拔钉子的杠杆作用。它由叉口、弯头、加强筋、手柄及支点铁杆脚等构成，拔棉秆时，将羊角叉口插入棉秆根部，把手柄往下压，棉秆立即拔起。

2）结构移植法。把某个产品的结构不经实质性的改进，移植到自己产品上的方法，叫结构移植法。最早发明拉链的是发明家贾德森，起初是作为鞋的紧固件来设计的，由于它的独特性而获得了专利。拉链具有便于"开合"的功能，经过90来年的发展，拉链技术用于生产和日常生活的各个角落，例如衣、裤、裙、帽、睡袋、笔盒、公文包、枕套、沙发垫、钱包和笔记本，等等。医生移植到医疗手术中，发明了"皮肤拉链缝合术"等；食品工程师将拉链技术用于食品工业中，发明了"拉链式香肠保鲜技术"。

3）功能移植法。功能移植法就是将某领域所具有的独特功能，以某种形式移植到本领域，导致该技术功能应用领域的扩展，并实现新的创造的方法。例如将激光技术移植到工业加工部门，研制出激光打孔机；移植到精密测量技术部门，发明了激光定向仪、激光测厚仪、激光全息照相术等。又如日本一家公司将妇女烫发用的电吹风，经过改型设计，用于烘干被褥，结果发明了被褥烘干机。

应用侧向移植法，关键是要注意两点，一是打破传统的思维定式；二是要善于打破专业的界限。

思考练习题

1．请运用侧向移植法想出尽可能多的答案。

（1）妙法拔刺：手上扎了刺，怎么办？

（2）如果发明一种易扣而难解的扣子，用在运动服上，你能从什么事物那儿受到启发？如果为小孩子设计一种易解又易扣的扣子，能从什么事物那儿受到启发呢？

（3）手电筒电池中的电耗尽了，需要换电池，这个过程像什么？

（4）食品包装方式五花八门，但仍要不断革新、发展。你能否借用药品包装的方法发明一种食品包装的新方式？

(5) 分钢板：一大摞钢板摞在一起，你能移植游戏中的方法，轻易地把它们一张张分开吗？

(6) 如果让你发明一种新式衣架，你能从身边的用具上得到启发吗？例如一把伞，有人看见伞就想到了发明折叠式晾衣架。

(7) 小孩子玩吹肥皂泡游戏的时候，总是用一根小细管，蘸点肥皂水，再提起来用嘴吹，能否不用嘴吹而出肥皂泡呢？

(8) 丹麦科学家森科尔先生，受动画片中唐老鸭用乒乓球塞满船舱打捞沉船的启发，成功地打捞了科威特的沉船，你能想到他用的是什么办法吗？还有其他办法吗？

2. 我们都知道曹冲称象的故事。曹冲把难称的大象换成石头，困难就解决了。请用侧向移植法来分析。

2. 寻找新用途——侧向外推法

当取得一项发明，或看到感兴趣的方法后，将它推广应用到其他领域，也就是寻找它的新用途，这就是侧向外推法。外推与移植的方向正好相反，前者是把创意外推到其他领域，后者是把创意引入到本领域。

很早以前，科学家就发现蝙蝠是用超声波来确定方位的，在飞行过程中，蝙蝠的喉内能产生一种超声波，通过嘴或鼻孔发射出来。遇到物体时，超声波便被反射回来，由蝙蝠的耳朵接收，从而可以判定目标和距离。若是食物便去捕捉，若是障碍物便躲开。超声波的频率在 2 万 Hz 以上，是人耳听不到的高频率的声音。人们把这种根据回声探测目标的方法称为"回声定位"（如图 3 - 46 所示）。

根据这个原理，人们发明了超声声呐系统。这套系统最早用在军事上，声呐能使潜艇在较深的水下发现水面和水下目标。它是利用声波在水中的传播来探测目标的，使用比较广泛。探测出目标后，潜艇就可以发射鱼雷或导弹对目标进行攻击。

超声声呐系统还能用在哪里呢？科学家们想到这个系统还可以用在民用生产中，特别是在渔业生产领域。捕鱼船的声呐系统发出的超声波，遇到鱼群便反射回来，由水声换能器接收，变成电信号。

图 3 - 46　蝙蝠的"回声定位"

再经收发转换装置送到接收机放大，最后送到显示器显示出目标的方向和距离，就能定位鱼的位置了。

后来人们又发明了超声波捕鱼机。它的工作原理是：利用超声波将鱼、鳖等水中冷血动物击昏，使其快速大面积浮出水面（5min 后复活），然后捕大留小。它对人及其他热血动物绝对安全。

（1）侧向外推法的原理

从思维角度看，外推也是一种创造性思维方法。这一点与移植是一致的，只不过思维方向正好相反。

具体分析两者的不同之处在于：一是移植是先有问题后有答案（办法），外推是先有办法（答案）后找问题；二是移植是在没掌握方法之前积极去"寻找"和"引用"，外推是在有了方法（发现）后积极去"推出"和"输出"。对于某个发明者来说，移植和外推是其应用移植发明的两个不同阶段和环节：移植是发明创造的第一阶段，是寻求一个好的办法的环节；外推是发明创造的第二阶段，是将好的发明创造推向更多的领域，是扩充运用这个好的办法的环节。

（2）侧向外推法的类型

侧向外推法也是利用侧向移植法的原理。因此，侧向移植的主要方法（途径）也适用于侧向外推，包括：

1）原理外推法。如将微波炉的工作原理外推到筑路领域，研制成微波筑路机加热沥青，取得了很好的效果。

2）结构外推法。人们平时吃广柑时的习惯切法是，把广柑十字切两刀，切成四块来吃。这样做，难免要流下汁水，既浪费又不方便。最好能做到只切外皮，不伤内瓤。有人便利用西洋水果刀后跟的直角处来切。这样，刀子便不会直插入瓤内。这样虽然不错，但使用起来有点别扭。于是有人模仿这个结构，设计出鸽子形切刀。"鸽子"用塑料片制成，喙部像刀那样做成尖状，这样很容易切入柑皮内，肚子则做成鼓鼓的，顶在柑皮上防止喙部刀口切得太深，又可调节切入深度。这种"鸽子刀"深受人们欢迎。

3）功能外推法。如在自然界，河川中夹杂的有机物流入海洋却并不会使海洋受到污染，原因是海洋中生长着能消化有机物质的净化细菌，有机物经它的消化后变成水和一氧化碳。环保专家将此功能移植于废水处理——引进净化细菌让它大量繁殖，以达到去污变清的目的。这就是目前污水处理的活性污泥处理法。

（3）侧向外推法的应用步骤

侧向外推法的应用步骤，有以下三个阶段：

1）详细观察一个事物并把握它，主要是把握其基本原理和适用范围。

2）找出这一事物中最独特、最新奇的特点。

3）考虑这些特点还可以应用于哪些领域。

西方人以松软可口的面包作为主食，它的特点是松软好吃。它不同于其他固体主食之处是在烤面包前掺进了发泡剂，使面包发泡松软。以前这种发泡剂只限于食品制作领域应用。

美国的固特异先生自问："在橡胶制品上可否应用这一特性呢？"于是他将发泡剂掺入橡胶中，橡胶蓬松得像面包一样。橡胶海绵刚一上市，马上被一抢而空。

发泡橡胶产品上市时，在产品所附的说明书上列举了它有如下特性：弹性两倍于海绵；质轻；耐酸耐碱，经久耐用；隔音、隔热；各个气泡互相隔离，不透水。日本的一位拖鞋厂厂主反复琢磨这些特性，想用于改进自己的产品。最后认定"各个气泡互相隔离，不透水"这一特点，对于做拖鞋底十分有用，立刻把这项发明申请了实用新型专利。其申请范围为"鞋底以隔离气泡的发泡海绵制成的拖鞋结构"，果然这种拖鞋异常畅销。三家橡胶厂合购了他的创造专利权。实际上找到这一特性并用于拖鞋的不止他一人，但相当多的拖鞋厂主只知用这种发泡海绵制造拖鞋，却不懂得申请专利来保障权益，甚至做梦也想不到如此简单的东西也能获得新型专利，虽然他们也应用了侧向外推法。

德国的 PVC 制造者把发泡剂用到塑料上，制成更便宜、更美观的泡沫塑料。

某食品厂想得更巧妙：用一边吹入细小气泡一边搅拌的方法生产冰激凌，松软可口，这就是 Soft Cream（雪糕冰激凌），其制作者也大发其财。

将发泡剂吹入肥皂水中，吹成一大堆肥皂泡沫，制成泡沫香皂远销东南亚，深受当地人的喜欢。因为那里的人习惯在河里洗澡，普通肥皂很容易沉入水中流失，而这种"泡沫香皂"却可以漂在水面上。

日本的铃木信一博士将发泡技术用于水泥中，获得气泡混凝土的专利。这是一种内含气泡、质轻坚固、绝热隔音、用途广泛的建筑材料。地下铁路、播音室的墙壁都用它建成。后来又有人将气泡吹进码头，制成轻体码头；吹进玻璃，制成气泡玻璃，用作冰箱或液化气体的隔热容器材料。

实际案例

"生态球"工艺品

这是一种"生态球"（如图 3-47 所示）。它是一个直径约 13cm 的密封玻璃球，里面装有过滤的海水，水中生活着 4 只小鱼和几株海藻。小鱼在水中游来游去，海藻也不时晃动，让人看了惊奇不已：在这个密封的玻璃球内，小鱼和海藻是怎样生存下去的呢？

这个"生态球"利用了生物领域的"生物链"原理，即在密封的球体内，小鱼靠啃食海藻和吸入海藻吐出的氧气生存，海藻进行光合作用所需的二氧化碳由小鱼和细菌产生。再则，小鱼排出的排泄物由细菌分解为基本的化学成分，这些化学成分又被海藻作为养料吸收。"生态球"内的细菌通过小鱼排泄物分解，达到净化球内海水，为海藻提供养料的双重目的。

图 3-47　生态球

思考练习题

1. 请回答以下问题：

①日本有一种预报天气的玩具——秃头和尚。它的身上涂了一层药水，晴天时，它是蓝的；当它变成粉红色时，就是在告诉你明天要下雨。这种药水还可涂在什么东西上？

②吸尘器"吸"的功能还能用在哪些地方？

③通常看来，玻璃球只不过是小孩弹着玩的玩具。其实利用玻璃球还可以做很多事情呢！你能侧向推出它的特殊用途吗？

2. 黄土高原的窑洞是当地居民的传统居室，具有冬暖夏凉的特点。如果把这一建筑技术应用到现代建筑中，该会出现怎样的建筑群？

3.6 分析型创造方法

3.6.1 5W2H法

引导案例

经销商"挑牌"技巧：5W2H决策模型[一]

经销商挑牌决策模型（5W2H法）可用图3-48表示。

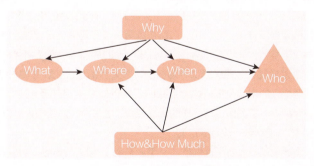

图3-48 5W2H法示意图

这也是经销商与厂家进行谈判的模型，其结构与顺序是这样的：

[一] http://www.boraid.com/article/39/39533_2.asp?size=zhong ［2008-5-11］

中间层是谈判的主题内容：从产品（What）到 Who（目标消费者），这一层次主要解决产品销售层面的问题，包括产品类型、价格设定、渠道模式、年度市场促销安排、消费群对产品的接受度等。上层的 Why 是要求厂方提出有说服力的证据来证明中间部分是正确可行的，此层面的谈判是解决生意的市场风险性。下层的 2H 则要沟通如何做市场及市场投入预算问题，这个层面要解决市场可开发性问题。上述三个层面 7 个关键点的谈判，可以帮助经销商建立起一套理性决策模型，经过对这个模型的考察，经销商选择品牌的风险将大大降低，也能更加准确地判断品牌的前景、实力，以及企业的企图心、销售政策等。

我们以 S 经销商选择 M 品牌的电热水器进入市场为例，分析如何应用 5W2H 模型进行谈判与决策。

M 品牌的销售经理找到 S 经销商，S 是某省会排名前五位的家电经销商，经营彩电、电话机、传真机、燃气灶、抽油烟机等。那么，S 要不要经销 M 品牌的电热水器呢？

M 品牌销售经理对 S 经销商的 5W2H 回答是这样的：

What：M 品牌是美国第一的热水器品牌，进入中国已三年，市场销售平淡，已投资 5000 万美元在中国建设生产基地，并根据中国住房的特点改进了产品外观及性能，产品种类齐全，从超薄实用型到家庭供（暖）水中心级的产品一应俱全，而且耗电量低，储热时间长。

Who：M 品牌的目标消费群从单身贵族到白领之家，以中高收入的都市白领人群为对象，因此其品牌风格是完全都市化、时尚化的，产品外观设计也极为精致。

Where：M 品牌的渠道模式分两种，一种是各大商场、电器连锁店、专卖店的店铺式终端销售，另一种是与高档住宅捆绑销售渠道，即直接装入在建住房的卫生间捆绑销售。

When：2005 年 M 品牌的销售目标是建立 15 个终端专柜、2~4 个形象店，并建立 1 万户消费者数据库系统，实现销售 800 万元人民币。

Why：M 品牌从产品设计到定价、宣传等都是以都市白领为对象的，因为这群人更注重生活的便利性及家居的美观性。M 品牌的产品比市场上的燃气热水器、太阳能热水器都能更好地满足目标消费群的需求，尤其是 M 品牌诉求其隔电安全，及产品外观优美的造型，解决了过去电热水器粗大笨重的弊病，有更强的吸引力。

在 Why 里还有关于价格的谈判。现在的大多数品牌对价格都是严格限定的，经销商谈价格主要以其价格制定的依据及支持措施为主，当然在合同里最好要求厂方承诺给自己的价格不高于同行经销商，如果厂家不敢做此承诺，就试探其价格浮动的底线或争取贸易优惠条件。

How：为配合渠道开发，M 品牌提供导购员及特殊渠道销售代表，并由 M 品牌市场部免费培训；媒体上投入两个月的电视及报纸广告，将 M 品牌的知名度提升至 40%，同时派发及户投宣传折页；各售点专柜统一按品牌执行手册的标准装修；上市时针对结婚人群做几次增值促销活动，比如买 M 热水器抽奖送蜜月旅游等活动。

How Much：预计全年投入各类促销推广费用 200 万，用以支持经销商的渠道建设、品牌宣传及促销活动。

经过上述谈判，S 经销商充分了解了 M 品牌 2005 年在该城市的计划，在对其投资的确实性、人员的专业化程度及营销组织的性质考察后，可以做出经销 M 品牌的决策。

对于经销商来说，采用上述的思维及谈判模型，可以令大多数厂家的销售经理们出一身汗。如果销售经理无法将上述问题讲解清楚，或回答里存在很多漏洞及模棱两可的地方，经销商就不会立即做决定，即使自己认为该品牌或产品有前途。

上述内容是一个逻辑上相互关联的整体，如果厂方的渠道设定与目标消费群不一致，或目标消费群与品牌及产品设计不一致，或促销方法没有围绕目标消费群及渠道等，那么就说明厂方对于市场整体运作缺乏统筹规划，对市场可能出现的危机准备不足，那些所谓的政策支持、市场启动计划都有可能是"泡泡"。此时选择经销商就有较大风险。除非经销商对渠道的掌控力很强，也能感觉到市场的需求，在降低贸易风险（不压过多的库存）的前提下，方可抓牌。

5W2H挑牌决策模型，是第一个完整、系统提出的适合经销商理性选择品牌的决策思路与方法。对经销商来说，选择到合适的产品及合适的生意合作方式，是避免厂商矛盾或冲突的第一要务，也是降低经销商市场风险、提高资金利用效率的核心选择。

挑牌是经销商必须做出的第一个战略决策！掌握理性的挑牌技巧是超越同侪、决胜商海的核心经营能力。

1. 5W2H法简介

柯南道尔笔下的大侦探福尔摩斯和阿加莎克里斯蒂塑造的大侦探伊洛，要最终破案都须搞清几个问题：作案对象（What）、作案时间（When）、作案地点（Where）、作案动机（Why），怎么作案即作案过程（How to），以及与上述几个因素都有联系的作案者（Who）。这是确定一个事件的发生过程的最常见、最基本的思考问题的方式，同样也可以从这些角度去审视一项技术过程或一个管理过程的症结究竟在哪儿，寻找解决的办法。

5W2H法是美国陆军首创的提问方法。这一方法简单、方便，易于理解和使用，富有启发意义，广泛用于企业管理和技术活动，对于决策和执行性的活动措施也非常有帮助，也有助于弥补考虑问题的疏漏。5W2H是由七个提问的英文首字母组合而成。通过为什么（Why）、做什么（What）、何人（Who）、何时（When）、何地（Where）和如何（How）、多少（How Much）七个方面的提问，即用五个以W开头的英语单词和两个以H开头的英语单词进行设问，发现解决问题的线索，寻找发明思路，进行设计构思，从而达到解决问题或者实现发明创造的目的。我们可以把这一方法理解为"发现问题，解决问题"。

2. 5W2H法的应用程序

首先对一种现行的做法或现有的产品从七个角度检查它的合理性。即

1）做什么（What）？

2）为什么（Why）？

3）谁（Who）？

4）何时（When）？

5)何地（Where）?

6)如何（How）?

7)多少（How Much）?

然后将发现的疑问列出。

最后讨论分析，寻找改进措施。

如果现行的做法或产品经过七个问题的审核已无懈可击，便可认为这一做法或产品可取，如果七个问题中有一个答复不能令人满意，则表示这方面还有改进的余地。如果某一方面的答复有独到的优点，则表明思路有一定创造性。这七项提问因问题性质不同，发问的内容也不同。例如：

1）为什么（Why）。为什么发热？为什么变成红色？为什么要成这个形状？为什么采用这个技术参数？为什么不能有响声？为什么不用机械代替人力？为什么产品的制造要经过这么多的环节？为什么非做不可？

2）做什么（What）。条件是什么？哪一部分的工作要做？目的是什么？重点是什么？与什么有关系？功能是什么？规范是什么？工作对象是什么？

3）谁（Who）。谁办最方便？谁会生产？谁不可以办？谁是顾客？谁被忽略了？谁是决策人？谁会受益？

4）何时（When）。何时要完成安装？何时销售？何时是营业最佳时间？何时工作人员容易疲劳？何时产量最高？何时完成最合适。需要几天才算合理？

5）何地（Where）。何地最适宜某物生产？何处生产比较经济？从何处买？还有什么地方可以当销售点？安装在什么地方最合适？何地有资源？

6）怎样（How to）。怎样做最有力？怎样做最快？怎样做效率高？怎样改进？怎样得到？怎样达到效率？怎样使产品更加美观大方？怎样使产品使用起来最方便？

7）多少（How Much）。功能指标达到多少？销售额多少？成本多少？输出功率多少？效率多高？尺寸多少？重量多少？

5W2H法提问的几个角度，基本囊括了任何事物和过程的所有方面。因此，这一方法原则上可用于任何领域的任何问题。只要针对事物性质灵活具体地赋予这几个方面适当的内容，就可以抓住事物存在的根本方面和制约条件来分析问题，往往会一下子找到问题发生的根本原因，有些事物的缺点并非一眼就可以看出来，借助缺点列举可以找到缺陷，但有的缺陷即使找到了，产生原因却相当复杂，若能进一步使用5W2H法，则能抓住缺陷、问题背后隐藏的原因，就能使解决问题的范围得以确定，使问题迎刃而解。

3. 5W2H法的六个步骤

使用5W2H法，通常分为六个步骤，而且是一个循环的过程。

1）利用5个W和2个H提问，分析现状。

2）在把握现状的基础上，利用5个W和2个H提问，预测未来状况。

3）如果上述两步的回答中，存在不能令人满意的或者无法解决的问题，那么它或它们就是突破口。

4）根据突破口，再利用5个W和2个H提问，找到解决问题的思路。

5）做出决定，并执行决定。

6）利用5个W和2个H提问，评估执行效果。如果不满意，再进入下一轮的检查，即重复上述五步。

5W2H法几乎可以用于任务问题的解决，尤其广泛应用于产品革新、技术开发、工作改进、管理改善等。

例题：5W2H与网站策划之间的联系（用5W2H法进行网络策划）[一]

（1）Why 为什么？为什么会有网站策划，为什么要做网站策划？

这里先提一下产品策划（或产品经理），互联网本身有很多产品，产品本身一开始被定义出来的时候并不是体现在网站上，而是在整体的规划和对市场的把控上。而策划人员在接到产品的时候，需要把产品经理的产品来表现到网站上，而最终达到盈利的目的。为什么有网站策划？实际上是策划产品在页面上的体现。

（2）What 是什么？

策划人员在拿到产品的方案时，首先要明白这个产品到底是什么。很多人可能会一拿到方案就开始做，这是错误的。管理培训专家余世维举了个例子，拿出一张纸，对所有人说，把你们面前的纸给撕了。话没说完，有人开始撕，横着、竖着，怎样撕的都有。这个时候他又说话了：请把你们的纸从下往上，呈45°撕成两半。这个例子说明人和人的理解会有不同，不同的人有不同的想法。积极的沟通和交流，是策划人员和产品人员要做的重要一步。

（3）Where 从哪里着手？

沟通到了深入一步的时候，应该把握产品的重点方向是什么，何时开始或准备盈利。了解这些东西，可以开始着手重点的表现层的东西，也就是说可以开始网站流程上的思考了。这个时候大都是这么开始的，从个人的经验上来看，人的因素占了很多，所以进行到where的时候要了解具体哪个人负责哪件事，做好下一步的沟通准备。

（4）When 何时？什么时间完成？什么时机最适宜？

笔者认为针对网站策划，什么时候完成似乎变得不重要了。什么时候是最终节点，往往成了最重要的时间。在此列出来一些网站策划要考虑的几个关键时间：何时开始，何时进行原型设计，何时进行讨论，何时完成设计稿，何时开始制作，何时开始开发，何时开始联调，何时进行测试，何时进行发布。

（5）Who 谁？

其实这个部分从一开始就应该考虑到，涉及网站的相关人员有多少，每个人都是

[一] http://www.ccyyw.com/post/5w2h-wangzhancehua.html．[2008-5-9]

什么类型。有的设计师比较有经验，不用讲太多就能明白你想要的效果；有的不喜欢产品，却能按时完成任务；有的产品经理不是太懂，却能对产品负起责任。每个人都是不同的，针对不同的人要多沟通，多了解对方总有好处。

（6）How 如何去做？

网站策划不是口头表达，总有一定的规律性和可操作性。写好一份完整的网站策划书实在不简单，有几个关键点：一是简述产品的概念和要达到的目的，让相关人士进行初步了解；二是规定好时间段，特别是最后期限，把项目的执行力体现在时间段上；三是规划好网站的布局，从二级开始到一级，从流程到整体，让项目人员完全了解网站的概况及操作；四是描述产品定位及网站所要求的风格，这个时候可以给设计师一些参考元素，设计师对理性的东西往往不是太重视，而给他们感性的元素则会很快地上手设计；五是网站的内容是什么，要确定下来，此时的定义对于网站上线后的测试和修改都相当重要，如果一个产品上线后还改来改去，用户则会很反感。

（7）How Much

在这里我想谈一下质量控制。有次工作中上线后出现了一个错别字，查到最后，原来是产品经理打错了一个字。追其过程，策划人员拿到文案，然后复制到策划书里，然后交于设计师，设计师再复制，再交于制作人员，再交于开发，再交于测试，再交于上传。完了，整个过程没有一个人看到这个错别字。

思考练习题

1. 用 5W2H 法分析我国旅游业的现状，寻找有待开发的旅游项目。
2. 经销商如何选择有潜力的服装品牌？

提问项目	提问内容	情况说明	改进措施
为什么？			
做什么？			
何地？			
何时？			
何人？			
怎样？			
多少？			

3.6.2 形态分析法

引导案例

城市规划中应用形态分析思路的实例

自然界生态平衡的规律不仅为我们的建筑提供了交织组合的范例，在城市环境规划方面，也为解决复杂的城市系统的功能、生态、能源等问题提供了崭新的思路。早在1853年巴黎某区行政长官欧斯曼在进行大规模的巴黎改建中，为了对城市的功能结构进行改善，使城市交通、环境绿化、居住水平都达到一个新的境界，改建过程中在某种程度上就是模拟人的生态系统而进行规划设计的。例如，当时在巴黎东西郊规划建设的两座森林公园，其巨大的绿化面积，就象征着人的两个肺，环行绿化带与塞纳河就像是人的呼吸系统，这样就可以将新鲜空气输入城市各个区域，市区内环形和放射形的各种主干与次干道路网就像人的血管系统，使血液能够循环畅通，这种城市环境的仿生思想，在当时起到积极的作用，解决了困扰巴黎的城市交通和城市环境美化的问题，使巴黎成为世界上城市改建的成功范例。

一些建筑师将单纯的建筑的功能问题，扩展到社会问题的层面上，进行社会问题和社会现状的思考，并用建筑的形式来探讨社会关系的重构，这种思考方法中也蕴涵着形态分析的方法。日本东京大学的研究生原田大佐的"竹材住宅"提案，就是利用竹子以永续性为目标所做的贫民区住宅的改革提案。他分析了竹子的特点和松木町43号地区拥有的日本贫民区的典型特征，提出了重新选址在被一片竹林覆盖、交通便利、周围没有住宅的区域，废旧物品再利用业可在此继续经营，并能提供竹林管理和竹材加工的新型就业渠道；并通过整备荒废的竹林和建设竹结构的住宅重新挖掘都市和自然之间的关系。在这个提案中，把固有的都市与贫民区的关系反过来，促进新规划区域与都市间的联系，竹林在提供都市景观的同时，采伐下来的竹子可以加工成建材，和都市保持永续性的关系。同时，住宅本身通过单元增加、建材交换也可获得永续性。

通过以上实例可以看出以形态和功能结合的分析法在建筑领域的应用，其重要的意义表现在为设计和规划提供了推动性的方法和思维方式，大量建立在这种形态分析基础上的研究，都为建筑思想和实践的发展谱写了新的篇章。

1. 形态分析法的由来

第二次世界大战期间，美国加州理工学院教授弗里兹·茨维基（Fritz Zwicky）在研究火箭结构方案时，运用一种创造方法，根据当时的技术水平，一共得到了576种不同的火箭构造方案，其中有许多对美国火箭事业的发展很有价值的构想。更为有趣的是，当时法西斯德国正在研制新型巡航导弹和火箭，美国情报部门费尽心机也没有获得有关技术情报。而在茨维基的构想里则包括了当时法西斯德国正在研制并严加保密的带脉冲发动机的"F-1型"巡航导弹和"F-2型"火箭,因而相当于获得了技术间谍都难以获得的技术情报。这种神奇的创造方法就是茨维基于1942年创立的形态分析法。

2. 形态分析法的含义

形态分析法就是借助形态学的概念和原理,通过对创造对象的构成要素进行分析(要素分析),再对构成要素所要求的功能属性进行分析(形态分析),列出各要素可能的全部形态(包括技术手段),在要素分析和形态分析的基础上,采取表格的形式进行方案聚合,再从聚合的方案中择优的一种系统思维的技法。用公式表达为某事物 M 有 A、B、C 三大要素,A 有 x 种可能形态,B 有 y 种可能形态,C 有 z 种可能形态,则 M 可能的方案数 M_n 为

$$M_n = xyz$$

当年,茨维基以火箭结构为研究对象,将火箭分解为六大基本要素:使发动机工作的媒介、与发动机相结合的推进燃料的工作方式、推进燃料的物理状态、推进的动力装置类型、点火的类型、做功的连续性。然后又对每一个要素分别进行形态分析。如表3-2所示,使发动机工作的媒介有4种形态:真空、大气、水、粒子流;推进燃料的工作方式有4种形态:静止、移动、振动、回转;推进燃料的物理状态有3种形态:气体、液体、固体;推进动力装置的类型有3种形态:内藏、外装、无;点火的类型有2种形态:自动点火、外点火;做功的连续性有2种形态:持续、断续。最终,一共得出了 $4 \times 4 \times 3 \times 3 \times 2 \times 2 = 576$ 种火箭构造方案。

表3-2 茨维基运用形态分析法获得火箭构造方案

火箭必备的要素	形态1	形态2	形态3	形态4	形态数量统计
发动机工作的媒介	真空	大气	水	粒子流	4
推进燃料的工作方式	静止	移动	振动	回转	4
推进燃料的物理状态	气体	液体	固体		3
推进动力装置的类型	内藏	外装	无		3
点火的类型	自动点火	外点火			2
做功的连续性	持续	断续			2

形态分析法的核心仍是组合,但在组合前要进行系统的形态分析。形态分析法的一个突出特点就是所得方案具有全解系的性质,获得的结果非常多、非常全面,有时又显得有些烦琐和漫无边际。因此,运用此方法时,最好选取与最终目标关联性大的元素,以避免无限度延展,形成过于庞大的解决策略体系。形态分析法的另一个特点

是具有形式化性质，它最需要的不是发明者的直觉和想象，而是要求发明者认真、细致、严密地工作，精通与发明课题有关的专门知识。因为它要求对问题进行系统分析，并借此确定出影响问题解决的重要独立因素及其可能形态。经验证明，有专门知识和经验的个人或包括 2~3 名成员的小组是运用此法较适当的组织形式。试图通过增加小组成员的数目来弥补专业知识的缺乏，是没有什么用处的。形态分析法经常应用于一些专业领域，在专业领域的创造中起到了重要的作用。

实际案例

用形态学矩阵进行方案综合，就可以得到多种原理方案。例如，表 3-3 中的挖掘机形态学矩阵，可得 3×3×2×3×4×4×4×4×3 =41 472 个原理方案。在众多的原理方案中，应去除那些技术上明显不适用或不可行的方案，保留可行的方案。在剩余的可行方案中，再进行评价与决策，最终定出较为理想的方案。

表 3-3　挖掘机形态学矩阵

功能元	功能元的解（功能载体）			
铲斗	正铲斗	反铲斗	抓斗	
推压	齿条	钢丝绳	油缸	
提升	油缸	绳索		
回转	内齿轮传动	外齿轮传动	液轮	回转
运送物料	履带	轮胎	迈步式	轨道-齿轮
能量转化	柴油机	汽油机	电动机	液压马达
能量传递与分配	齿轮箱	油泵	链传动	带传动
制动	带式制动	闸瓦制动	片式制动	圆锥形制动
变速	液压式	齿轮式	液压-齿轮式	

这是形态分析法在机械设计领域应用的典型案例。在元素以及元素的形态比较明确的情况下，形态分析法一方面能够有效地穷尽所有的解决方案，另一方面也可以启发我们通过增加新的元素形态以形成新的解决方案。

3. 形态分析法实施步骤

形态分析法的实施具有一定的程序性，在发明创造求解过程中常分为五个步骤，下面我们将结合一个简单而具体的问题来介绍形态分析法的实施步骤。

1）明确有待解决的问题。也就是决定要素分析的对象，比如设计一款新耳机。

2）因素分析。也就是根据需要解决的问题列出创造对象的所有构成要素。这些要素之间彼此独立，不能存在包含关系，且尽可能选取与最终目标关联性大的因素。这一步是非常重要的一步，也是较难的一步。最终能否获得较为合适的创意，完全取决于因素确定恰当与否。如果确定的因素彼此包含或并不重要，就会影响最终组合方案的质量，并且使方案数量无谓地增加，为后续评选工作带来困难；如果列出的因素不全面，遗漏了某些重要因素，则会遗漏有价值的创意。比如设计耳机，我们主要针对的是耳机的功能和结构，因此没必要将其生产方式也纳入分析维度。如表 3-4 所示，经过分析可得出耳机设计的 5 个独立因素：佩戴方式、耳塞数量、工作原理、与设备的连接方式、通话功能。

表 3-4　耳机的要素分析

要素	形态分析
要素一	佩戴方式
要素二	耳塞数量
要素三	工作原理
要素四	与设备的连接方式
要素五	通话功能

3）形态分析。即对研究对象所列举的各个因素进行形态分析，运用发散思维列出各因素全部可能的形态（技术手段）。为了便于分析和进行下一步的组合，这一步往往要采取矩阵列表的形式，把各因素及相应的各种可能的形态（技术手段）列在表格中。如表 3-5 所示，耳机佩戴方式的形态有 4 种：头戴式、耳塞式、挂耳式、入耳式；耳塞数量的形态有 2 种：单个、双个；工作原理的形态有 4 种：动圈式、静电式、动铁式、压电式；与设备连接方式的形态有 3 种：蓝牙、USB 接口、针状接口；通话功能的形态有 2 种：有通话功能、无通话功能。

表 3-5　耳机的形态分析

要素	形态分析			
佩戴方式	头戴式	耳塞式	挂耳式	入耳式
耳塞数量	单	双		
工作原理	动圈式	静电式	动铁式	压电式
与设备连接方式	蓝牙	USB 接口	针状接口	
通话功能	有	无		

4）形态组合。分别将各因素的各形态一一加以排列组合，以获得所有可能的组合设想。通过上面的分析，这款耳机设计共产生 $4 \times 2 \times 4 \times 3 \times 2 = 192$ 种可能的组合

设想。

5）筛选最佳设想。由于所得设想数往往很大，所以设想评选工作量较大，通常要以新颖性、价值性、可行性三者为标准进行多轮筛选和考评。上面我们组合出了192种设想，其中有一部分设想司空见惯，没有新意，有一部分缺乏价值，还有一部分不具可行性，我们要将这些排除掉，在剩下的方案中寻找最佳设想。比如，将挂耳式、单个、静电式、蓝牙等形态组合在一起，这种耳机不但使用便捷，而且收音效果好。

在解决各种发明创造问题时，利用形态分析法可以使设计人员构思多样化，帮助人们从熟悉的要素中发现新的组合，避免产生先入为主的看法。通过形态分析法，人们能够找到关于某个问题的所有变量，并通过变量矩阵，罗列变量之间组合的所有可能性，便于充分利用现有技术变量创造不一样的技术物。在技术条件不允许进行根本性革新的情况下，或者在某技术刚刚产生的情况下，形态分析法无疑能够充分挖掘已有条件的潜力，利用逻辑排序的方式，穷尽各种技术或各种已有条件之间组合的可能性，推动人们进行发明创造。

4. 使用形态分析法的注意事项

虽然形态分析法是一种能充分整合已有条件进行创造且操作简便、成果丰富的方法，但是并非所有的问题都适用形态分析法，其使用具有一定的局限性，这是由形态分析法自身的两组矛盾决定的。当我们使用形态分析法时，要清楚地认识到这两组矛盾，想办法规避形态分析法的局限，以便最大限度地发挥其功效。

第一组矛盾是，要素分析的无限性与结果筛选的有限性之间的矛盾。

运用形态分析法的关键步骤就是罗列研究对象的要素以及要素的形态。在这个过程中，我们经常会发现与某研究对象相关的要素特别多，从不同的角度可以罗列不同的要素和形态，很难抉择哪些是不需要罗列的，这就造成了要素分析的无限性。但是在解决具体问题时，我们需要的并不仅仅是解决方案的数量，更重要的是解决方案的质量和适宜性。也就是说，我们必须从无数的结果当中筛选出有限的几个最优结果，这就是结果筛选的有限性。当具备充足的时间和人力物力时，我们可以慢慢进行筛选，但问题的解决往往是伴随着时间和效率要求的。也就是说，必须对要素分析的无限性进行控制。虽然形态分析法的最大优势在于产生的结果很多，选择余地较大，但其弊端也在于此，往往只因为增加了一个因素或几个形态，最后的结果将以几何倍数增长，令人望而生畏。因此在使用形态分析法时，应该做到以下几点：

首先，要选择那些要素比较简单和明朗的问题作为解决对象，避免将其应用于要素复杂或者与问题相关性的要素不明朗的问题中。

其次，一定要尽可能地限定形态的数量，选择其中最重要的因素和形态进行分析。在如何限定和确定重要因素和形态方面，一些创造学家也做了方法上的尝试和努力，如德国创造学家施利克祖佩等人对形态分析法进行了改良，他们认为，经过第二步确定下来的各个因素，对最终方案的影响是不同的，因此可按一定的评价标准将这些因素按重要程度排队，然后按顺序逐次对那些重要因素及其各种形态两两组合并随之给予评价，就可得出相对最优的方案，而那些相对不重要的因素就可不必再进行组合了。这样就可以大大减少评价备选方案的数量，同时又可以保证不会漏掉重要的备选方案。

另外，计算机的技术发展也为形态分析法的使用带来了福音，人们可以在计算机的辅助下，尽快从海量的排列组合结果中筛选出比较适宜的解决办法。

第二组矛盾是，要素的已存性与结果的创新性之间的矛盾。

形态分析法中所罗列的要素和形态，往往是目前已经存在的技术成果和功能，而形态分析法的最终目的是要创造出尚未存在的成果或功效，这就是要素的已存性与结果的创新性之间的矛盾。运用已存的要素组合创造新的成果固然是一种相对便捷可行的办法，但是却不易产生重大变革。在进行要素分析时，一般都是将曾运用到的该技术系统的要素形态加以罗列，比如在电力技术还没有被应用之前，各种机械的动力这一要素中绝不会出现电力这样一个形态。但是，众所周知，正是电力技术的发明和应用，才使得整个世界进入了一个新的技术发展时代。同时，形态分析法基本上是在已有技术系统内部进行排列组合，不太关注系统外部因素的引入，这也导致了形态分析法只能对原有的技术体系进行有限创新。为了突破这个局限，有的学者在进行要素分析时，故意留存一个空白行，以便增加一些系统外的可借鉴的有助于解决问题的要素或者新的技术成果，以便产生更先进、更高级、更优化的结果。

实际案例

设计雪上汽车的形态盒

形态分析法在解决一般设计问题时最有效，像设计新机器，或者寻求新的概念性方案。例如设计新的雪上汽车（如表3-6所示）。

表3-6 设计雪上汽车的形态盒[一]

参数轴	参数类别
1. 驱动部件	内燃机、汽轮机、电动机、涡轮喷气机、帆(对于雪上汽车很有意义)
2. 推进部件	单轮(驾驶室在轮子里)、传统轮子、加肋轮子、椭圆轮子、方形轮子、带气缸的气动、履带、雪上螺旋桨、滑雪橇、振动雪橇、空气螺旋桨、气垫、能行走的引擎(腿)、螺旋形的引擎、弹簧片、脉冲式摩擦引擎、旋转板，至少还有15种以上其他引擎

[一] 阿奇舒勒. 创新算法 [M]. 谭培波，茹海燕，译. 武汉：华中科技大学出版社，2008.

(续)

参数轴	参数类别
3. 车体支撑	在引擎上，或者直接在雪上
4. 车体类型	开放式、封闭式的一个舱体，双体车，两个舱，串联式
5. 悬梁装置	引擎、特殊的吸尘器、无悬梁装置
6. 雪上汽车的控制	改变引擎位置、改变推进部件位置、雪舵、空气舵
7. 提供向后运动	反转引擎、反转推动元素、不能反转
8. 刹车	主引擎刹车、辅助引擎刹车、空气刹车、雪刹车
9. 防止冻结到地面上	机械的、机械的但需要引擎帮助、电力的、化学的、热的、不能防止

思考练习题

1. 请用形态分析法设计一款书包。
2. 运用形态分析法为设计同等面积下（$10m^2$）最高、最轻的构筑物提供思路。

因素 形态	支撑		围合		使用	
	竖直的	水平的	透明的	不透明的	固定的	活动的
高						
轻						

3.6.3 关联分析法——间接注意法

引导案例

聪明的农夫

聪明的农夫有一个懒惰的儿子。一天晚上，农夫要去朋友家，临走时让儿子把一筐苹果分出大小两堆。

农夫回来后，儿子已经把苹果分成了两堆，还挑出来一些烂苹果。农夫把苹果又都倒回筐里。儿子急了："你这不是在折腾我吗？"农夫说："我其实是让你挑烂苹果，你大概只会把上面的挑一挑来应付我。我让你分大小苹果，就逼着你把所有的苹果都过个遍，烂苹果也就自然而然地挑出来了。"

农夫所使用方法的就是间接注意法。

间接注意的策略是注意力不直接指向目标,而是通过注意与最终目标有关联的间接目标,自然地达到目的。整个程序可化解为:目标:A→C,但从 A 并不直接到达 C,因为这样做有阻碍;转而注意 B,B 自然伴随 C,由 B→C,变成 A→B→C。例如,要想从深山峡谷中采挖金刚石非常危险。采石者采取一种策略,先向峡谷扔肉块,山里的白鹫飞身去衔肉块,飞回山顶时,采石人抓住白鹫,取回沾了金刚石的肉块。这就是运用间接注意的方法解决问题。扔肉块必然导致白鹫取肉,也伴随着肉块沾上金刚石的结果。

可借用"驼峰效应"来说明间接注意。"驼峰效应"的说法出自滑雪运动。尽管人的目的是轻松愉快地顺着山坡往下滑,但是必须先登上山顶,才能下滑。有时为了长远利益,必须牺牲眼前利益;有时为了出拳有力,必须先把拳头缩回来。毛泽东曾在《矛盾论》一文中以《水浒》中"三打祝家庄"的故事为例,说明不直接去解决问题,采取间接、迂回的办法解决问题的思路,其实就是一种间接注意法。运用间接注意法需要从事物联系的角度去考虑,很多事物一环扣一环,触动这个要素,必然会影响下一个。只有分析了事物之间的联系,有预见性地去做事,才能事半功倍。

迂回地解决问题的方法,利用的是事物的联系和矛盾的转化。间接注意法所包括的这种思维技巧,使抽象的哲学原理变成具有可操作性的方法,会使更多的人理解它的奥妙。

实际案例

超市的小推车

超市门口乱放的小推车,让许多经理和顾客头痛。日内瓦闹市区有一家超市则不然,顾客采购完毕付款之后总是毫不犹豫地把小推车送到指定的地方排成一队,即使哪位顾客匆忙中忘了,也马上会有在门口张望的小朋友迅速推车到位。你知道产生这一变化的奥妙在哪里吗?

原来,这家商店在每位顾客付款时都多收一块钱(目标 A:多收一块钱),当顾客把用过的小车推回原位碰着前面的小车时,车里就会自动掉出一块钱(必然伴随的目标 B:还钱),人们宁愿费几秒钟时间推车而不愿意失去这一块钱(由目标 B 间接地达到了真正的目标 C:推车归位)。商店没有损失钱,顾客也没有得到钱,让这一块钱巧妙地旅行了一次,用过的小车就统统回到了原位。

思考练习题

老人和小孩有时会忘记关水龙头。你能用间接注意法,使他们记得关水龙头吗?

3.6.4 系统分析方法

引导案例

通过 SWOT 系统分析法，西南航空公司进行正确的市场定位[一]

在 20 世纪 70 年代，西南航空公司只将精力集中于得克萨斯州之内的短途航班上。它提供的航班不仅票价低廉，而且班次频率高，乘客几乎每个小时都可以搭上一架西南航空公司的班机。这使得西南航空公司在得克萨斯航空公司市场上占据了主导地位。

尽管大型航空公司对西南航空公司进行了激烈的反击，但由于西南航空公司的经营成本远远低于其他大型航空公司，因而可以采取价格战这种最原始而又最有效的竞争手段，而且做到了任何一家大型航空公司都无法做到的低成本运营。

不论如何扩展业务范围，西南航空公司都坚守两条标准：短航线、低价格。1987 年，西南航空公司在休斯敦—达拉斯航线上的单程票价为 57 美元，而其他航空公司的票价为 79 美元。20 世纪 80 年代是西南航空公司大发展的时期，其客运量每年增长 300%，但它的每英里运营成本不足 10 美分，比美国航空业的平均水平低了近 5 美分。

西南航空公司在选择准战略性机会窗口后，低价格是保证它打赢这场战争的关键。为了维持运营的低成本，西南航空公司采取了多方面的措施。在机型上，该公司全部采用节省燃油的 737 型，这不仅节约了油钱，而且使公司在人员培训、维修保养、零部件购买上，均只执行一个标准，大大节省了培训费、维护费。同时，由于员工的努力，西南航空公司创下了世界航空界最短的航班轮转时间。当别的竞争对手需用 1h 才能完成乘客登机离机及机舱清理工作时，西南航空公司的飞机只需要 15min。在为顾客服务上，西南航空公司针对航程短的特点，只在航班上为顾客提供花生米和饮料，而不提供用餐服务。

一般航空公司的登机卡都是纸质的，上面标有座位号，而西南航空公司的登机卡是塑料的，可以反复使用。这既节约了顾客的时间，又可节省了大量费用。西南航空公司没有计算机联网的订票系统，也不负责将乘客托运的行李转机。对于大公司的长途航班来说，这是令顾客无法忍受的，但这恰恰是西南航空公司的优势与精明之所在。它选择并进入这样一个狭小的战略性机会窗口，使大型航空公司空有雄厚的实力却无法施展。正如一位大型航空公司的经理所说："它(西南航空公司)就像一只地板缝里的蟑螂，你无法踩死它。"西南航空公司是在确保控制成本、确保盈利的条件下拿起价格武器的。为了降低成本，它在服务和飞机舒适性上做了一些牺牲。但是，只要质量、安全、服务不是太差，顾客是欢迎低价格的。

[一] http://www.jinlanmeng.cn/showarticle.asp?ArticleId=33516&ClassId=37 [2008-4-26]

因此，如果一家企业可以提供比竞争对手低的价格，同时既不影响服务或产品质量，又能保持一定的利润，那么它就具有了强大的优势。而中小企业通过对战略性机会窗口的选择，是可以达到这一境界的。

对于服务类企业来说，对自身及外界各基本要素进行深入分析，建立起战略性服务观是在竞争中处于不败之地的关键。到1993年，西南航空公司的航线已涉及15个州的34座城市。它拥有141架客机，这些客机全部是节油的波音737，每架飞机每天要飞11个起落，由于飞行起落频率高、精心选择的航线客流量大，所以西南航空公司的经营成本和票价依然是美国最低的，其航班的平均票价仅为58美元。而当西南航空公司进入加利福尼亚州后，几家大型航空公司不约而同地退出了洛杉矶—旧金山航线，因为它们无法与西南航空公司59美元的单程票价格展开竞争。在西南航空公司到来之前，这条航线的票价高达186美元。西南航空公司的低价格战略战无不胜，1991年，当克莱尔发现已找不到竞争对手时，他说："我们已经不再与航空公司竞争，我们要与行驶在公路上的福特车、克莱斯勒车、丰田车、尼桑车展开价格战。我们要把高速公路上的客流搬到天上来。"

在西南航空公司的发展过程中，克莱尔一直坚持稳健的发展战略。对于实际弱小的中小企业来说，四处出击、乱铺摊子的"游击战"是无法取得战略性胜利的。克莱尔主张集中力量，稳扎稳打，看准一个市场后就全力投入进去，直至彻底占领该市场。他拒绝了开通高利润的欧洲航线的邀请，坚定不移地坚守短途航线，以避免与大航空公司兵刃相见。克莱尔对开通航线的城市也有着严格的标准。对每天低于10个航班客运量的城市，西南航空公司不会开辟航班。

1. 系统分析法简介

系统分析法是指把要解决的问题作为一个系统，对系统要素进行综合分析，找出解决问题的可行方案的咨询方法。兰德公司认为，系统分析是一种研究方略，它能在不确定的情况下，确定问题的本质和起因，明确咨询目标，找出各种可行性方案，并通过一定标准对这些方案进行比较，帮助决策者在复杂的问题和环境中做出科学抉择。

系统分析方法来源于系统科学。系统科学是20世纪40年代以后迅速发展起来的一个横跨各个学科的新的科学部门，它从系统的着眼点或角度去考察和研究整个客观世界，为人类认识和改造世界提供了科学的理论和方法。它的产生和发展标志着人类的科学思维由主要以"实物为中心"逐渐过渡到以"系统为中心"，是科学思维的一个划时代突破。

系统分析法是咨询研究的最基本的方法，我们可以把一个复杂的咨询项目看作系统工程，通过系统目标分析、系统要素分析、系统环境分析、系统资源分析和系统管理分析，可以准确地诊断问题，深刻地揭示问题起因，有效地提出解决方案和满足客户的需求。

2. 系统分析法的步骤

系统分析法的具体步骤包括：限定问题、确定目标、调查研究与收集数据、提出备选方案和评价标准、备选方案评估和提交最可行方案。

（1）限定问题

所谓问题，就是现实情况与计划目标或理想状态存在的差距。系统分析的核心内容有两个：其一是进行"诊断"，即找出问题及其原因；其二是"开处方"，即提出解决问题的最可行方案。所谓限定问题，就是要明确问题的本质或特性、问题存在范围和影响程度、问题产生的时间和环境、问题的症状和原因等。限定问题是系统分析中关键的一步，因为如果"诊断"出错，以后开的"处方"就不可能对症下药。在限定问题时，要注意区别症状和问题，探讨问题原因不能先入为主，同时要判别哪些是局部问题，哪些是整体问题，问题的最后限定应该在调查研究之后。

（2）确定目标

系统分析目标应该根据客户的要求和对需要解决问题的理解加以确定，如有可能应尽量通过指标表示，以便进行定量分析。对不能定量描述的目标也应该尽量用文字说明清楚，以便进行定性分析和评价系统分析的成效。

（3）调查研究与收集数据

调查研究和收集数据应该围绕问题起因进行，一方面要验证在限定问题阶段形成的假设，另一方面要探讨产生问题的根本原因，为下一步提出解决问题的备选方案做准备。

调查研究常用四种方式，即阅读文件资料、访谈、观察和调查。

收集的数据和信息包括事实（Facts）、见解（Opinions）和态度（Attitudes）。要对数据和信息去伪存真，交叉核实，保证真实性和准确性。

（4）提出备选方案和评价标准

通过深入调查研究，使真正有待解决的问题得以最终确定，使产生问题的主要原因得到明确，在此基础上就可以有针对性地提出解决问题的备选方案。备选方案是解决问题和达到咨询目标可供选择的建议或设计，应提出两种以上的备选方案，以便进一步评估和筛选。为了对备选方案进行评估，要根据问题的性质和客户具备的条件提出约束条件或评价标准，供下一步应用。

（5）备选方案评估

根据上述约束条件或评价标准，对解决问题备选方案进行评估，评估应该是综合性的，既要考虑技术因素，又要考虑社会经济等因素。评估小组应该有一定代表性，除咨询项目组成员外，还要吸收客户组织的代表参加。根据评估结果确定最可行方案。

（6）提交最可行方案

最可行方案并不一定是最佳方案，它是在约束条件之内，根据评价标准筛选出的最现实可行的方案。如果客户满意，则系统分析达到目标。如果客户不满意，则要与客户协商调整约束条件或评价标准，甚至重新限定问题，开始新一轮系统分析，直到客户满意为止。

实际案例

锻造设备改造[一]

某锻造厂是以生产解放、东风140和东风130等汽车后半轴为主的小型企业，现在年生产能力为1.8万根，年产值为130万元。半轴生产工艺包括锻造、热处理、机加工、喷漆等23道工序，由于设备陈旧，前几年对某些设备进行了更换和改造，但效果不明显，生产能力仍然不能提高。厂领导急于打开局面，便委托M咨询公司进行咨询。M咨询公司采用系统分析法进行诊断，把半轴生产过程作为一个系统进行解剖分析。通过限定问题，咨询人员发现，在半轴生产23道工序中，生产能力严重失调，其中班产能力为120~190根的有9道工序，主要是机加工设备。班产能力为70~90根的有6道工序，主要是淬火和矫直设备。其余工序班产能力在30~45根之内，都是锻造设备。由于机加工和热处理工序生产能力大大超过锻造工序，造成前道工序成为"瓶颈"，严重限制后道工序的局面，使整体生产能力难于提高。所以，需要解决的真正问题是如何提高锻造设备能力。

在限定问题的基础上，咨询人员与厂方一起确定出发展目标，即通过对锻造设备的改造，使该厂汽车半轴生产能力和年产值都提高1倍。

围绕如何改造锻造设备这一问题，咨询人员进行深入调查研究，初步提出了四个备选方案，即新装一台平锻机；用轧辊代替原有夹板锤；用轧制机和碾压机代替原有夹板锤和空气锤；增加一台空气锤。

咨询人员根据对厂家人力物力和资源情况的调查分析，提出对备选方案的评价标准或约束条件，即投资不能超过20万元；能与该厂技术水平相适应，便于维护；耗电量低；建设周期短，回收期快。咨询小组吸收厂方代表参加，根据上述标准对各备选方案进行评估。第一个方案（新装一台平锻机），技术先进，但投资高，超过约束条件，应予以淘汰。对其余三个方案，采取打分方式评比，结果第四个方案（增加一台空气锤）被确定为最可行方案，该方案具有成本低、投产周期短、耗电量低等优点，

一 http://baike.baidu.com/view/532763.htm ［2008-5-2］

技术上虽然不够先进，但符合小企业目前的要求，客户对此满意，系统分析进展顺利，为该项咨询提供了有力的工具。

思考练习题

1. 开车的人最怕汽车相撞出事故，所以没有汽车事故一直是尖端技术研究的目标。科学家正在研制永远也不会相撞的汽车。请用系统分析法设计一下未来的汽车。
2. 请设计一个在陆地上、水中和空中都能开的飞行器。

3.6.5 穷问法

1. 穷问法简介

你玩过多米诺骨牌游戏吗？把许多小骨牌直立排列成各种形状，然后推动第一张骨牌，第一张骨牌倒下把第二张撞倒，第二张撞倒第三张……所有骨牌都被带动起来。这就是多米诺骨牌游戏。后来人们把因某一事情的发生而引起周围事物连续反应的现象称为"多米诺连续效应"。

提问思维中也有多米诺的连续效应，当一个问题被提出后，其他问题就相应产生了，而其他问题又会引发新的问题。所以，我们在提出问题时，不要只是简单地问一两个为什么就中断了，一定要穷追不舍，直至把问题的根源给挖出来。

在日本丰田汽车公司，曾经流行一种管理方法，叫作"追问到底法"。就是说，对公司新近发生的每一件事，都采用追问到底的态度，以便找出最终原因。一旦找到了最终原因，那么对于一连串的问题也就有了深刻的认识。

例如，公司的某台机器突然停止运转，那就沿着这条线索进行一系列的追问：

问："机器为什么不转了？"
答："因为保险丝断了。"
问："为什么保险丝会断呢？"
答："因为超负荷而造成电流太大。"
问："为什么会超负荷呢？"
答："因为轴承枯涩不够润滑。"
问："为什么轴承枯涩不够润滑呢？"
答："因为油泵吸不上来润滑油。"
问："为什么油泵吸不上来润滑油呢？"

答:"因为油泵严重磨损。"

问:"为什么油泵会严重磨损呢?"

答:"因为油泵未装过滤器而使铁屑混入。"

追问到此,最终的原因找到了。给油泵装上过滤器,再换上保险丝,机器就能长期地正常运行了。如果不进行这一番追问,只是简单地换上一根保险丝,机器短暂转动后又会马上停下来。

穷问法(即追问到底法)是识别问题的最为简单的方法之一。通过不断地对原始问题进行穷追不舍地提问,来获得对问题新的视角,而问题的新视角又可以产生对问题解决的可行方法,直到获得最高层次的问题抽象,一般直接采用"为什么?"的表现形式。

2. 穷问法的具体步骤

1)把问题作为最初定义陈述出来。

2)提出如下问题:我们为什么要做问题中所述的工作?

3)回答2)中所提出的问题。

4)作为一个新提出的问题对答案再定义。

5)重复2)、3)两步,直到获得高层次的问题抽象。

穷问法,一种是问别人,由别人来解答你的提问;另一种是问自己,由自己深入思考,寻找有关材料来解答自己提出的问题。如果有条件问别人(如问老师和名人),由他们解答你心中的疑问,那自然是更好。采用寻根问底的方式发问,可以形成一系列的观点、看法,供立意、构思时参考。

例题:怎样减少员工的旷工现象?[一]

最初的问题:通过什么方法可以减少员工的旷工现象?

问题:我们为什么要减少员工的旷工现象?

回答:维持充足的员工水平。

再定义:我们可以通过什么方式维持充足的员工水平?

问题:我们为什么要维持充足的员工水平?

回答:这样做是为了能维持工作的完成。

再定义:通过什么方式我们能保证工作任务的完成?

问题:我们为什么要保证完成任务?

回答:为了增加公司的利润。

[一] 邢以群,张大亮. 存亡之道——管理创新论[M]. 长沙:湖南大学出版社,2000.

再定义：我们可以通过什么方式增加公司的利润？

最终的问题：我们可以通过什么方式进一步增加公司的利润？

"为什么"法对扩大问题范围及探索其各种各样的边界是十分有用的。这种方法还有助于管理者评定基本目标。

3．穷问法的基本提问方法[一]

1）趣问法。把问题趣味化，或通过各种有趣的活动把问题引出，这种提问容易使对方的注意力集中和定向，引人入胜。

2）追问法。在某个问题得到肯定或否定的回答之后，顺着其思路对问题紧追不舍，刨根到底继续发问，一般直接采用"为什么?"的表现形式。

3）反问法。根据教材和教师所讲的内容，从相反的方向把问题提出。其表现形式一般是"难道……?"。

4）类比提问法。根据某些相似的概念、定律和性质的相互联系，通过比较和类推把问题提出。

5）联系实际提问法。结合某个知识点，通过对实际生活中一些现象的观察和分析提出问题。

思考练习题

运用穷问法提出提高我国公众环境保护意识水平的方法。

[一] http://www.35d1.com/Article/shuxue/200512/5970.html［2008-5-9］

第4章 发明方法

本章关键词：

- TRIZ
- ARIZ
- 资源分析
- 矛盾分析
- 分离原理
- 发明措施

本章的"发明方法"与第3章所讲的"创造方法"其实是"同根同源"，或者说早期的创造方法与发明方法在概念和含义上是基本一致的。但随着创造方法的不断丰富和发展，不同国家和地区受到地域文化、政治意识形态和学术传统等多重因素的影响，逐渐沿着不同的研究路径产生了"创造技法"和"发明方法"的分野。例如，在创造方法的发源地美国，创造方法的发展深受心理学研究的影响，以心理主义特征明显的"创造技法"研究为主（头脑风暴法、焦点法等），形式上操作程序灵活，内容上着眼于调动主体积极的心理活动等较难量化把握的创造技巧，更注重人的右脑式非逻辑思维功能，因此在应用范围上既可以用在科学发现和技术发明上，也可以应用于其他创造领域。但苏联则以发明方法研究为主（TRIZ、七步探求法等），形式上操作程序严谨，内容上着重对客体（发明物）和客观规律运用的研究，更重视发挥左脑式的逻辑思维方法的作用，因此在应用范围上专注于科技发明。本章将重点介绍当今世界最为流行的发明方法，也是苏联发明方法的典型代表——TRIZ。

4.1　TRIZ：最具代表性的发明方法

引导案例

矛盾无时不在

清晨一睁开眼睛，我们就面临一个矛盾：起床，还是再睡一会儿？起床的理由有很多，上班、送孩子上学、今天上午有一个报告要提交等。再睡一会儿的理由可能是昨天晚上加班很晚、夜里没有休息好，或者就是想再睡一会儿等。总之，从一睁开眼面临第一个矛盾，到闭上眼睛进入梦乡，我们会遇到一系列矛盾，甚至矛盾也会进入你的梦里。

在生活中，不同的选择就构成了矛盾；而在我们创造的系统中，系统不同参数之间的冲突就构成了矛盾。例如，在一些大都市，如北京，其公交系统非常繁忙，尤其是上下班高峰期间。那么，能否把所有单层公交改为双层公交（如图4-1所示）或者三层公交呢？这样高层公交车就可以搭载更多数量的乘客了，但是双层或高层公交在转弯时很难保持稳定。那么，能否加长公交车（如图4-2所示）呢？这样也可以增加搭载乘客的数量，但其操控性不佳，尤其是在道路转弯时。由此可见，虽然加高或加长公交车可以增加搭载乘客的数量，但是也会引发公交车的稳定性或操控性指标的恶化，也就是引发公交车高度与公交车稳定性、公交车长度与公交车操控性之间的矛盾。这些矛盾该如何处理呢？是妥协，还是二选一？作为发明问题的有效解决方法TRIZ，则提供了很多彻底化解决类似矛盾的方法。

图 4-1　双层公交车

图 4-2　加长公交车

4.1.1　TRIZ 的形成与发展

1. 经典 TRIZ 的形成

TRIZ（发明问题解决理论）是由苏联著名创造学家、发明家、科幻作家根里奇·斯拉维奇·阿奇舒勒（阿奇舒勒补译为阿里特舒列尔）创建的一种以技术创造过程为研究对象，以技术创造客体（技术系统）的客观进化规律为基础，具有技术化和逻辑化特征，运用可控制的、正确组织的、有效过程的程序化解决技术发明问题的技术创造法，他也因此被誉为"TRIZ 之父"。

1926 年 10 月 15 日，阿奇舒勒出生在苏联的塔什干，从中学时代起他便开始展示出在发明创造方面的天赋。1946 年，20 岁的阿奇舒勒因为一项技术发明成为苏联海军专利部门的上尉。由于他在技术发明方面极具天赋，许多人请他帮助解决发明过程中遇到的难题。在这个过程中他逐渐认识到帮助别人发明并非想象得那样简单：他找遍了所有的科学图书馆，却找不到一本最基本的关于发明的教科书。此时试错法还是人们普遍使用的创造方法，很多人还在相信发明是偶然事件、情绪或者血型的结果。阿奇舒勒显然不认可这样的解释，他决心开发一种技术发明方法，用于科学有效地指导人们进行技术发明。他认为这样的发明创造方法可以产生无价的成果，并将使技术世界产生革命性的变化。于是阿奇舒勒便开启了近半个世纪艰辛而又漫长的创建 TRIZ 的过程，直到 1986 年最终完成了 TRIZ 理论体系的构建。我们可以将 TRIZ 的形成过程大致分为萌芽期、发展期和完善期三个阶段（见表 4-1）。

表 4-1　TRIZ 理论体系形成的三个阶段

阶段	时间	主要内容
第一阶段（萌芽期）	1946—1956 年	该阶段是阿奇舒勒初步形成 TRIZ 理论构想，并孕育其创造思想基础的阶段。1956 年，阿奇舒勒和好友拉斐尔·夏皮罗（Rafael Shapiro）一同在《心理问题》杂志上发表了《关于发明创造心理》一文，并以此奠定了 ARIZ 算法的理论基础，也是萌芽期结束的标志

(续)

阶　段	时　间	主要内容
第二阶段 (发展期)	1956—1979 年	该阶段是阿奇舒勒全面构建 TRIZ 理论体系的阶段。该阶段阿奇舒勒重点提出了"发明问题解决算法"（先后推出 7 个版本：ARIZ – 59、ARIZ – 61、ARIZ – 64、ARIZ – 65、ARIZ – 68、ARIZ – 71、ARIZ – 77)、"技术系统进化法则"、物场分析原则、40 个基本措施和物理效应及现象知识表等 TRIZ 的基础内容。1979 年阿奇舒勒出版了《创造是精确的科学》一书，标志着 TRIZ 的基础内容构建完成
第三阶段 (完善期)	1979—1986 年	该阶段是阿奇舒勒进一步完善 TRIZ，并最终完成其理论体系构建的阶段。在该阶段他主要完成了"知识效应库"的开发，并进一步改进了 ARIZ 算法，先后发布了 ARIZ – 82 和 ARIZ – 85 两个版本，其中 ARIZ – 85C 是公认为较为稳定并广为接收的 ARIZ 版本。ARIZ – 85C 的发布和 1986 年《寻找创意》一书的出版，标志着阿奇舒勒完成了 TRIZ 理论体系的构建

2. 从经典 TRIZ 到现代 TRIZ

1986 年以后，阿奇舒勒本人基本不再参与 TRIZ 理论体系的进一步发展，但以其学生为主的大批 TRIZ 专家此后却沿着不同路径开始对 TRIZ 进行改造。尤其是苏联解体之后，大批 TRIZ 专家移民欧美等西方国家，TRIZ 的多元化、现代化和国际化发展更为明显，进而产生了"经典 TRIZ"和"现代 TRIZ"的区分，国际 TRIZ 协会（MATRIZ）在 2014 年 1 月对两者进行了明确的界定。MATRIZ 对经典 TRIZ 和现代 TRIZ 的时代划分如表 4 – 2 所示，经典 TRIZ 和现代 TRIZ 理论内容上的区别如表 4 – 3 所示。

表 4 – 2　MATRIZ 对经典 TRIZ 和现代 TRIZ 的时代划分[一]

时　期	描　述
经典 TRIZ	TRIZ 由根里奇·阿奇舒勒开发以及他的弟子开发并经过他的认可（从 20 世纪 40 年代中期到 80 年代中期）
现代 TRIZ	TRIZ 从苏联的经济政治体制改革开始。区分现代 TRIZ 和经典 TRIZ 的三个主要因素：①前者侧重于企业/商业应用，而不仅仅在于技术问题的解决；②前者侧重于开发具有实际意义的创新产品和技术，而不仅仅是有创造性的想法；③在国际上广泛使用

[一] 孙永伟. TRIZ——打开创新之门的金钥匙（十三）[J]. 家电科技, 2014（04）: 30.

表4-3 经典TRIZ和现代TRIZ理论内容上的区别

	经典TRIZ	现代TRIZ
1	人们需要的发明。发明往往比传统的解决方案好	客户需要问题的解决方法是因为他们要达到自己的目标。很多情况下达到这个目标而不需要发明才是可能的
2	高等级的发明比低等级的发明好	发明的价值是由它的市场收益和成本决定的
3	TRIZ的主要使命是在最高等级上发明	TRIZ的主要使命是指导系统向着让产品和技术达到最高市场价值的方向进化
4	TRIZ已被开发,并且必须继续根据专利中包含的知识和技术沿革历史发展	TRIZ的发展应基于创新(已被市场价值证实的新型解决方案),特别是基于在TRIZ的帮助下完成的创新
5	TRIZ是一种"独立"的方法,它与试错法及其基于心理学的增强功能没有任何共通之处,并且不能协同	TRIZ必须(并在必要时吸收)与其他最好的与之边界相兼容的相关创新技术进行结合
6	解决一个问题时,必须寻求唯一的解决方案	解决一个问题时必须面向多个可能的解决方案
7	一个解决方案应该是接近理想的解决方案("全局理想化")	根据局部特定背景下的资源及短期、中期和长期的需求和风险选择的最佳解决方案("局部理想化")
8	TRIZ应侧重于揭示和解决矛盾	创新并不一定是解决矛盾(或冲突)的结果。除了支持产生新的想法,TRIZ还必须支持解决问题过程的所有步骤,包括问题定义、描述(重新描述)、识别和解决次生问题、解决方案的评估和实施计划等
9	技术的进化只受技术进化模式(进化法则)的控制。沿着这些法则,你通常可以获得成功	成功的发明要遵循技术、商业和市场的进化模式、线路和趋势
10	进化的模式必须完全基于高等级的发明	进化的模式应反映进化过程中的所有步骤,既包括所需的显著创新,也包括那些渐进式的小改进
11	技术TRIZ的发展已全面完成。每个参与TRIZ的人应重点关注创新人才的发展工作	技术TRIZ仍然在进一步的发展过程之中

○ 孙永伟. TRIZ——打开创新之门的金钥匙(十三)[J]. 家电科技, 2014(04): 30-31.

3. TRIZ 的主要内容和体系结构

鉴于现代 TRIZ 尚在发展过程中,并且流派众多,发展路径各异,未形成像经典 TRIZ 那样完善和统一的理论体系,因此本章主要介绍的是由阿奇舒勒领导构建的经典 TRIZ。经典 TRIZ 理论体系庞大,内容繁多,阿奇舒勒历时 40 年才构建完成,但他本人并没有对 TRIZ 理论体系的内容和结构进行理论化和系统性的概括。他的学生和追随者虽然有过基于各自理解的归纳,但都没有形成被普遍认可且具有绝对权威性的论述。本书基于作者自身对 TRIZ 的认识和理解,综合各方面的研究成果,认为 TRIZ 的主要理论内容包括以下 4 个部分:

理论基础:技术系统生命曲线(S 曲线)和进化法则;

分析工具:矛盾分析、物场分析、资源分析、功能分析和创造性思维方法;

解题工具:分离原理、40 条发明原理、76 个标准解法与科学知识效应和现象库;

发明问题解决算法:ARIZ。

对于 TRIZ 的理论体系结构,本书引用了目前国内普遍使用的三个 TRIZ 理论结构关系图(TRIZ 的体系结构如图 4-3 所示,经典 TRIZ 动态理论结构图如图 4-4 所示,TRIZ 静态理论结构图如图 4-5 所示),希望从不同的角度展示 TRIZ 理论不同内容之间的关系,以供读者参考。

图 4-3 TRIZ 的体系结构

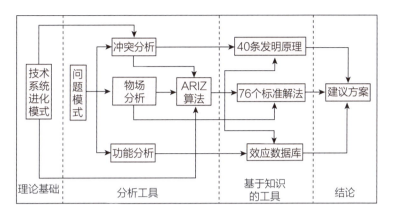

图4-4 经典TRIZ动态理论结构图[一]

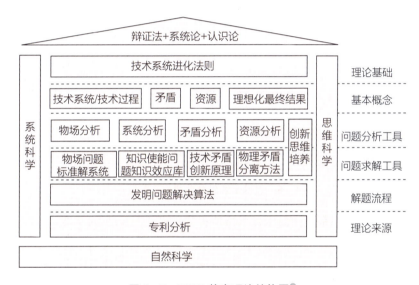

图4-5 TRIZ静态理论结构图[二]

4.1.2 TRIZ的理论基础

技术系统进化思想是TRIZ的基础理论，奠定了阿奇舒勒对技术系统发展的基本认识，体现了TRIZ的认识论。分析技术系统进化思想是正确认识、理解和研究TRIZ的前提。在TRIZ理论体系中体现阿奇舒勒技术系统进化思想的内容主要有两部分：一是

[一] 檀润华. TRIZ及应用——技术创新过程与方法 [M]. 北京：高等教育出版社，2010.
[二] 赵敏，史晓凌，段海波. TRIZ入门及实践 [M]. 北京：科学出版社，2009.

技术系统生命曲线（S 曲线）；二是技术系统进化法则。

1. 技术系统生命曲线（S 曲线）

S 曲线是世界上众多人工系统和自然系统的发展规律之一，阿奇舒勒借用 S 曲线来展示技术系统的生命发展周期（如图 4-6 所示），即每个技术系统都要经历四个阶段——婴儿期、成长期、成熟期和衰退期。S 曲线完整地描述了一个技术系统中从孕育、成长、成熟到衰退的变化规律。"技术体系的生命（其实其他体系，比如生物学体系的生命也一样），可以表示为 S 形曲线，它指出技术体系的主要参数（功率、生产率、速度、它所派生的型号的数目等）是怎样在时间上变化的"⊖。S 曲线的横轴表示时间，纵轴表示技术系统的性能参数。

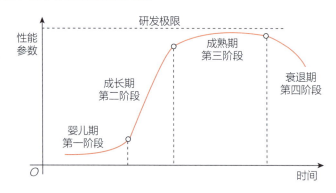

图 4-6　技术系统生命曲线（S 曲线）⊖

婴儿期：新的技术系统刚诞生，虽然能提供一些前所未有的功能或技术性能的改进，但还存在着效率低、可靠性差等问题。由于人们仍缺乏对新系统的信心，所以相应的人力和物力投入较少，系统发展十分缓慢。

成长期：社会已经认识到新系统的价值和市场潜力，乐于为系统的发展投入更多的社会资源。系统中存在的各种问题被逐一解决，效率和性能都有所提高。技术系统美好的前景吸引了更多的投资，促进了系统的快速成长。

成熟期：随着社会资源的不断投入，技术系统日趋完善，性能水平较高，利润也较大。这种状态保持一段时间后，就会出现下降趋势。此时大量投入所产生的研究成果，多是一些较低水平的系统优化和性能改进。

衰退期：此时应用于技术系统的各项技术已经发展到极限，很难进一步突破，不再有更大的市场需求，或者即将被新开发的技术系统所取代。

⊖ 阿里特舒列尔. 创造是精确的科学 [M]. 魏相，徐明泽，译. 广州：广东人民出版社，1988.
⊜ 赵敏，张武城，王冠殊. TRIZ 进阶及实战——大道至简的发明方法 [M]. 北京：机械工业出版社，2016.

阿奇舒勒认为技术系统的产生来源于社会需求。任何新技术系统的需求都是由个别有前瞻性的发明者首先意识到的。新技术系统所带来的益处，可以满足人们的某种共同需求，并逐渐演变为社会的需求。在创造出第一个最低级但有工作能力的技术系统时，原有技术水平与社会需求之间的矛盾得到化解。但随着技术系统的发展又会产生新的要求，从而促使技术系统进一步发展。由于在社会系统中存在诸如法规、标准这样一些特殊的规定，并且在自然界中还存在一些不可逾越的界限，因此技术系统的发展必然受到一定的限制，即技术系统的扩展是有研发极限的。⊖

更为可贵的是，阿奇舒勒对技术系统生命周期的分析并没有停留在单一技术系统上，而是能够用更广阔的技术观去审视技术系统的进化，提出了更具技术进化视野的"S曲线族"（如图4-7所示）。所谓S曲线族是指当一个技术系统进化到一定程度的时候（例如在衰退期开始后），必然会出现一个新的技术系统来替代它，即现有技术替代老技术，新技术又替代现有技术，形成技术上的交替。每个新的技术系统也将会有一条更高阶段的S曲线产生。如此不断地替代，形成了S曲线族。

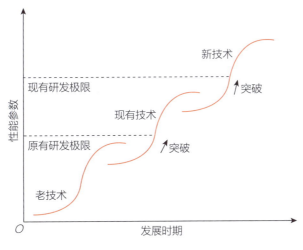

图4-7 S曲线族⊖

2. 技术系统进化法则

在技术系统生命曲线（S曲线）的统领下，阿奇舒勒提炼出8条更具体的进化法则，并将它们分为"静力学""运动学"和"动力学"三类。

1) 阿奇舒勒指出"静力学"法则决定了技术系统生命的开始，是新技术系统的

⊖ 赵敏，张武城，王冠殊. TRIZ进阶及实战——大道至简的发明方法 [M]. 北京：机械工业出版社，2016.

⊖ 赵敏，史晓凌，段海波. TRIZ入门及实践 [M]. 北京：科学出版社，2009.

生命力准则。虽然任何技术系统都是由部分联合为整体而产生的，但并非任何部分的联合都能产生有生命力的体系，它还至少需要具备以下三条法则：

a）完备性法则，即技术系统必须具备四个基本子系统——动力、传动、执行和控制装置，并各自具有最低程度的工作能力。技术系统是为实现功能而构建的，不完备的技术系统无法实现预设功能。提高完备性的过程是渐进的。

b）能量传递法则，即能量能够通过技术系统传递到工作机构上。①沿着能量流动路径缩短的方向发展，以减少能量损失；②能量必须顺畅传递到各系统组件；③减少能量转换的次数。但阿奇舒勒忽略了信息和物质的传递。

c）协调性进化法则，即固有的振荡频率（或周期行为）与技术系统所有部分能协调工作。各子系统之间必须向提高协调性的方向发展。协调性表现为形状结构上的协调、各性能参数的协调、工作节奏/频率上的协调、材料的协调及形状与动作的协调。

2）阿奇舒勒指出"凡是决定着技术体系的发展，而又不取决于造成这发展的具体的技术的及物理的因素，这样的规律属于'运动学'方面的规律"[一]。运动学法则的特点是：进化方向与技术系统自身的具体技术和物理机理无关。

a）提高理想度法则，即所有的技术系统都是向理想程度增加的方向发展的。提高理想度的有效手段是充分利用理想资源，增加系统有用功能的数量或效能，减少有害功能的数量或效果，降低成本。理想系统的三个基本条件是系统运作的能量、制造成本和占用的空间均为零。

b）子系统不均衡进化法则，即技术系统各部分的发展是不均衡的，系统越复杂，不平衡性越突出。而技术创造就是要消除不均衡引发的矛盾，更好地实现技术系统的预设功能。该法则可以帮助人们及时发现并改进最不理想的子系统，消除不均衡，推动整个技术系统的进化。

c）向超系统进化法则，即当系统已达到发展的局限，就进入超系统，并成为超系统的一部分。在此情况下，系统的发展速度急剧减慢或完全停止，取而代之的是超系统的发展。一个技术系统与另外一个或多个技术系统（即超系统）相互组合，称之为超系统的集成。这种不同系统之间的优化组合与重组，体现了向超系统进化的法则。向超系统进化的趋势总是沿着"单系统→双系统→多系统"的方向发展。

3）阿奇舒勒指出静力学和运动学法则具有普遍性，适用于任何系统，而"动力学"法则只反映技术系统现代发展的主要趋向。

a）向微观及增加场应用进化法则。第一，技术系统朝着提高工作机构细分方向发展；第二，技术系统从宏观水平转向微观水平；第三，技术系统朝着增加物场性的方

[一] 阿里特舒列尔. 创造是精确的科学 [M]. 魏相, 徐明泽, 译. 广州: 广东人民出版社, 1988.

向发展。

b）动态性进化法则。该法则旨在从结构上沿着增加柔性、可移动性和可控性的方向发展，使系统能够适应变化的性能和环境条件与功能的多样性需求。

3. 广义技术系统进化法则的体系结构

虽然阿奇舒勒将 8 个进化法则分成了静力学、运动学和动力学，但仍然缺乏整体结构性。后来他的学生和其他 TRIZ 专家对此进行了研究和完善，将技术系统的生命曲线（S 曲线）视为最高的进化法则，与原有的 8 个进化法则相结合，形成了具有一定体系结构的广义的 TRIZ 技术系统进化法则（如图 4-8 所示）。而阿奇舒勒本人提出的 8 个进化法则可视为狭义的 TRIZ 技术系统进化法则。

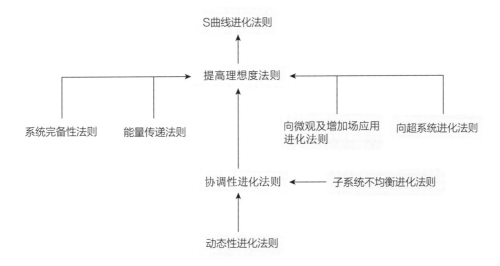

图 4-8　广义的 TRIZ 技术系统进化法则[一]

从广义的 TRIZ 技术系统进化法则的体系结构中我们可以看到该理论包含三个层次的内容：

第一个层次是反映技术系统生命进化周期的生命曲线（S 曲线），也是统领其他法则的"最高法则"。它是根据现有专利数量和发明级别等信息计算出来的，因此比较客观地反映了技术进化的过程。

第二个层次是提高理想度法则。该法则是除了生命曲线（S 曲线）以外其他 7 个法则的总法则，清晰地指明了技术进化的总目标——理想化最终结果。

[一] 赵敏，张武城，王冠殊. TRIZ 进阶及实战——大道至简的发明方法［M］. 北京：机械工业出版社，2016.

第三个层次是其他 7 个法则。这些法则都旨在以不同路径和方式来完成技术系统的进化，通过不断提高技术系统理想化程度，实现理想化的最终结果。

我们之所以将技术系统进化法则（广义）视为 TRIZ 的理论基础，是因为它是阿奇舒勒经过高度提炼和概括的具有"宪法"性质的最高指导，TRIZ 的其他内容都受其指导。不管是矛盾分析和物场分析这样的分析工具，还是 40 条发明原理、分离原理、76 个标准解法和科学效应这样的解题工具，无不与技术系统进化密切相关，遵循"宪法"精神。有人认为技术系统进化理论缺乏细节，不易操作。但这也恰好说明它的"宪法"性质，而不是针对特定领域和具体操作制定的"法律"。目前很多现代 TRIZ 流派已经基于"宪法"制定了多领域的、易操作的具体"法律条文"，他们对进化法则进行了较大的扩充和改进，给出了具体的操作措施。

技术系统进化理论的价值更多地体现在对技术发展方向的宏观预测上。技术系统进化理论清晰地指出，所有技术系统的进化并非是随机的，都是遵循一定客观规律的进化。掌握了这些规律，就能主动预测未来技术的发展趋势，掌握技术发展可能的方向，就能设计出明天的产品，在激烈竞争的市场中一直处于最有利的领先地位。同时该理论指明了产品符合客观规律的进化方向，对于启发研发人员的创新思维很有帮助。

4.1.3　TRIZ 的解题流程与技术思维

1. TRIZ 的解题流程

（1）TRIZ 的一般解题流程

TRIZ 解决发明问题的一般化流程是：首先将一个待解决的具体问题经过抽象、提炼，表达为 TRIZ 的"问题模型"；然后利用 TRIZ 中的解题工具（例如分离原理）得到"解决方案模型"（例如空间分离方法或与其有关的发明措施等）；然后再将"解决方案模型"工程化，落地为具体问题的具体解决方案（如图 4-9 所示）。如果问题不能得到解决或者解决方案还有待完善，那么重新定义待解决的问题，再次进行解题迭代。这种四步式的一般化的解决问题模式，比以往人们靠经验法、试错法、头脑风暴法等传统创新方法要更快一些，而且解决方案的水平也相对较高。无论是矛盾问题、物场模型问题，还是功能化问题，都可以套用图 4-9 的解题模式。因此该解题模式表达了 TRIZ 的一般解题模式与流程。

下面以技术矛盾问题的解决流程为例，解释 TRIZ 解决问题的一般流程。TRIZ 解决技术矛盾的流程是一个循序渐进的过程，具体可以分为以下四个步骤：

第一步：确定问题

问题是需求与系统已经达成部分之间的缺口。确定问题就是要识别理想系统与当前系统在操作环境、资源消耗、有利因素、有害因素、成本投入与理想度等方面的差距。

第二步：公式化问题

在客观矛盾下重申问题并识别可能存在的矛盾，比如是否存在改善了一种技术特性而导致其他技术特性下降或出现了其他问题，是否会因技术矛盾存在而进行折中处理。

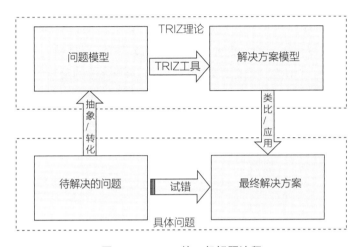

图 4-9 TRIZ 的一般解题流程

第三步：搜索已有的解决方法

先找欲改善的参数，再找不期望恶化参数，最后查找矛盾矩阵。阿奇舒勒从世界专利中抽取了 40 个发明措施，这些措施可以帮助工程师找到一种更好的发明或专利的解决方法。为了找到相应的发明措施，阿奇舒勒制定了一个矛盾矩阵表，他把 39 个工程参数列在了表的 X 轴和 Y 轴上，X 轴表示不期望的恶化参数，Y 轴表示欲改善的参数，XY 轴相交的单元上列出了推荐的发明措施，也就是提供了解决发明问题的方法。

第四步：确定最终的解决方案

在所有找到的解决方法中确定最终的解决方案。其评估解决方案好坏的基础是：理想度 = $\sum$ 收益/$\sum$（费用 + 有害）。具体的评估标准有 7 个[一]：①所有有害的东西消失；②所有有益的东西保留，新的好处出现；③新的有害的东西不出现；④系统不会变得更复杂；⑤基本的转换矛盾和矛盾消除；⑥闲置、容易获得，但是先前忽略的资源得到利用；⑦关系系统发展的其他要求得到实现。

[一] 韦德拿斯. 简约 TRIZ——面向工程师的发明问题解决原理 [M]. 檀润华，曹国忠，江屏，陈子顺，译. 北京：机械工业出版社. 2010.

（2）非典型课题的解题流程——ARIZ

阿奇舒勒通过分析专利文献指出，所有的发明课题可分为两类：典型课题和非典型课题。典型课题按照一般解题流程在一两个回合内利用某种 TRIZ 工具（分析工具和求解工具）便能解决。除这样的典型课题外，还有需要多个回合才能解决的非典型课题。为了解决这样的非典型课题，需要一种更为细化的程序一步步地接近答案。这样的程序要充分利用 TRIZ 的全部手段和方法（技术系统进化法则、物场分析、发明课题解决标准、信息库等），阿奇舒勒称之为发明课题解决算法——ARIZ。

ARIZ 的演进与 TRIZ 的发展几乎是同步的，并需要定期补充和不断完善。每经历一次修改，ARIZ 就变得更明确、更可靠，并逐渐地具有了程序型大纲的特征，即决定性、通俗性和有效性。ARIZ-85C 是阿奇舒勒本人参与修改的最后一版 ARIZ，也是目前被公认为最成熟和有效的 TRIZ 的 ARIZ 版本。ARIZ-85C 发展为 9 个部分：

分析问题；

分析问题模型；

确定理想最终结果和物理矛盾（PC）；

调用物场资源（SFR）；

运用知识库；

变换或替换问题；

分析得到的消除物理矛盾的解决方案；

运用已经得到的方案；

分析解决问题的整个流程。

码4-1　发明课题解决算法—85C（ARIZ—85C）

ARIZ-85C 的 9 个部分还包含了 44 个分步骤（见码 4-1）。

从表面上看，ARIZ 是按顺序解决发明问题的大纲。技术系统进化法则就存在于大纲的结构之中，或表现为具体的运演步骤。借助这些运演步骤，人们可以一步步地揭示出物理矛盾，并确定矛盾是与技术系统的哪一部分相联系，而无须在大量无用实验上浪费时间和精力。而后再将技术系统中的那一部分分出，加以变化，并通过消除物理矛盾的运演步骤，将高水平的问题过渡到第一水平上。阿奇舒勒还强调 ARIZ 也是克服心理惰性的特殊手段。他指出人们一般认为心理惰性容易克服，但实际上心理惰性很顽强。记住存在着心理惰性并不能克服它，需要的是遵循将课题加以改造的具体运演，也就是说发明者的思维应该遵循大纲的运演程序，受其控制。

在制定 ARIZ 时，阿奇舒勒对高水平专利文献进行了系统的分析，确定了它们之中所包含的技术矛盾和物理矛盾，以及消除它们的 40 个典型发明措施，制定了典型措施的应用表。他认为这样的表格反映了大量发明家的集体经验。在此基础上，他还制定了物理效应的应用表和《物理效应和现象应用指南》。借助于应用表，可以决定哪些效应对于消除问题中包含的矛盾最合适；而《物理效应和现象应用指南》还指出了这些效应及实现这些效应的物质。阿奇舒勒认为 ARIZ 是这样组织发明家的思维的："仿佛一个人具备了所有的（或非常多的）发明家的经验，并且这些经验是被卓有成效地运用着的。这一点是非常重要的。普通的发明家，甚至非常有经验的发明家，都是从经验中得到依据外表的相似而做出答案的。"

需要指出的是，"一般解题流程"和 ARIZ 并不是冲突的，两者是一致的。一方面，我们可以将"一般解题流程"看作是对 ARIZ 的高度概括，是解决简单和典型发明问题时的"简化流程"；另一方面，我们也可以将 ARIZ 视为"一般解题流程"在解决复杂和非典型发明问题时的进一步"细化"。在利用 TRIZ 理论解决发明问题时是使用一般解题流程还是使用 ARIZ，要根据具体的课题实际情况而定。

2. 技术思维

TRIZ 的"一般解题流程"和"非典型课题的解题流程——ARIZ"，充分体现了 TRIZ 是一种以"技术人工物的发明过程为研究对象，是建立在对技术体系的发展规律基础上的"[一]"采用'可控制的、正确组织的、有效的过程'来得到发明产物的方法"[二]。同时 TRIZ 还是一种思维方式，正如 TRIZ 大师维克托.R.菲明确指出"TRIZ 是一种新的思考方式……阿奇舒勒先生称之为'强大的思维'"[三]。那么这个"强大的思维"是怎样的思维呢？

阿奇舒勒在 1989 年出版了《寻找新思想：从恍然大悟到技术思维（发明问题解决理论）》一书，该书提出"技术思维"的概念，这是一种 TRIZ 所独有的、特色鲜明的创造性思维新模式。但他并没有对技术思维进行严格的概念界定和系统的理论阐述，技术思维思想是以相对松散的形式蕴含在 TRIZ 的理论体系中的，既有若干创造性思维新方法，也有对直觉、灵感、顿悟和想象等非逻辑思维的理解，更为重要的是，他将技术思维的思想渗透进 TRIZ 理论的运行机制——一般解题流程和 ARIZ 中，尤其是 ARIZ。如果说程序化的算法是 ARIZ 的外在表现形式，那么技术思维则是它的本质内涵。或者说，ARIZ 是技术思维的有效载体和表现形式。

那么 ARIZ 体现了怎样的一种技术思维呢？阿奇舒勒将 ARIZ 的运行视为"逻辑、直觉和技巧的有机结合"。他指出"算法中的某些步骤非常有逻辑性；某些步骤没有逻辑性，通过激发直觉，帮助发明家往正确的方向前进；还有些步骤，只对具有丰富

[一] 罗玲玲，王以梁，武青艳. 创新方法的地域文化特征解读与思考 [J]. 湖南科技大学学报（社会科学版），2013，5（3）：34-37.

[二] 傅世侠，罗玲玲. 科学创造方法论——关于科学创造与创造力研究的方法论探讨 [M]. 北京：中国经济出版社，2000.

[三] 阿奇舒勒. 创新算法——TRIZ、系统创新和技术创造力 [M]. 谭培波，茹海燕，等译，武汉：华中科技大学出版社，2008.

创新实践经验的发明家才起作用"。ARIZ 的演进主要沿着两个方向发展：一是更广泛地考虑心理因素，使算法更加灵活；二是在创新过程的所有阶段中，改善对方案的搜寻过程，使创新算法更加精确。可以说，TRIZ 体现的技术思维是一种以逻辑思维为主，并结合了非逻辑思维和创造性思维方法的特殊创造性思维模式。技术思维与欧美学者强调的非逻辑思维的创造性思维模式研究有着明显区别。

（1）ARIZ 中的逻辑思维

ARIZ 是一套程序化的发明问题解决方案，但它并不是简单的让人被动地、机械地、无须思考地从事技术发明。ARIZ 严谨的逻辑性并不是束缚人们创造性思维的枷锁，而是在开发人们解决技术发明问题的创造性思维能力，即技术思维的能力。阿奇舒勒指出："进入 ARIZ 中的运算，强迫思维朝非传统的、'古怪的'方向拓展。它们将看起来明显的方法切断，强迫问题条件'增加难度'，并将其引入物理矛盾的'死胡同'。在 ARIZ 的大纲本身、步骤的形成、必需的规则中，都充塞着思维行为的独特性和'古怪性'。不可能既躲避这种'古怪性'，又明显地不破坏 ARIZ 规定。有些时候，领会 ARIZ 的强硬指令像在扼杀'创作自由'一样。的确，ARIZ'剥夺'了人们犯简单错误的自由，被锁链锁住惯性思维的自由、忽视技术系统进化规律的自由……"。在根据 ARIZ 进行正确操作的条件下，每一个步骤都应合理地从上一个步骤得出。原则上逻辑性绝对不会妨碍新理念的产生，反而是一些不寻常的 ARIZ 运算的使用结果：问题朝最终理想结果方向发展，要求更加尖锐化并使其达到物理矛盾，宏观物理矛盾过渡到微观物理矛盾等。ARIZ 将高度的思维能力连同独特的思维程序和有意识地使用技术进化规律的知识结合在一起，这明显区别于使用试错法解决问题时"自由思维"的无序活动。有规律地使用 ARIZ 的分析方法形成了经典 TRIZ 辩证的思维风格，即技术思维。技术思维的特点是充分遵循基于技术系统进化发展的综合辩证规律和具体规律。

（2）ARIZ 中的非逻辑思维

ARIZ 的基础是辩证法逻辑，即在解决技术问题的创新活动中使用辩证法。但逻辑本身还不足以发展出一套可用的方法论，还需要考虑发明家所使用"工具"的特性，即人脑思维的特殊性。如果创新活动组织得当，人类的思维活动中更为卓越的因素——想象和直觉等，会得到更充分的发挥。阿奇舒勒明确指出"ARIZ 不是机器使用的程序，而是为人而开发的，因此必须同时考虑人类思考的过程和人类心理的特殊性"。

---

① 阿奇舒勒. 创新算法——TRIZ、系统创新和技术创造力[M]. 谭培波，茹海燕，等译. 武汉：华中科技大学出版社，2008.

② 阿奇舒勒. 寻找创意：TRIZ 入门[M]. 陈素勤，张娜，李介玉，等译. 北京：科学出版社，2013.

③ 阿奇舒勒. 创新算法——TRIZ、系统创新和技术创造力[M]. 谭培波，茹海燕，等译. 武汉：华中科技大学出版社，2008.

阿奇舒勒特别重视"想象（或幻想）""直觉"和"灵感"这三种非逻辑思维。首先，他认为想象对技术创造尤为重要，在任何创造性活动中，想象都扮演着重要的角色，尤其是在科学技术创造活动中，这是发明家思维过程的特点决定的；其次，他认为 ARIZ 对发明问题解决方案的结构化搜寻能够将一个人的思维过程有机组织起来，提高效率，但这并不排斥直觉，相反能够对大脑的思考进行特殊的调整，有助于提升直觉的能力；最后，ARIZ 的每一个步骤都会显著改变问题的原始陈述，清晰地显示问题正在被解决，此时使用者的自信心会大大增加，而这就是激发灵感的基础。

（3）ARIZ 中的创造性思维方法

ARIZ 还包含"控制心理因素的方法"，即创造性思维方法。阿奇舒勒指出，ARIZ 必须考虑人类思考的过程和人类心理的特殊性。他认为阻碍发明问题解决的最大心理障碍就是"心理惰性"。虽然"一些人以为，对付心理惰性并不难，只要记住它存在就足够了……可惜不是，心理惰性令人惊异地顽强。需要的不是要求记住存在着心理惰性，而是遵循将课题加以改造的具体运演步骤"㊀。这就需要 ARIZ 具备克服心理惰性的特殊手段，保证算法的顺利运行。为此他开发了尺度—时间—成本分析法（STC 算子）、智能小人建模法、多屏幕方法等多种具体的创造性思维方法，并将其融入 ARIZ 之中，使之成为控制心理因素的步骤。"这些步骤可以抑制心理障碍并促进想象力的运用。强大的心理作用表现为 ARIZ 本身的存在和对其的使用，大纲赋予人信心，使人勇敢地超越狭窄的专业范围，最主要的是，使人朝着最遥远的未来方向进行思考"㊁。

> **思考练习题**
>
> 1. TRIZ 的主要理论内容有哪些？
> 2. TRIZ 的理论基础是什么？
> 3. TRIZ 的一般解题流程是什么？
> 4. TRIZ 蕴含的技术思维是什么？

㊀ 阿里特舒列尔. 创造是精确的科学 [M]. 魏相，徐明泽，译. 广州：广东人民出版社，1988.

㊁ 阿奇舒勒. 寻找创意：TRIZ 入门 [M]. 陈素勤，张娜，李介玉，等译. 北京：科学出版社，2013.

4.2 理想化最终结果（IFR）与资源分析

4.2.1 理想化最终结果（IFR）

理想化最终结果（IFR）[一]是TRIZ中的重要概念，与之相关的还有理想化和理想度这两个概念。可以说，正确地认识和理解"理想化最终结果（IFR）"这一概念，一定要与"理想化"和"理想度"一同把握。

1. 理想化

理想化是阿奇舒勒一直在其著作中特别强调的重要概念。原因在于，理想化是一个顶级的、抽象的、一般化的形容词，用这样一个术语，就把诸如"新颖""漂亮""美好""酷""高质量""低成本""无害""节能""环保""轻便"等用于描述优质产品的词汇"一网打尽"了。

1）理想化关乎过程。理想化是在一个漫长的进化过程中逐步达到的，不可一蹴而就。

2）理想化关乎目标。理想化既是过程也是结果，理想化的终极目标就是实现理想系统。

3）理想化关乎极限。理想化就是要把技术系统及其组件的属性做极大化或极小化处理。

4）理想化关乎价值。提高产品的理想化程度，就是提高产品（技术系统）价值的同义语。

5）理想化关乎自然。理想化的最高标准，就是任何产品的功能都能自然实现。

我们经常遇到这样的情况：面对具体问题，复杂而效率不高的解决方案可以很容易地思考出来，而思考简单有效的解决方案的过程却很复杂！问题在哪里？问题在于我们对技术系统的"理想化"这个极其重要的概念的理解和实践。

国内知名TRIZ专家赵敏指出，理想化的技术系统并非是简单地描述为"质量和

[一] 阿奇舒勒官方基金会网站提供的《TRIZ专业术语中英俄对照表》中该术语的俄文为：Идеальный конечный результат（ИКР），中文翻译为：理想化最终结果，对应英文为：Ideal End Result（IER）。但目前普遍使用的对应英文翻译为：Ideal Final Result（IFR），中文则译为"理想解"。本书认为"理想化最终结果"更符合俄文原意，英文缩写则使用普遍接受的IFR。

成本为零，无害，功能要什么有什么"——这个描述是正确的，但是不完整、不系统的。理想化是一个漫长的进化过程，几乎在所有的情况下，技术系统都是"不理想"的。因此在不理想和理想的技术系统之间，有着巨大的时空跨度。赵敏认为理想化应该有以下几个逐步延伸的阶段性目标和不断深化的含义：

1）时空恰当。初级理想的系统是在适当的时刻、适当的位置来执行系统功能。

2）系统简约。比较理想的系统是用最少的组件实现同样的系统预设功能。

3）自我实现。理想的系统是在没有人工干预的情况下，能够自我执行所有的功能。

4）消除系统。一个更理想的系统是该系统不存在，但是照样执行它的功能。

5）消除功能。最理想的系统是功能不再需要，一切都是自我实现，自然实现。

以下就技术系统的理想化以及所有相关的概念做几点讨论：

第一，理想化不是空泛的、难以实现的概念。在现实的世界中，几乎所有的技术系统都是不理想的——占空间、有质量、耗能、有成本，更让人不得不面对的客观事实是，任何一个技术系统都是兼具有用功能和有害功能的，即产品在实现系统的预设功能的同时，兼有某种意义上的有害功能。物理上不存在没有有害功能的技术系统。

第二，把所研究的对象理想化是自然科学的基本方法之一。理想化是对客观世界中所存在事物的一种抽象，这种抽象在客观世界中既不存在，又不能通过试验验证。理想化的事物是真实存在的一种极限状态，对于某些研究起着重要的作用，如几何学中的没有大小的点、没有粗细的线和没有薄厚的面，恒星学中定义恒星的理想形状是圆球状，物理学中的理想气体、理想液体、理想固体（刚体）、质点、理想状态等。理想化是 TRIZ 的一个强有力的工具，把问题理想化，有助于我们在解决问题之初，抛开各种客观限制条件，通过理想化来定义问题的"理想化最终结果（IFR）"，目的在于追求卓越，强化价值。

第三，理想化是技术系统进化的终极方向。从 TRIZ 的观点来看，产品研发、工艺改进或技术创新的所有努力，就是让技术系统尽可能地向理想化方向迈进，尽可能地接近"理想化最终结果"——在某种给定的客观条件下，找到该系统中的自服务，以最小的代价获得最大的系统改进的结果。TRIZ 倡导用最简约的结构（因而可靠）、最低的成本、没有毒副作用的方式来实现更多的功能，来倡导调整和优化现有设备，而不是引入新设备以实现某个新功能，倡导尽量用理想资源有效地解决问题。这就打破了传统的设计观点——实现新功能就必须引入或开发新设备的"惯例"。

第四，基于理想化概念衍生出来若干相关词汇。在 TRIZ 中与理想化有关的概念包括理想系统、理想过程、理想资源、理想方法、理想机器和理想物质等：

理想机器：没有质量、没有体积，但能完成所需要的工作。

理想方法：不消耗能量和时间，但通过系统自身调节，能够获得所需的功能。

理想过程：只有过程结果，无须过程本身，在提出需求后的一瞬间就获得了所需结果。

理想物质：没有物质，功能得以实现。

理想资源：资源无穷无尽，无处不在，无时不有，取之不尽，用之不竭。随意使用，不必付费（如空气、重力、阳光、风、泥土、地热、地磁、潮汐等）。

理想系统：既没有实体和物质，也不消耗能源，但是能实现所有需要的功能，而且不传递、不产生有害的作用（如废弃物、噪声、光污染等）。

理想化的技术系统（即理想系统），作为物理实体并不存在，然而这个进化趋势是客观存在的，即系统在其整个发展历程中，总是趋于变得更加智能、小巧、简单、可靠、有效、完善。当系统或产品越理想化时，它所花费的成本也越少，也越简单、越有效率。因此，理想化始终是所有技术系统的发展方向。巧妙应用发明方法，可以加速这个发展进程。

2. 理想化最终结果

给出理想化最终结果（IFR）的目的是在解题结果上追求卓越，明确理想化的方向和极限位置，保证在问题解决过程中沿此方向前进并获得理想化或者接近理想化的最终结果，让系统的改动最小或付出的代价最低，从而避免了传统创新方法中缺乏目标的弊端，提升了发明的效率和水平。

实现理想化最终结果（IFR）的要点是找到自服务，即有用功能的自我实现，有害功能的自我消除。理想化最终结果（IFR）的实现是阶段性的。在一种客观条件下找到了理想化最终结果（IFR），并较好地解决了问题，并不是到达了系统的终点。系统组件的发展是永不均衡的，矛盾是永恒存在的，相互作用是暂时的，因此问题也是不断随机产生的。随着客观条件的变化，当新的平衡被打破，那么就需要在新的客观条件下，再次寻找"此情此景"下的理想化最终结果（IFR）。当一个个理想化最终结果（IFR）不断被设定、被达到，技术系统也就会不断提高理想度，不断向着更理想化的方向进化。

获得理想化最终结果（IFR）的技术系统具有 4 个要点：①保持了原系统的优点；②消除了原系统的不足；③没有使系统变得更复杂；④没有引入新的缺陷。

在运用 IFR 考虑发明创新问题时，对于技术系统的 IFR 的准确描述十分重要，正确的描述有助于快速找到问题思考的方向并得出问题的解。

因此，应用理想化最终结果（IFR）的过程中，首先要确定描述理想化最终结果（IFR）的步骤，即

第一步，设计的最终目的是什么？

第二步，理想化最终结果（IFR）是什么？

第三步,达到理想化最终结果(IFR)的障碍是什么?

第四步,出现这种障碍的结果是什么?

第五步,不出现这种障碍的条件是什么?

第六步,创造这些条件存在的可用资源是什么?

3. 理想度(Ideality)

创新的终极目的是提高技术系统的理想度。理想度是指导技术人员进行产品和技术研发创新的重要指标。提高技术系统的理想度是技术创新永恒的价值导向。从古至今,类似或者同样的发明创新问题反复出现,解决问题的水平也在不断地提高,那么,对实现系统功能的理想化程度,需要有一个衡量的手段,这就是理想度。

$$理想 1 = \frac{\sum 有用功 1}{\sum 有害功 1 + 成 1}$$

由上式可以得出结论:技术系统的理想度与有用功能之和成正比;与有害功能之和及其总成本成反比;理想度越高,产品的竞争能力越强。发明的过程,就是提高系统理想度的过程。

在发明中应以提高理想度的方向作为总目标。提高理想度有以下 4 个策略:

1)同时增大分子,减小分母——最佳改进,婴儿期策略。

2)分子、分母同时增加,确保分子增速高于分母——成长期策略。

3)锁定分母,增大分子——提高性价比,成熟期策略。

4)锁定分子,减小分母——质量归零,降本增效,成熟期策略。

根据理想度公式,可从以下 9 个方向来提高技术系统的理想度:

1)增加功能的数量。

2)去除辅助功能,或将其转移到其他功能组件。

3)将部分功能转移至超系统,优化系统中的其余功能。

4)简化系统,去除多余的组件,合并离散的子系统。

5)实现自服务,系统自我控制与发展。

6)利用已经存在并可用的内部和外部资源。

7)减少有害功能的数量,尽量剔除那些无效、低效、产生副作用的功能。

8)降低有害功能的级别,预防和抑制有害功能产生,或者将有害功能转化为中性功能。

9)将有害功能移到外部环境中去,不再成为系统的有害功能。

理想度是一个综合表述技术系统的成本、经济效益与社会效益的客观指标。它可以作为评估技术创新成果,评估某种引进技术,或者评估重大技术专项的重要评估指标。

4.2.2 资源分析

资源是构建技术系统的重要组成部分，解决技术系统中的问题也需要依赖资源。资源分析是解决技术问题与创新问题的必要基础。在任何一个不理想的、有问题的技术系统中，在该系统的内部与外部及不同的时段中，都有解决问题的资源。

1. 什么是资源？

资源是一切可被人类开发和利用的物质、能量和信息及其属性的总称。任何可用于解决发明问题的事物及其属性都是资源。如传统意义上的资源"人、财、物"及其特性，以及现代的信息、知识、大数据等。将环境中的资源与人相关的资源归类，环境中的资源如表4-4所示，与人相关的资源如表4-5所示。

表4-4 环境中的资源

序号	种类	实例
1	空间	地球或其他星球（质量、密度、地磁、引力、亮度等）
		空气（成分、密度、温度、压力、重力等）
		水（海洋、河、雨、雪等）
2	时间	周期性循环（太阳、月亮、行星、恒星、潮汐等）
		声速（密度变化）
		光速
3	界面	声衰减（频率特性）、氮循环、碳循环等

表4-5 与人相关的资源

序号	种类	实例
1	空间	人的身高、形状、容积、体重、生理机能
2	时间	身体不同部位的自然频率，脉搏、脉搏变化、眨眼速度、呼吸速度等
3	界面	发热、温度变化，动力（峰值0.75马力，均值0.33马力），出汗，吸氧，产生CO_2，生产尿素、水、垃圾，视觉、听觉、嗅觉、味觉等

设计中的可用系统资源对创新设计起着重要的作用，问题的解越接近理想化最终结果（IFR），系统资源就越重要。任何系统，只要还没达到理想化最终结果（IFR），就应该具有系统资源。对系统资源进行必要的详细分析和深刻理解对设计人员而言是十分必要的。

TRIZ学者趋同的观点是，"资源是可获得的，但又是闲置的（通常是）不可见的物质、能量、特性以及其他在系统中能够用来解决问题的一切事物及其特性，包括人财物、时间、空间和看待问题的视角以及界面等"。同时在经典 TRIZ 里，资源概念本质上只属于技术系统及其相应的环境，问题被认为只有在没有所需资源的情况下才会出现。

2. 技术系统资源的分类

技术系统内部往往有解决问题的资源——任何没有达到理想状态的系统内部都有可用资源。要注重优先在有问题的系统内部寻找解决问题的资源，尽量不要依靠引入新的外部资源来解决问题；技术系统外部也有很多资源，如技术系统工作的外部环境和超系统中的资源。

在解决创新问题及技术系统的问题时，设计者还应当注重关注两种资源，即有害物质资源与理想资源。

有害物质资源是指放错了地方的有用资源。任何事物或系统的内、外部资源都有它的最大可用性，包括有害的事物。技术系统中人们极力消除的有害因素，往往是研发资源，即可以利用有害因素本身的某些特性，来更彻底地消除有害因素本身。例如，发生山火时，风可助火势蔓延，是有害因素，但是风力灭火机产生的高速气流可以迅速吹散可燃物，降低燃点，快速灭火。

理想资源是指如重力、地磁、地热、空气、风、阳光、海水、潮汐、高空中的低温、动植物基因等自然界中广泛存在的环境资源。理想资源有 3 个特点：①无处不在，无时不有；②取之不尽，用之不竭；③几乎不花钱。

要善于发现并提倡优先使用"理想资源"，利用它们实现理想化设计的目标。使用了理想资源的技术系统，都具有简单、可靠、绿色、环保等特点，可以大大提高该技术系统的理想度。

除了上面有必要强调的两种特殊资源外，系统资源可分为内部资源与外部资源。内部资源是指在冲突发生的时间、区域内存在的资源。外部资源是指在冲突发生的时间、区域外部存在的资源。内部资源和外部资源又可分为直接应用资源、导出资源及差动资源三类。

直接应用资源是指在当前存在状态下可被应用的资源，如物质、场（能量）、空间和时间资源都是可被多数系统直接应用的资源。常见的直接应用资源分类以及实例见表 4-6。

表 4-6 直接应用资源分类与实例

序号	种类	实例
1	物质资源	木材可用作燃料
2	能量资源	汽车发动机既驱动后轮或前轮，又驱动液压泵，带动液压系统工作

(续)

序号	种类	实例
3	场资源	地球上的重力场及电磁场
4	信息资源	汽车运行时所排废气中的油或其他颗粒,可表明发动机的性能信息
5	空间资源	仓库中多层货架中的高层货架
6	时间资源	双向打印机
7	功能资源	人站在椅子上更换灯泡时,椅子的高度是一种辅助功能的利用

通过某种变换,使不能利用的资源成为可利用的资源,这种可利用的资源就是导出资源。导出资源分类与实例见表4-7。原材料、废弃物、空气、水等,经过处理或变换都可在设计的产品中采用,从而变成有用的资源。在变成有用资源的过程中,必要的物理状态变化或化学反应是必需的。

表4-7 导出资源分类与实例

序号	种类	内涵	实例
1	导出物质资源	由直接应用资源,如物质或原材料变换或施加作用所得到的物质	毛坯是通过铸造得到的材料,相对于铸造的原材料已是导出资源
2	导出能量资源	通过对直接应用能量资源的变换,或改变其作用的强度、方向及其他特性所得到的能量资源	变压器将高压变为低压,这种低电压的电能就是导出资源
3	导出场资源	通过对直接应用场资源的变换,或改变其作用的强度、方向及其他特性所得到的场资源	铣削工艺中,零件由压板改为真空装夹或电磁场固定
4	导出信息资源	通过变换与设计不相关的信息,使之与设计相关	地球表面电磁场的微小变化可用于发现矿藏
5	导出空间资源	由于几何形状或效应的变化所得到的额外空间	双面磁盘比单面磁盘存储信息的容量更大
6	导出时间资源	由于加速、减速或中断所获得的时间间隔	被压缩的数据在较短时间内可传递完毕
7	导出功能资源	经过合理变化后,系统完成辅助功能的能力	锻模经适当修改后,锻件本身可以带有企业商标

通常,物质与场的不同特性是一种可形成某种技术特征的资源,这种资源称为差动资源。差动资源一般分为差动物质资源(差动物质资源分类与实例见表4-8)和差

动场资源（差动场资源分类与实例见表4-9）。

差动物质资源包括研究结构的各向异性，即物质在不同的方向上的物理性能不同。这种特性有时是设计中实现某种功能的需要。

表4-8 差动物质资源分类与实例

序号	种类	实例
1	光学特性	金刚石只有沿对称面做出的小平面才能显示出其亮度
2	电特性	石英板只有当其晶体沿某一方向被切断时才具有电致伸缩的性能
3	声学特性	一个零件内部由于其结构有所不同，表现出不同的声学特性，使超声探伤成为可能
4	力学性能	劈木材时一般是沿最省力的方向劈
5	化学性能	晶体的腐蚀往往在有缺陷的点处首先发生
6	几何性能	只有球形表面符合要求的药丸才能通过药机的分拣装置

除了结构的各向异性外，还可以利用不同的材料特性。

不同的材料特性可在设计中用于实现有用功能。例如，如何将合金碎片进行分离呢？合金碎片的混合物可通过逐步加热到不同合金的居里点，然后用磁性分拣的方法将不同的合金分开。

差动场资源是指场在系统中的不均匀的特性可以实现某些新的功能。

表4-9 差动场资源分类与实例

序号	种类	实例
1	梯度的利用	在烟的帮助下，地球表面与3200m高空中的压力差使炉子中的空气流动
2	空气不均匀性的利用	为了改善工作条件，工作地点应处于声场强度低的位置
3	场的值与标准值的偏差	病人的脉搏与正常人不同，医生通过对这种不同的分析为病人看病

在设计中认真分析各种系统资源将有助于开阔设计者的眼界，使其跳出问题本身，这对设计者解决问题特别重要。

3. 资源分析的原则与功能

（1）资源分析的原则

1）从资源的位置方面，优先使用现成资源；从资源的准备程度来说，首先选择使用现成资源，如果现成资源不能够满足解决问题的要求，考虑使用派生资源。在使用派生资源时需要注意转化成本是否过高、转化后是否引起其他不良后果的发生等。

从资源在系统以及超系统所处的区域来说，在寻找和利用资源时，可按照以下路径来操作，即操作区域→系统→超系统→超超系统。

首先在操作区域内寻找和利用。如果在操作区域没有找到相关资源，那么就在系统内、操作区域之外寻找和利用资源，即先系统内部资源，后系统外部资源。优先使用系统内部资源解决问题，只有当系统内部的所有资源都不能解决问题时，才考虑从外部引入新资源；如果在系统内没有找到相关资源，那么可以在超系统、超超系统中寻找和利用。

2）从资源的属性方面考虑，优先选择有害的资源。TRIZ 理论解决问题的思路是利用最小的改变、最低的成本、最便捷的方式、最少的资源来解决问题。因此在选择资源时，优先选择有害的资源，也就是说如果将系统内有害的资源变为有益的资源的同时能够解决问题则是最好的选择。

3）虚实结合的原则。如果是 TRIZ 新手，可以先从问题情境中看得见的物质资源（如系统组件、元件等）入手，然后逐步向物质的属性资源、能量（场）资源、信息资源、时间资源、空间资源和功能属性资源扩展。如果是比较有经验的 TRIZ 专家，可以把这个过程反过来，先充分利用场或信息的资源，其次选择利用闲置或废弃的物质资源，再选择其他物质资源。

（2）资源分析的功能

资源分析是 TRIZ 理论中解决问题的重要工具，资源分析是否全面、准确、系统，在很大程度上决定了问题是否能够解决。随着技术的不断进步，现成资源将逐渐不能满足解决问题的需要，挖掘派生资源将是解决问题的关键。

在分析资源的过程中，要根据因果逻辑关系链找出主要问题及解决问题所需资源，目的就是把资源同问题联系起来。另外要从多维问题中找出成对的因素，确定关键点，通过多因素综合思考，探索解决问题的资源，目的是把同解决问题相关的资源组合起来。

例如：物质资源与空间资源的组合：①注重物质相态的组合（固、液、气、真空、等离子，如对冰、水、蒸汽之间的转化组合）；②多孔材料（固体泡沫材料）、泡沫（气泡）、粉末、混合物、胶质等。

如将电化学沉积在多孔体上的金属，经烧结使沉积组分连接成整体，强度达到要求的高孔隙泡沫金属，孔隙度高，使用中可以填充更多的物质，如催化剂、电解质等，可变成高效催化剂和微电子元件的散热器，形成优异的物质交换性质。加入钛的泡沫金属还可以植入生物体，产生高效的物质渗透性能，促进相应部位的细胞生长。这些科技成果的出现都与一开始进行的资源分析有关，因此掌握资源是解决问题的第一步。

利用资源的总目标就是，要善于寻找整个系统及其周围环境中的资源，巧用资源，综合利用资源,特别是要在实现"自服务"和"变害为益"上下功夫,要将那些闲置的、免费的和廉价的、隐形的、原本要抛弃的资源充分利用起来,实现有用功能,消除有害的、不足的或过度的功能,增加辅助功能,逐步实现或接近系统的理想化最终结果。

资源分析的结果是找到系统中所有可用的解题资源,特别是我们平时没有观察到的隐性资源。另外需要指出的是,从本质上说所有的物质属性也都是资源。因此,属性分析的结果是找到了所有参与相互作用的系统组件/物质的属性,以便更好地进行资源分析。TRIZ 理论中寻找资源的工具主要有九屏幕图、技术矛盾、功能分析、物场分析等。

思考练习题

1. 如何理解理想化、理想化最终结果和理想度这三个概念?
2. 什么是资源?什么是理想资源?
3. 资源的分类有哪些?

4.3 TRIZ 的 40 个发明措施

引导案例

日本索尼公司的创意策划师(Idea Creator)高木芳德的工作是为改进业务提出各种设想和对员工进行 TRIZ 培训。他在学习和研究 TRIZ 理论时,发现 40 个发明措施对激发新创意非常有帮助,但是 40 个措施数量大,含义丰富,每次使用都要反复阅读措施内容和示例。于是他就想有什么办法能帮助自己更好地记忆这些内容呢。他首先想到将措施符号化,将措施编号的数字与图形结合,记住这些符号,措施的内容就不会忘记了。于是他反复探索绘制出 40 个发明措施的图标。但 40 个图标仍然数量不小,他就想到是否可以将这些措施分组,这样培训时间也好安排。他首先想从措施 1 开始,4 个一组,分成 10 组。在分组过程中,发现行不通,第 8 组措施若还限定为 4 个,措施 33. 均质性与 34. 抛弃与再生、35. 参数变化、36. 相变显然内容不相近,而跟前面一组原理更相似,同时措施 40. 复合材料与措施 37. 热膨胀、38. 强氧化、39. 惰性环境分到一组也不合适。于是索性将措施 33 和 40 分到第 7 组,而将措施 34~39 也分成一组,这样就形成了九大类别。他的论文在 2012 年日本 TRIZ 协会第 8 次年会上还获得了特别奖。

4.3.1 发明措施简介

1. 发明措施的开发

阿奇舒勒坚信解决发明问题的措施是客观存在的。40个发明措施（见本章附录2）是阿奇舒勒的第一套解决发明问题的共性知识。在经典TRIZ创立之初，他就发现"发明性问题无穷无尽，但问题所包含的技术矛盾经常重复出现。如果典型矛盾存在的话，则消除这些矛盾的典型原理也一定存在"。[一] 他坚信发明措施是客观存在的。在分析大量发明专利的过程中，他发现发明问题虽然是无限多的，但是解决问题的知识并不多。大多数创新思路的基础其实就是一些通用措施，发明者在解决发明问题时总是使用这些措施，而这些措施在不同领域和不同时间反复出现，每一个措施都能引发一系列发明，并申报不同的专利。他认为任何一个创新理论都应该从经验中收集大量素材，而这些通用措施恰恰是前人发明经验的总结，是全球专利知识的精华，它们可以被梳理和归纳出来，形成解决发明问题的基本知识，这也是开发解决发明问题的理性系统的主要前提条件之一。[二]

阿奇舒勒认为虽然早就有人尝试编辑措施清单，但在措施的选择上带有主观性，只有编者认为重要的措施才编入清单，并且还包含思维方面的措施。而经典TRIZ的发明措施则是对原来技术系统体系或技术方法加以改造的步骤，并非将所有改造方法都收进来，只收入那些在解决当代发明问题时，对消除技术矛盾足够有力的改造方法，以及通过分析大量的专利文献才能揭示出的措施。并且分析的必须是高水平的发明专利（第三级以上）。因为只有高水平的发明问题才有物理矛盾。消除物理矛盾的措施，应该在解决这些问题的答案中去寻找。在高水平专利的记述中通常都指出了原有技术系统的缺点及建议的新技术系统。比较这些资料就能揭示出物理矛盾的实质和消除这些矛盾的措施。[三]

阿奇舒勒在对大量的发明专利进行研究、分析、归纳、精炼的基础上，总结出了TRIZ中最重要的、具有广泛用途的40个发明措施以及这些措施的操作细则。40个发明措施是人类长期与物质世界相互作用的结果，是人类发明智慧的结晶。它们是阿奇舒勒奉献给我们的第一套解决发明问题的共性知识，是全人类发明知识体系中璀璨的篇章。研发人员掌握这些发明措施，可以大大提高发明的效率，缩短发明的周期，而

[一] 阿奇舒勒. 创新算法——TRIZ、系统创新和技术创造力[M]. 谭培波, 茹海燕, 等译. 武汉: 华中科技大学出版社, 2008.

[二] 赵敏, 张武城, 王冠殊. TRIZ进阶及实战——大道至简的发明方法[M]. 北京: 机械工业出版社, 2016.

[三] 阿里特舒列尔. 创造是精确的科学[M]. 魏相, 徐明泽, 译. 广州: 广东人民出版社, 1988.

且能使发明过程更具有可预见性。用有限的发明措施来指导发明者解决几乎无限的发明问题，是 TRIZ 的精髓之一。

2. 发明措施与发明原理

目前多数国内 TRIZ 研究并未采用"发明措施"的译法，而使用"发明原理"。本文认为这不仅是翻译问题，也是对经典 TRIZ 正确理解的问题，需要予以重视。我国著名 TRIZ 专家赵敏在其《TRIZ 进阶及实战——大道至简的发明方法》一书中对这一问题从翻译和词义两方面进行了阐述，值得我们借鉴。

首先，赵敏从翻译上考证了"发明措施"。他指出在魏相和徐明泽翻译的《发明程序大纲》（1985）和《创造是精确的科学》（1987）中对俄文原词 Принцип 采用了"发明措施"的译文。Принцип 俄文原意有"原则，原理，定理，指导原则"等意思，其中"原则"是首要意思，而"原理"是次要意思。两位译者把"原则"转译为"措施"，并做了解释：把 Принцип 译作"措施"是经过仔细斟酌的，重在表现这是一种可操作的发明原则和改进有问题的产品的具体举措，因此译作"措施"更贴近原意。后来吴光威和刘树兰翻译的《创造是一门精密的科学》（1990）中使用了发明"技法"的译法，也接近"措施"的意思。此外《中国机械工程》杂志在 1986—1989 年组织徐明泽和谢燮正等多位东北大学专家发表了多篇包含经典 TRIZ 的"发明方法讲座"连载研讨文章，其中频繁使用了发明措施、发明技法或发明原则的术语。尽管术语有所差异，但是所有译者都基于俄文原著的翻译没有采用"发明原理"一词。随着苏联解体，TRIZ 走向全球，大量的俄文原著被翻译成了英语版本，俄文的 ТРИЗ 也逐渐被罗马注音的 TRIZ 取代。此后各国对 TRIZ 的引入多是从英语翻译成本国语言的。20 世纪 90 年代后期 TRIZ 在我国的再次兴起就多来自对英文资料的引进，而正是在翻译英语 TRIZ 资料时才有了"发明原理"的译法，并且随着 2007 年以后对 TRIZ 的推广普及而被一直沿用了下来。⊖

其次，赵敏从词义角度分析了两者的差别。阿奇舒勒明确指出措施是一次性（基本的）的运演；方法是措施的组合，是运演系统。而原理应该是一种基本规律，有着较高的科学地位。显然"措施"在含义上与"原理"存在一定的差异，而 40 个发明措施并不都可以称作基本规律。40 个发明措施只是证明了它们都可以解决问题，并非每个发明措施都具有同等级别和效用。在 TRIZ 解题工具中还有分离原理这样归一化的发明原理，还有科学效应这一类蕴含了科学原理、定义更严格，数量更多，知识粒度更细致的发明知识，把发明措施与分离原理、科学效应相提并论为"原理"是不恰当

⊖ 赵敏，张武城，王冠殊. TRIZ 进阶及实战——大道至简的发明方法 [M]. 北京：机械工业出版社，2016.

的，也不符合阿奇舒勒原著的本意。而将其译作"发明措施"更恰当一些。[一]

3. 发明措施的使用

那么发明措施该如何使用呢？首先，阿奇舒勒认为发明措施的最大价值在于它的体系化，"一套措施像一套工具一样，形成一个体系。它的价值，超过了这套工具的各件工具价值的算术和"[二]。其次，他在体系化应用发明措施的思想指导下，基于对39个通用参数的总结，开发了更利于实践应用的"发明措施应用表"（"矛盾矩阵表"）。39个通用工程参数是阿奇舒勒通过分析大量专利文献，为更好地解决实际问题而陆续总结出来的，专门用于描述技术系统所发生问题的参数属性，有助于实现具体问题的一般化表达。他认为利用39个通用工程参数就足以描述工程中出现的绝大部分技术内容。而当技术系统中两个参数之间存在着相互制约、此消彼长的情况时，就产生了技术矛盾。解决技术矛盾通常要使用40个发明措施。为了提高解决技术矛盾的效率，搞清楚具体在什么情况下使用哪些发明措施，他开发了"发明措施应用表"来作为发明措施的应用工具。应用矛盾矩阵来解决实际问题时，先把组成技术矛盾的两个参数分别用39个通用工程参数中的两个来表示，这样就把实际工程设计中存在的矛盾，转化为用39个通用工程参数表示的标准技术矛盾。对39个参数进行配对组合，产生了大约1300对典型的技术矛盾。与之对应的是解决这些技术矛盾时最有用的发明措施的编号（不限于单个发明措施，可能是多个）。也就是说"发明措施应用表"会建议优先采用哪些发明措施来解决技术矛盾。

阿奇舒勒强调在编制"发明措施应用表"时，"对于每一空格都必须先确定领先的技术部门。在该技术部门中，指定类型的矛盾是用最有利和最有前途的措施消除的……领先技术部门使用的措施应用表，有助于人们找到普通发明课题的较好答案。为了使这个表也适用于仅在领先的技术部门产生的课题，它还应该额外包括刚刚进入发明实践活动的那些最新的措施。这样的措施经常不是在被授予发明证书的'顺利'的发明中遇到的，而是在种种因'不能实现''不现实'而被拒绝了的发明申请中遇到的。这样，这个表就反映了几代发明家的集体创造经验"。另外他还强调"这个表绝不是为了解决'陌生的'课题而开列的。表是ARIZ的一部分，应该与ARIZ的其他运演步骤共同运用。在ARIZ-77中，表的运用就是第4-4步骤"[三]。

在阿奇舒勒看来，如果经典TRIZ是一座发明家虚拟的"创造性工厂"，那么发明措施就是"工具箱"，学习使用它们需要一些技巧。而"发明措施应用表"能揭示出

[一] 赵敏，张武城，王冠殊. TRIZ进阶及实战——大道至简的发明方法 [M]. 北京：机械工业出版社，2016.

[二] 阿里特舒列尔. 创造是精确的科学 [M]. 魏相，徐明泽，译. 广州：广东人民出版社，1988.

[三] 阿里特舒列尔. 创造是精确的科学 [M]. 魏相，徐明泽，译. 广州：广东人民出版社，1988.

对于给定问题最有效的解决方案。开始学习使用该表时首先要按部就班地分析所有的发明措施，然后才能灵活使用。总之，人们不仅要理解发明措施，还要掌握应用这些措施的方法。

4.3.2 发明措施的金字塔

40个发明措施既存在内涵和性质上的不同，也存在层次和水平上的区别，但它们并不是各自孤立、分散存在的，而是以措施体系的状态呈现出来的，形成了一个发明措施的金字塔。

1. 有力措施和不力措施

阿奇舒勒认为40个发明措施的内涵和性质并不完全等同，彼此间有一定的差异。除了大家已经熟知的使用频率上的差异之外，在内容和解题水平上来说也有较大差异。"应该弄清楚已经揭示出的40个发明措施的性质。它们中，哪些是有力措施？哪些是不力措施？为什么一些措施比另一些措施有力？能否有方向地寻找新的有力措施？……不力的措施是陈旧的，并且使事物专门化，有力的措施要新得多，并且使事物接近于理想机器、理想方法或理想物质；在有力的措施里，体现了原则上是新的方法，利用了物理效应，其变化比陈旧的不力措施更细微、更巧妙。"㊀阿奇舒勒总结了有力措施的三个特点：一是能使事物发生根本变化；二是使事物接近理想状态；三是若干作用组合在一起。

2. 发明措施的不同体系和层次

阿奇舒勒认为发明措施有体系和层次之分。"它们像化学元素似的，极少一开始就遇到纯净状态……措施及它们的结合，就形成了一个多层次的体系。"㊀这充分说明发明措施的形成也是通过不断组合、筛选和重用而形成更为有力的措施的。他把40个发明措施分为三个层次：

第一层次是"基本措施"（分割、组合、局部质量、不对称等），"增加这样的基本措施是没有前途的"，因为单独使用某个措施时是不力的。例如不对称措施，到底是不对称好一些，还是对称（如曲面化措施）好一些？很难确定，因为有时对称好一些，有时不对称好一些。是否使用、如何使用以及哪个措施更好，我们无法得出肯定结论，只能根据具体问题当时的情况确定。阿奇舒勒的基本认识是："不利的措施是陈旧的，并且使事物专门化。"即这样的基本措施不指向技术系统进化的方向。

㊀ 阿里特舒列尔. 创造是精确的科学［M］. 魏相，徐明泽，译. 广州：广东人民出版社，1988.

第二层次是较有力的"成对措施"（正措施——反措施）。因为成对措施能导致事物更彻底的改变，比单一的措施有力。因此成对措施比比皆是，阿奇舒勒也给出了更多的阐述。

"比方说，我们来看看属于措施 1 那样的措施吧。船分成若干段（船台结构），这是分割的原则吗？但要知道也可以认为这是措施 5——联合的原则，即这些段联合成一条船体。事实上，这是利用了两个措施：首先将船体分成若干段（分割），然后再将这些段组装成一个结构（联合）。这个效果是同时采用两个措施——正措施和反措施而达到的。"

"措施 9（预先反作用）比（同种的）措施 10（预先作用）要有力，原因在于措施 9 实质上包括了两个步骤，即预先作用（措施 10）和反过来作用（措施 13）。"

第三层次是"复杂措施"，即把基本措施、成对措施与其他措施结合在一起，包括应答性、物场、磁场类型的结合。措施的体系越复杂就越有力，并且越清楚地指向进化方向，越接近理想方法。这符合技术系统的基本进化规律，是主流的发展方向。

"在有力的措施里，体现了原则上是新的（相反的）方法（措施 13 和措施 22），利用了物理效应措施（措施 28 和措施 36），其变化比陈旧的不力的措施更细微、更巧妙。比如，我们来看看措施 19（向间断作用过渡）和措施 20（向不间断作用过渡）。乍看起来，这两个措施是同类的，但措施 20 的有效性系数是措施 19 的有效系数的二倍半。为什么呢？因为不间断作用接近理想方法，而间断作用则是背离它的。只在一些特殊的场合里，当过渡到脉冲性工作的方式所产生的新的效果能抵偿间歇期的时间损失时，这种对理想方法的背离才不算作不应该。"

3. 发明措施水平有宏观、微观之别

同一个发明措施应用在不同级别的系统结构，所产生的发明水平截然不同。例如把"分割"措施用在宏观的零部件级别，可以产生一级或二级发明，而用在微观的分子、离子、基本粒子级别的发明，则属于四级发明。阿奇舒勒给出的例子是：交通信号灯"可拆卸的支柱"是一级水平的发明，而在能量装置二循环回路中应用了"可拆卸的分子"作为工作介质，即加热时分解并吸热，冷却时重新化合复原，至少是四级水平的发明。

同一个系统结构应用了不同的发明措施，所产生的发明水平截然不同。例如，为了让钻头在钻井时能适应弯曲的井筒而"转弯"，可以采用 15 号动态化措施，用宏观的多铰接机构实现，也可以采用 37 号热膨胀措施，用两种材料的热膨胀系统差异，在微观的晶体点阵中来实现。

阿奇舒勒指出："每一个措施，都可以在宏观和微观水平上应用。在一种情况下应用'大铁块'，在另一种情况下应用分子、离子、基本粒子。"微观与宏观的关系有

四种情况：宏观→宏观，微观→宏观，微观→微观，宏观→微观。第一种、第二种和第三种都可以产生二级以下的发明，但是难以突破三级发明。可以肯定的是，第四种从"宏观→微观"发展的结果，都往往会产生四级甚至五级的高水平发明。

当我们分析问题和再定义问题时，一定要从关注宏观问题，逐步过渡到关注微观问题，从使用零部件解决问题，逐步过渡到使用材料中的分子、原子或粒子解决问题，直至使用场解决问题。将解题着眼点深入到微观层面，有助于大幅度提高解题水平。

4.3.3 分类运用的发明措施

1. 发明措施的分类

尽管发明措施来自阿奇舒勒对大量高水平发明专利的精心概括和总结，是高度通用的发明思维的结晶，但毕竟内容丰富且数量太大，且不说熟练掌握和应用，就是简单记忆，对初学者也并非易事。为了解决这个问题，1971 年，阿奇舒勒想了很多办法，如利用重量、速度、可靠性等 39 个互相矛盾的工程参数构建了矛盾矩阵，将发明措施按照改善和恶化的参数对分成 1482 组，每组包括 1～4 个最常用的发明措施，作为解决技术矛盾的辅助工具；1982 年又进一步提出了解决物理矛盾的空间分离、时间分离、条件分离和系统分离四种分离方法，将发明措施按照所对应的分离方法分成若干组，每组 1～12 个发明措施。这些方法对于发明措施的选择具有很好的指导作用，但是有两个缺陷，第一个是理论上的，即这两种分组方法都存在重复交叉分组的问题，某一个发明措施会多次出现在不同的分组中。第二个是实践上的，即它们都过于复杂，尤其对于初学者来说，要在短时间内记住并理解每个原理的具体含义及示例十分困难。

2. 发明措施的九大类别

为了适应东方人的记忆习惯，2012—2014 年，日本索尼公司的 TRIZ 专家高木芳德提出了将 40 个发明措施符号化的思想，并将这些原理分成九大类别：

第一大类 空间分离：1. 分割；2. 抽取；3. 局部质量；4. 不对称。

第二大类 时空组合：5. 组合；6. 多功能性；7. 嵌套；8. 重量补偿。

第三大类 预先安排：9. 预先反作用；10 预先作用；11. 预先防范；12. 等势。

第四大类 稳态逆变：13. 反向作用；14. 曲面化；15. 动态化；16. 不足或过度作用。

第五大类 高效化：17. 增加维度；18. 振动；19. 周期性；20. 持续性。

第六大类 无害化：21. 急速作用；22. 变害为益；23. 反馈；24. 中介。

第七大类 省力化：25. 自服务；26. 复制；27. 廉价替代；28. 替代机械系统。

第八大类 材料改变：29. 流动性；30. 轻薄柔韧性；31. 多孔材料；32. 颜色改变；33. 均质性；40. 复合材料。

第九大类 属性改变：34. 抛弃与再生；35. 参数变化；36. 相变；37. 热膨胀；38. 强氧化；39. 惰性环境。

这九类原理还可以进一步简化为九个字——分、合、预、逆、效、益、省、材、性。

按照划分九大类别所依据的不同标准，它们还可以分为三组，第一组涉及的是时间或空间变换，包括1. 空间分离、2. 时空组合和3. 预先安排，简称"分、合、预"；第二组考虑的是创新的目标，包括5. 高效化、6. 无害化和7. 省力化，简称"效、益、省"；第三组着眼于对象系统的材料、属性或状态，包括4. 稳态逆变、8. 材料改变和9. 属性改变，简称"逆、材、性"。

九大类别发明措施的划分标准、分组及其简称见表4-10。

表4-10 九大类别发明措施的划分标准、分组及其简称

划分标准		划分标准		划分标准	
时空	简称	目标	简称	材性	简称
1. 空间分离	分	5. 高效化	效	4. 稳态逆变	逆
2. 时空组合	合	6. 无害化	益	8. 材料改变	材
3. 预先安排	预	7. 省力化	省	9. 属性改变	性

细心的读者会发现，在这九大类别中，没有一个原理是重复分类的，这并不是说某个原理只能属于某个特定类别，而是说明这是它最常见的类别。

这一分类方法，高木芳德将其命名为"九大类技术措施"，但笔者认为，其实质是着眼于发明措施所实现的一般功能。无论是空间分离、时空组合和预先安排，还是稳态逆变、材料改变和属性改变，抑或是高效化、无害化和省力化，都是为了实现某种功能。高木芳德虽然未明确提出这一点，但笔者认为，将其命名为基于功能的发明措施分类方法要比只是直观地命名为"九大类技术措施"更能揭示这种分类的本质。为了进一步帮助理解和记忆，我们将这九大类别发明措施按其含义和编号绘制成图标，如图4-10所示。

3. 九大类别发明措施的五种应用

有了这样的分组以后，我们就可以根据所要解决问题的需要选择可能适用的发明措施了。

1）设计新系统，应用空间分离、时空组合和预先安排三类原理。

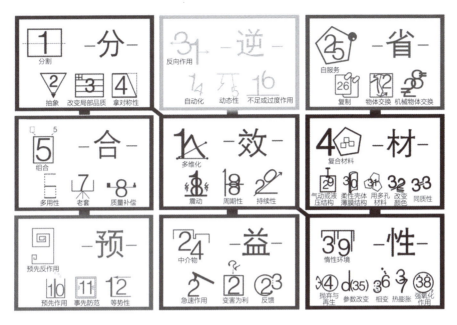

图 4-10 九大类别发明措施图标

【案例 4-1】

设计一款方便使用的一次性牙膏。这里的问题是,旅客只是暂时入住,所以只需要准备很简单的牙膏,而且多数旅客不会随身携带小刀等开启工具,这就需要一种方便开启使用的一次性牙膏(如图 4-11 所示)。

我们先采用第一类原理,空间分离:1. 分割;2. 抽取;3. 局部质量;4. 不对称。经过分析,1、2、4 这三个原理基本不适合,只有第 3 项局部质量适合。采用这一原理,我们对牙膏盖进行了改进,在制作时使其形成一个尖锥体,用其顶挤牙膏头,就能够很好地解决开启牙膏的问题了(如图 4-12 所示)。

图 4-11 方便开启使用的一次性牙膏

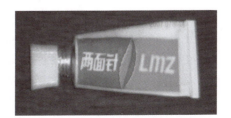

图 4-12 带尖锥的牙膏盖

2)要改变现有系统,应用稳态逆变、材料改变和属性改变三类原理。

【案例 4-2】

在有限高度的场所中模拟极高的攀岩墙,攀岩训练应不受天气约束。因此需将攀岩训练墙设在室内。攀岩训练墙通常有数十米高。这就对其放置地点有了限制。如何在高度有限的房屋内进行模拟训练?问题如图 4-13 所示。

我们先采用第一类原理,稳态逆变:13. 反向作用;14. 曲面化;15. 动态化;16. 不足或过度作用。经过分析,13、14、16 这三个原理基本不适合,而第 15 项动态化恰好能解决这个问题,解决方案如图 4-14 所示。

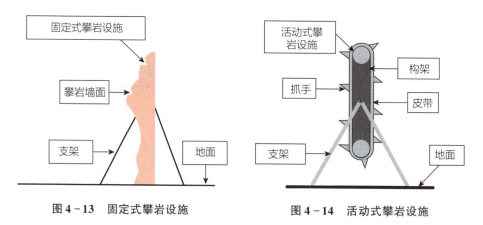

图 4-13　固定式攀岩设施　　　　　　图 4-14　活动式攀岩设施

应用动态化:使不动的物体可动或可自适应,使机构的转动方向与训练者攀爬的方向相反,如图 4-14 所示。

除了设计新系统和改变现有系统以外,还有三种应用九大类发明措施的情况,即

3)要完善现有系统,应用高效化、无害化和省力化三类原理。

4)要影响超系统,应用稳态逆变和高效化两类原理。

5)要改变超系统,应用材料改变和省力化两类原理。

限于篇幅,这里不再赘述,读者可自己思考。

综上所述,与传统的发明措施分类相比,这种方法的优势在于:第一,每个原理仅被划分入一个类别,没有重复和交叉;第二,将 40 项创新措施分成 9 组,每组包括 4 个或 6 个原理,大大降低了记忆和掌握的难度;第三,将其应用与系统变换的一般要求或目的联系起来,而不是细究 31 个矛盾参数具体内容,大大降低了应用难度。

> **思考练习题**
>
> 1. 每个发明措施的层次和水平都是一样的吗？
> 2. TRIZ 的理论基础是什么？
> 3. 40 个发明措施有哪些分类？又有那些应用？

4.4　TRIZ 的矛盾分析

矛盾分析是 TRIZ 最为核心的分析工具，阿奇舒勒将矛盾作为揭示解决问题所有过程的基础模型来使用。他通过分析和研究全球范围内的大量发明专利，发现发明问题中至少包含一个矛盾，解决问题就是要消除矛盾。这是 TRIZ 最具有划时代意义的重要结论。他还强调在探求新的技术解决方案时，不仅要发现和解决矛盾，还要揭示在技术进化过程中矛盾表现出的特殊性，弄清作为技术发展内因的矛盾运行的具体机制。任何技术系统中都存在着众多矛盾，这些矛盾的形式与表现错综复杂，它们具有暂时性和历史性，以及相互联系和制约等特点。这些矛盾就是社会技术需求与该技术系统可能性之间的矛盾（外部矛盾）、技术系统参量与要素之间的矛盾、各部分与要素性质之间的矛盾（内部矛盾）。矛盾的产生与解决是辩证地相互制约：解决一个矛盾，同时又产生另一个矛盾，否则技术对象就不会发展。矛盾永远是发展的动因，是贯穿于矛盾的产生、发展、解决过程各阶段的内在动力。

4.4.1　管理矛盾、技术矛盾和物理矛盾

TRIZ 将矛盾划分为管理矛盾、技术矛盾和物理矛盾三种类型。

所谓管理矛盾，就是指最初发明任务的产生这一事实本身就是矛盾，是一个介于需求和满足它的能力之间的矛盾。发明问题在某个领域长期存在，知道需要做些什么去改善现状，但是不知道该如何去做。管理矛盾的启发力等于零，但正是这种矛盾激发了技术创造。例如，一个不合适的系统参数应该被改进（如提高计算机性能）；管理上有一定的缺陷应该避免（如投资效率不高），但是不清楚如何避免；做出的产品有缺陷，但是不清楚原因等。这些矛盾通常被称作管理矛盾。管理矛盾经过分析后可以转化成技术矛盾和物理矛盾。

所谓技术矛盾，就是指系统的各部分与参量需要变化时产生的矛盾。两个参数/功能/属性/质量等彼此之间的矛盾，即如果试图改进技术系统的某一个参数 A，而引起了系统的另一个参数 B 不可接受的恶化，则说明系统内部存在着技术矛盾。所有的人

工系统、机器、设备、组织或工艺流程，都是相互关联的参数的综合体，如生产率、能耗、数量、规模、运行效率、清偿能力等，尝试去改善一个参数，往往会造成其他参数的恶化，从而形成技术矛盾。技术矛盾产生的根源在于技术系统内部的参数/功能/属性不协调所形成的对立。

所谓物理矛盾，就是指对技术系统同一部分提出相互对立的要求所产生的矛盾，也就是两种截然不同的需求 A 和非 A 制约一个参数 P 的矛盾。即对技术系统中的某一个组件/元件的参数 P（或属性）提出了截然不同（包括完全相反）的需求 A 和非 A 时，该系统存在物理矛盾。A 和非 A 两种需求像拔河一样，此消彼长，一方的获益建立在另一方的损失之上。这种自相矛盾的情况，对解决发明课题来说是屡见不鲜的。物理矛盾是技术矛盾的成因。与技术矛盾相比，物理矛盾在解决实际问题时使用得更广泛。物理矛盾产生的根源来自技术系统外部对技术系统内部某元件的参数或属性的截然不同的对立需求。现实存在的问题中几乎都能找到物理矛盾。

我们可以这样理解管理矛盾、技术矛盾和物理矛盾之间的关系：通常管理矛盾包含了若干技术矛盾，管理矛盾可以转化为技术矛盾；而技术矛盾是由相应的物理矛盾形成的，技术矛盾可以转化为物理矛盾；三者之间存在"管理矛盾→技术矛盾→物理矛盾"的转化路径。虽然理论上矛盾可以相互转化，但由于上述转化路径在解决矛盾上趋于越来越彻底，因此反向转化极少。而较为常见的是把技术矛盾转化为物理矛盾。

人们对于技术矛盾一般会采取以下四种对策：①对于存在的技术矛盾不予关注；②接受技术矛盾的某一个方面；③采取妥协折中的办法解决技术矛盾；④毫不妥协地彻底解决存在的技术矛盾。以往工程师和发明家通常习惯于采取折中的办法，虽然降低了矛盾双方冲突的强度，但并没有彻底解决技术矛盾。而 TRIZ 对待技术矛盾的态度不是逃避、折中或者妥协，而是彻底地克服和解决技术矛盾，进而推动技术系统向理想化方向进化。对于物理矛盾的解决，TRIZ 通过空间分离、时间分离、条件分离和整体与局部的分离，来突破以往对物理矛盾的折中解决，寻求理想化最终结果。"TRIZ 解决物理矛盾的四种'分离原理'的实质正是要求人们打开封闭的头脑，以矛盾对立统一的辩证法则为指导，把矛盾作为统一体的固有内容来把握，同时又把统一与和谐作为矛盾的本来根据来把握，使矛盾在不同条件下的相互转化，通过矛盾双方的共融来吸收、同化和超越，使对立面相反相成。辩证的逻辑决定了辩证方法的作用：揭示事物的对立方面，在对立面互补统一的关系中达到新的和谐一致，达到对事物的更完美地认识，实现理论和实践的统一。而'最终理想解（IFR）'作为 TRIZ 理论解决矛盾的最高追求，即是一种终极的统一状态，是矛盾消长到一定程度时事物发生质的飞跃后形成了新的和谐统一体。"㊀

㊀ 裴晓敏.创学视野下的创造过程哲学 [D].合肥：中国科学技术大学博士论文，2013.

另外，我们对技术矛盾可以理解得更广泛些，即各种系统中相互作用的各种要素间不同特性的不相符与不平衡。这些矛盾是在各个对象之间相互作用中产生的，也是技术手段与加工物体之间的矛盾，又是对象特性与加工者之间的矛盾，以及技术需求、必要性与可能性之间的矛盾。研究发明问题首先就要发现技术矛盾，然后才能表述一定的任务。

阿奇舒勒认为在解决各种发明问题时，技术矛盾总是以独特的方式表现出来。这就为各种技术矛盾创造了各自的问题情境，于是创造的目的就在于对不同的问题情境予以不同的独特的解决。他还指出把技术矛盾分成有限的几种"类型"也只是大体分类，每种类型矛盾中还包含着形形色色的矛盾。解决技术矛盾的结果是创造出新的技术系统，把新技术解决方案与老技术解决方案的要素有机地综合成新的整体。

4.4.2 矛盾的分析

1. 技术矛盾的分析

技术矛盾是由两个通用工程参数（如参数 A、参数 B）构成的矛盾，改善其中一个通用工程参数 A 时，往往会导致另一个通用工程参数 B 恶化，因此，我们定义"参数改善"的含义是：积极参数的有用作用增加，或消极参数的有害作用减少；反之，积极参数的有用作用减少，或积极参数的有害作用增加，则视为"参数恶化"。

技术矛盾有多种表达方式。不少人常用图 4-15 表达技术矛盾。如果出现参数 A 和参数 B 相互制约、相互影响的情况，则认为两个参数之间构成技术矛盾。其典型的矛盾特征是：当参数 A 趋于改善时，参数 B 趋于恶化，反之亦然。在理解和判断上，参数 A 和参数 B 就像是一个"跷跷板"的两端，一方的升高（改善）是以另一方的降低（恶化）为代价的。

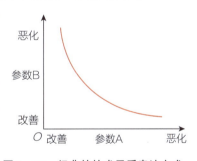

图 4-15 经典的技术矛盾表达方式

图 4-15 虽然表述了两个参数在改善和恶化上的相互制约关系，但是没有以图示的方式区分参数本身的含义是积极参数还是消极参数，因此在识别参数的两面性上有缺陷。

有时候，问题当中包含的技术矛盾清晰可见。例如，有些问题如果用传统方法解决，物体的重量就会增加，这让人难以接受。但有时候，技术矛盾难以觉察，好像融入了问题的条件中，特别是当我们仅仅知道"必须对某某进行改进"或者"必须达到某某结果"，而不知晓其可能的负面效果时，那么要从中找出技术矛盾就较为困难了。因此，有必要遵循一套有效的技术矛盾确定方法。

具体而言，确定技术矛盾包括以下三个基本步骤：

1）问题是什么？
2）现有的解决方案是什么？
3）现有解决方案的缺点是什么？

其中，第一步是对初始的实际问题进行分析，可以使用因果分析或者组件分析等方法，通过这些分析方法找到问题的入手点。

从第二步中找出此技术系统的现有解决方案改善的特性或参数 A。

从第三步中找出现有的解决方案恶化的特性或参数 B，A 与 B 构成了一对技术矛盾。

【案例 4-3】

在抛光光学玻璃的过程中，需要对抛光器与玻璃接触的表面进行冷却，以免产品温度过高而发生损坏。已有解决方式是在抛光器上开凿一些通孔，然后再将冷却液注入通孔，使其流至接触表面，从而达到降温效果。

第一步，问题是什么？

现有组件包括抛光器、光学玻璃，二者在抛光作用过程中会产生热量。

第二步，现有的解决方案是什么？

在抛光器上开凿一些通孔，然后注入冷却液，以降低抛光器与光学玻璃接触表面的温度。

第三步，现有解决方案的缺点是什么？

抛光器上的通孔会在抛光过程中使接触表面变得凹凸不平，从而恶化了产品的形状。因此，温度与形状之间构成一对技术矛盾。

2. 物理矛盾的分析

物理矛盾——两种截然不同的需求 A 和非 A 制约一个参数 P（或属性）的矛盾。即对技术系统中的某一个组件/元件的参数 P（或属性）提出截然不同（包括完全相反）的需求 A 和非 A 时，则该系统存在物理矛盾。例如：某个物体尺寸既要大又要小、既要长又要短，速度既要快又要慢，颜色既要红又要绿，等等。A 和非 A 两种截然不同的需求同"拔河"一样，相互较劲，此消彼长，一方的获益建立在另一方的损失之上。这是一种典型的物理矛盾，如图 4-16 所示。

在物理矛盾状态下，当参数 P 变化时，无论如

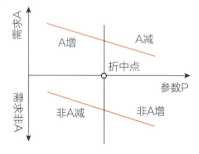

图 4-16 由需求构成的物理矛盾

何都无法使 A 和非 A 同时处于较好的状态。很多技术人员把希望寄托在通过"调参数"而得到的折中点上,即 A 和非 A 都不算太好也不算太差,而实际上二者都非最佳值。这相当于"拔河的结果回到了中点"。

解决问题时寻找并解决矛盾最为重要,理解矛盾的概念会帮助我们从不同的角度观察问题,在理解问题的过程中会帮助我们消除思维惯性,取得好的思维效果。有些 TRIZ 学者认为,在 TRIZ 理论的诸多方法中,最具实用性、最为重要的核心内容就是寻找并解决技术系统中的物理矛盾,尤其是问题情境的微观结构中的物理矛盾(最小问题)。通常,只要在一个系统组件上同时存在有用功能和有害功能,那么该组件上必有物理矛盾。

在定义和识别物理矛盾时,初学者最容易出错的是物理矛盾的双方面 A 和非 A 的范畴界定。非 A 的意思,不仅是恰好与 A 相反(例如 – A),而且包含了所有不是 A 的部分,这是对非 A 的严格定义。因此,"物理矛盾是由两个相反需求所构成"的定义是片面的。

图 4 – 17 说明了对 A 和非 A 的范围识别与判断。如用白色区域表示 A,其所对应的黑色区域就是 – A, – A 是非 A 的特例,但是并不全面,还有两侧其他区域(所有非白色的区域),包括 – A(黑色区域),都属于非 A 的范畴。至关重要的是,所有的非 A 都会与 A 形成物理矛盾。

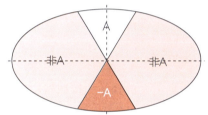

图 4 – 17 对 A 和非 A 的范围识别与判断

以十字路口为例,如果把北向来车定义为 A,那么东、西、南向来车就是非 A。南向是 – A,包含在非 A 范畴中。如无管控,北向来车与南向、东向、西向的来车都有可能发生碰撞,甚至同向车辆都会发生剐蹭。因此,南北方向依靠左右划分车道的空间分离,东西方向依靠通行次序上的时间分离。

解决物理矛盾时,往往从定义技术矛盾入手,进而描述物理矛盾。

定义物理矛盾的步骤如下:

1)对技术系统进行因果轴分析。

2)从因果轴定义技术矛盾:A + ,B – ;或者 B + ,A – 。

3)提取物理矛盾:在这对技术矛盾中找到一个参数,及其相反的两个要求:C + ;或者 C – 。

4)定义理想状态:提取技术系统在每个参数状态的优点,提出技术系统的理想状态。可以从下面的案例中体会解决物理矛盾的这几个关键的步骤。

【案例 4-4】

如何解决家用电器的待机耗电问题。随着人口增长和环境恶化，世界范围内的能源消耗问题显得尤为突出，尽管科学家们一直致力于寻找清洁可靠的能源为人们的生活提供保证，但现阶段，电能，包括火力发电与核电等，仍是人们赖以生存的主要能量来源。从大的范围来看，节约电能就能节约大量的环境资源，缓解一系列的环境恶化问题；从小的层面来看，对于每个家庭，电费支出占到家庭固定支出的很大比重。我国的大中城市都在逐步实现阶梯电价；多用电则多购电，使用电越多，花费的电费越多。如果能有效地降低每月的家庭用电量，实际上能节约不小的电费支出。

家庭用电消耗，除了家用电器的常规使用耗电之外，更多的电量消耗都集中在家用电器的待机耗电上。众所周知，家里的电器即使是在待机状态下也是耗电的，所以不用时最好将插头拔出来；如果出远门，为了不留安全隐患，更应该彻底关闭所有电源。但往往人们并没有这么做，因为很多插座设置在不易靠近的角落，插来拔去很费事，大多数的人都不想每天搬沙发拖柜子移冰箱。而且反复插拔容易导致插座松动坏死或者积累灰尘，久而久之一排插孔就只剩下一两个能正常使用了。

根据上文的描述，按照解决物理矛盾具体的步骤进行分析。

第一步，技术系统的因果轴分析。将问题的现象描述为家庭的用电量大。家庭用电系统的简图如图 4-18 所示。

在这个关系里，除家用电器的用电量是无法避免的硬性需求外，电线、控制开关等都存在无谓的消耗。以此建立因果轴分析如图 4-19 所示。

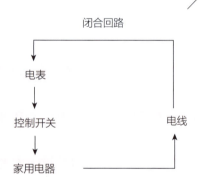

图 4-18　家庭用电系统简图

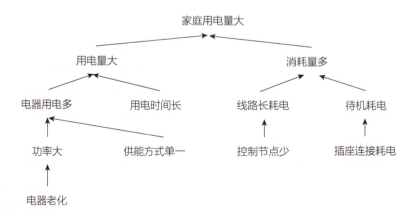

图 4-19　因果轴分析（一）

第二步,从因果轴定义技术矛盾。在因果轴上,实际上可以定义出多个技术矛盾。但结合实际,先回避掉一些不太可能解决的技术矛盾,例如,电器的供电模式单一,尽管可以在供能方式上提供太阳能、生物能等可行的能源,但是对于家用电器来说稳定而持续的电能还是目前最实用并且可靠的能量来源。

因此,将定义技术矛盾的突破点放在电量消耗上,也就是说,电线、控制节点等的消耗。

如果想避免这种消耗,可以将家庭的布线缩短,减少控制节点,但是这样会降低适用性。预留的插座太少,频繁的插拔也会造成电器的老化和损坏。

因此,技术矛盾可定义为,改善了"能量的损失",恶化了"适应性"。

第三步,提取出物理矛盾:在这对技术矛盾中找到一个参数。

在确定了技术矛盾之后,深刻探究其背后的物理矛盾,在逻辑链上找到一个可以汇聚的需求,由技术矛盾转化为物理矛盾如图4-20所示。

图4-20 由技术矛盾向物理矛盾转化(一)

第四步,建立一个理想的状态。

根据找到的物理矛盾,即,对于家庭电路系统的需求是,当家用电器需要用电时,电路连接;当家用电器待机时,电路断开。

可喜的是,现在针对这一物理矛盾而设计的解决方案已经出现了,尽管目前还未普及。这款单手就能操作的开关插座(Clack Plug),它的设计概念就是将插座、插头与开关三合为一,当电器插上插座时,往上推插头就是开,往下扳插头就是关(如图4-21所示)。如此一来,无论插座是设置在床下还是大家电背后等难以触摸到的地

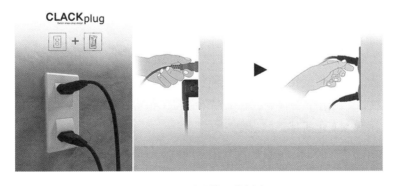

图4-21 弧形的开关插座

方,都可以轻轻松松关闭电源,而且把插头孔的位置做成了曲面化的形状,这样便于插、拔操作,更加人性化。这款开关插座获得了 2014 年 IF 概念设计奖。

4.4.3 解决物理矛盾的分离原理

在 TRIZ 中,把矛盾分为管理矛盾、技术矛盾和物理矛盾三种。如前所述,管理矛盾经过分析后可以转化为技术矛盾和物理矛盾。技术矛盾又可以转化为物理矛盾。因此,TRIZ 解决矛盾的核心就是如何解决物理矛盾。解决物理矛盾的核心思想是实现矛盾对立统一双方的分离。分离原理是解决物理矛盾的唯一原理。

1. 分离原理的 11 种解决方法

阿奇舒勒在 20 世纪 70 年代提出了分离原理的 11 种解决方法,20 世纪 80 年代格拉祖诺夫(Glazunov)提出了 30 种方法,20 世纪 90 年代塞弗兰斯基(Savransky)提出了 14 种方法。下面主要介绍阿奇舒勒提出的 11 种方法。

(1)矛盾特性的空间分离

例如,在采矿的过程中为了遏制粉尘,需要微小水滴,但大量的微小水滴会产生雾,影响工作。建议在微小水滴周围混杂锥形大水滴。

(2)矛盾特性的时间分离

例如,根据焊缝宽度的不同,改变电极的宽度。

(3)不同系统或元件与一超系统相连

例如,传送带上的钢板首尾相连,以使钢板端部保持温度。

(4)将系统改为反系统,或将系统与反系统相结合

例如,为了防止伤口流血,在伤口处缠上绷带。

(5)系统作为一个整体具有特性 B,其子系统具有特性 – B

例如,链条与链轮组成的传动系统是柔性的,但是每一个链节是刚性的。

(6)以微观操作为核心的系统

例如,微波炉可代替电炉等加热食物。

(7)系统中一部分物质的状态交替变化

例如,运输时氧气处于液态,使用时处于气态。

(8)由于工作条件变化使系统从一种状态向另一种状态过渡

例如,形状记忆合金管接头,在低温下管接头很容易安装,在常温下不会松开。

(9)利用状态变化所伴随的现象

例如,一种输送冷冻物品的装置的支撑部件是冰棒制成的,在冷冻物品融化过程中,能最大程度地减少摩擦力。

（10）用两相的物质代替单相的物质

例如，抛光液由一种液体与一种粒子混合组成。

（11）通过物理作用及化学反应使物质从一种状态过渡到另一种状态

例如，为了增加木材的可塑性，木材被注入含有盐的氨水，由于摩擦，这种木材会分解。

2. 分离原理的 4 种解决方法

现代 TRIZ 理论在总结物理矛盾解决的各种研究方法的基础上，将阿奇舒勒提出的分离原理的 11 种解决方法整合为 4 种方法（如图 4-22 所示）。

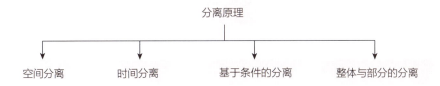

图 4-22 分离原理的方法

通过采用内部资源，物理矛盾已用于解决不同工程领域中的很多技术问题。所谓的内部资源是在特定的条件下，系统内部能发现及可利用的资源，如材料及能量。假如关键子系统是物质，则几何或化学原理的应用是有效的；如关键子系统是场，则物理原理的应用是有效的。有时从物质到场，或从场到物质的传递是解决问题的有效方法。

（1）空间分离原理

所谓空间分离原理是指将冲突双方在不同的空间上分离，以降低解决问题的难度。当关键子系统矛盾冲突双方在某一空间只出现一方时，空间分离是可能的。应用该原理时，首先应回答两个问题：一是，是否矛盾中的一方在整个空间中"正向"或"负向"变化？二是，在空间中的某一处，矛盾中的一方是否可以不按一个方向变化？如果矛盾中的一方可不按一个方向变化，利用空间分离原理解决矛盾是可能的。

【案例 4-5】

如何缓解道路交通拥堵问题

随着人口增加以及城市规模的不断扩大，道路交通拥堵问题日益严峻。解决道路的交通拥堵问题，可将道路定义为系统，其上行驶的车辆等为子系统，其他与道路相关的资源则为超系统。首先进行因果分析（如图 4-23 所示），可确定其中的技术矛盾，对于既定系统——道路来说，其子系统车辆只能越来越多。所以只能从道路系统自身状况入手。扩展道路的面积，将改善"静止物体的面积",从而缓解交通压力,但是将恶化"可操作性",因为路的面积不可能无限增大。进而将技术矛盾转化为物理矛盾(如图4-24所示),实际上只要是车辆在道路上行驶,都要在平面上占据一定的面积;而车辆不行驶时,进入停车场后,不占据道路的位置,物理矛盾由此可以提取出来。

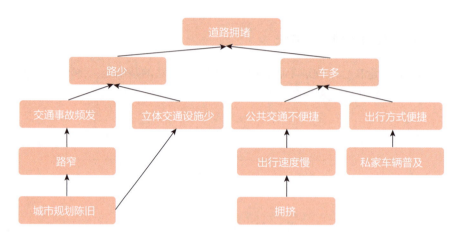

图4-23 因果轴分析(二)

图4-24 由技术矛盾转化为物理矛盾(二)

在确定物理矛盾的同时,回答前文针对空间分离原因应用的问题,即矛盾在平面上存在,但在空间中矛盾不存在,故可以将平面矛盾转向空间进行解决。那么,根据汽车的特点,以四个轮子为支撑,行驶在路面上,那么,如果将汽车的轮子加高,是否可以"飞跃"拥堵路段?在立体的空间里,尽管在平面的投影上,道路系统的子系统汽车还是占据了面积,但这种占据是交叉的,是移动的,不是固定的,因此可以使用分离原理进行问题的解决方案分析。

在北京举行的科博会上,某公司拿出了一个有趣的概念汽车(如图4-25所示)——立体快巴(Ginormous Buses),就是针对缓解道路交通堵塞问题,使用空间分离原理进行设计的。简单地说,结构类似于现在已有的双层巴士,顶层坐人,底层则变成了空心的,能使2m高以内的汽车通过。这种顶层空间与底部空间的分离,避免了公交车堵着路口而发生的交通堵塞；后面想过的车不用等待，只需轻松穿过即可。

这种"立体快巴"本身采用了环保的设计理念和动力配置，每辆造价高达5000万元人民币，而且需要特别的路轨配合（与有轨电车类似），只是道路面的施工周期不长，工序简单，40km的线路一年内就能架设好。

图4-25 立体快巴

【案例4-6】

如何利用水龙头实现节水？

节水是人们面对的资源问题。除了日常生活的正常用水以外，每年浪费的水量占总水量的很大一部分。水龙头是日常生活中人们使用水时最直接接触的部分，也是水路的终端。节水的方式有很多，锁定水龙头这一系统，更具有实际意义。

这一例子中探讨的问题，将问题集中在如何利用水龙头实现节水。水龙头与自来水管道相连接，有一定的水压；正因为存在着这部分水压，出水量才往往多于所需水量。在这个例子中，物理矛盾的出现较为简单。物理矛盾的确定相对清晰。

在TRIZ理论研究中，因果轴分析可以是全面的树状的分析，其优势在于涵盖的内容广泛，能找到的突破点更多。在本例中，因定位的确定性，将因果轴的树状结构中的一部分节选出来，即节选出的是因果分析中的一部分，其他的因果分析也可以推导出更多的解决方案，本例中，仅讨论这一种可能（因果轴分析如图4-26所示）。

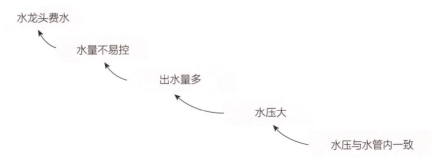

图4-26 因果轴分析（三）

提取出技术矛盾，降低水龙头中的水压，便于控制水流大小，利于节水，但是，这种方式将改善"物质的数量"，达到少用水的目的；但是恶化了"应力/压强"，在用水量大的时候，会有水不够用的情况出现。

水压的变化与用水量的矛盾最终都是水的速度矛盾（如图4-27所示）。用水量少，水流速度慢；用水量大时，水流速度快。

图4-27　由技术矛盾向物理矛盾转化（三）

解决物理矛盾的初期，从空间分离入手，尝试看看是否有可能将矛盾在空间范围内分解。那么，作为水龙头系统的子系统——水流，以往都是储存在水龙头下面连接的水管里，能否考虑将要使用的水与自来水管中的水在空间中分离开？能否通过分离来控制水流的快慢？也就是说，能否考虑预留一部分水，提供部分水的储存空间，控制水流和压力？

采用这种空间的分离，可以通过调研确定日常使用水量的平均值，将这一部分的水与水管中的水在空间上分离；当用水量小于这个值时，不启动自来水管道里的水；当用水量大于这个值时，才启动自来水管道里的水。

设计师将这种理念与环保意识充分结合，体现在水龙头上（如图4-28所示）。水龙头上面的部分可以储水，以供给使用者，每次使用后就会保留一升的水，虽然不具有自来水强大的冲击力，但是足以应付日常清洗，这样的设计让更多的水被利用起来。这种空间分离方法，将水管中的自来水与水龙头中的自来水分别储存，既满足了日常清洗的需求，又将环保节约用水的理念充分诠释出来，同时，水龙头中的水与水管中的水自然衔接，保证后续用水的需求。

图4-28　将自来水分别储存的节水水龙头

(2) 时间分离原理

所谓时间分离原理，是指将矛盾双方在不同的时间段上分离，以降低解决问题的难度。当关键子系统矛盾双方在某一时间段上只出现一方时，时间分离是可能的。应用该原理时，首先应回答如下问题：①是否矛盾一方在整个时间段中"正向"或"负向"变化？②在时间段中矛盾的一方是否可不按一个方向变化？如果矛盾的一方可不按一个方向变化，利用时间分离原理是可能的。飞机机翼在起飞、降落与在某一高度正常飞行时呈几何形状的变化，这种变化就是采用了时间分离原理。

【案例 4-7】

如何化解智能设备无法及时充电的尴尬？

在智能设备纷纷追求更薄更炫、比格调的今天，它们也将共同面对一个问题，那就是，更薄更炫的电池无法提供更充足的电能。所以，使用者总能听到电池即将耗尽的声音，各类充电宝也成为智能设备的小尾巴，长期占据使用者办公包中的一方空间。但是，即便如此，人们总会遇到如下情况，在发现手机或平板电脑即将没电时，面对一个忘记充电的充电宝抓耳挠腮。

根据因果轴分析（如图 4-29 所示），找到可行性高的改进突破点。对技术矛盾进行描述，考虑减少携带的电量，进而改善"静止物体的质量和尺寸"，缩小电池的尺寸及重量，但是，携带电量小，将恶化"可靠性"。

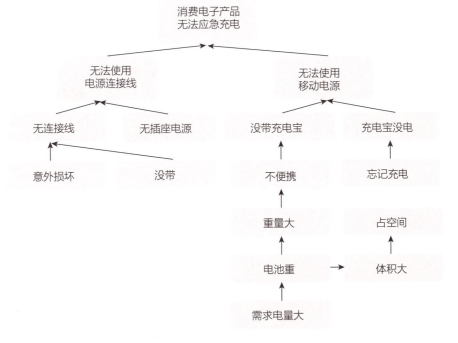

图 4-29 因果轴分析（四）

从技术矛盾向物理矛盾进行转化，如图4-30所示。便携性与紧急充电的需求的矛盾点归结于体积，由于充电宝本身的结构特点，其体积外观尺寸与重量都取决于电池的大小，而电池的大小与电量大小呈正相关。因此，物理矛盾实际上是体积的矛盾，也就是说，提供电量时，需求体积要大；而移动或存储等非充电条件下，需求体积要小。

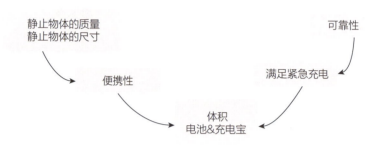

图4-30　由技术矛盾向物理矛盾转化（四）

确定物理矛盾之后，就要寻找拟解决的方向。将原来的循环充电的方式转化为抛弃式，也可以缩小电池的结构尺寸。将电池的体积按照充电时间进行划分，将体积的问题向模块化的时间方向转变。这种电池的寿命、存储和移动便携性都更有优势。

有一种抛弃式纸充电宝（如图4-31所示）也是在这个方向上做出了很好的尝试。它是由台湾科技大学的设计者带来的一种应急充电设备，它的外观呈扁平状，厚度与iPhone类似，约两指节大小。这种充电设备基于纸片电池技术，为了体现环保理念，所以使用了可循环再生纸的外观设计。纸片电池是一种用片状纤维素制成的电池，制造方法是在片状纤维素上面填满排列整齐的碳纳米管。相较于一般传统电池，它能提供长期、稳定的功率输出，并像超级电容器一样能快速放出高能量。

图4-31　按充电时间区分的抛弃式纸充电宝

此款充电宝一共有三种容量，可分别为智能设备提供2h、4h、6h的应急电源。这种充电时间上的分离，更突出了它的便携性和应急性。由于体积小，Mini Power可轻松装入钱包随身携带。该项设计已获得德国2014红点设计概念奖，相信在不远的将来，会成为人们身边不可缺少的小玩意儿。

【案例4-8】

如何解决电动自行车不适合远距离行驶的问题?

随着城市规模的不断扩大,自行车在行驶距离等方面的不足限制了其普及与发展。自行车的骑行时间受骑行者身体状况的限制,如今穿梭在城市中的电动自行车,则是自行车的改进版本,适合远距离的骑行,但前提是电动车电瓶中的电量足够负担骑行距离的要求。同时,当电瓶内的电量耗尽,人们很难骑行较远的距离,而且因为电瓶本身具有很大的尺寸,导致很多的电瓶自行车自重较大,不易人力骑行。

首先进行因果轴分析,截取因果树状分析中的一个分支,进行简单的因果轴分析,如图4-32所示。动力来源不持久导致行驶距离受限,动力来源单一是因为如今的电动自行车的能量来源只有两种——靠人力或者自身电池的电力,而这两者都不是持续能量源,都有极限。

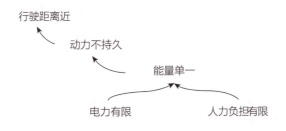

图4-32 因果轴分析(五)

根据因果轴分析,提取出技术矛盾。若通过提高储备电能来改进电动自行车单次行驶的时间和距离的极限,那么则改善了"可靠性",恶化了"静止物体的质量和体积"。

由技术矛盾向物理矛盾进行转化(如图4-33所示)。经过分析,最本质的矛盾实际上是能量方式的固定,在远距离行驶中,只有两种方式(人力与电力),这两种方式不能持续提供电动自行车的能量。因此物理矛盾集中在远近距离的能量方式上。

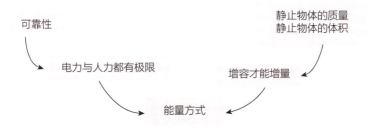

图4-33 由技术矛盾向物理矛盾转化(五)

解决能量方式的问题，可以拓展到混合动力层面，这也是目前行车方式的主流。在混合动力大行其道的今天，某公司将这一概念应用到了电动自行车上面，推出了Eneloop Bike 混合动力自行车（如图 4-34 所示）。这款自行车使用了循环蓄电技术，能一边行驶一边发电，简单地说，就是在下坡、踩刹车等需要减速运行的时候，将电动马达反转发电，给电瓶充电，从而有效延长行车距离。据称，在最省电的全自动模式下，Eneloop Bike 会利用所有的减速机会发电，充电一次可行驶100km。而且，Eneloop Bike 还较普通电动自行车轻便，比如其 20 圈的女士款全重只有 18.5kg，并有折叠型号，相当受人欢迎。

图 4-34 混合动力的电动自行车

在这款自行车的设计中，将骑行的时间按照骑行路况进行分离，进而确定电瓶的充放电模式，解决了电瓶的无消耗耗电与充电耗时这两方面难题；同时，折叠款式的配置，还可以将使用与储存这两个不同时段分离，也是一种采用时间分离原理解决矛盾的方式。

(3) 基于条件的分离原理

所谓基于条件的分离原理是指将矛盾双方在不同的条件下分离，以降低解决问题的难度。当关键子系统的矛盾双方在某一条件下只出现一方时，基于条件分离是可能的。应用该原理时，首先应回答如下问题：一，是否矛盾的一方在所有的条件下都要求"正向"或"负向"变化？二，在某些条件下，矛盾的一方是否可不按一个方向变化？如果冲突的一方可不按一个方向变化，那么利用基于条件的分离原理是可能的。

【案例4-9】

如何解决公共环境的清洗问题？

在公共卫生间洗手，人们通常的体验是不如在自家清洗舒适、干净。即便是设施齐备的洗手间，包含水、皂液、消毒液和干手机，在水龙头的把手部位也存在清洁度得不到保障的问题。如何能在公共环境中，实现良好舒适的洗手体验呢？

首先进行因果轴分析，如图 4-35 所示。在公共卫生环境，因为使用者多导致众多的需求不能全面满足，每个人的洗手习惯不尽相同。因此，可考虑将技术矛盾描述为，简化洗手模式，即仅提供清水洗手，则改善了"美观"，但恶化了"兼容性"。由此进行矛盾的转化（如图 4-36 所示）。物理矛盾描述为"集成与分散"的矛盾，也就是，将众人洗手的需求集成与将功能分散的矛盾。对个体来说，单一的分散的功能即可满足洗手的需求，但对于群体来说，需要集成的功能模式。

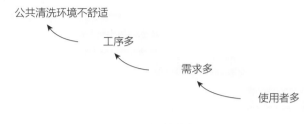

图 4-35　因果轴分析（六）

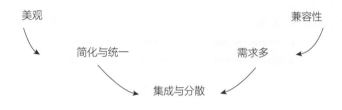

图 4-36　由技术矛盾向物理矛盾转化（六）

解决这对物理矛盾，可以按照条件分离的方式进行考虑，因为空间、时间的分离都无法解决这样的矛盾。是否可以将条件的选择通过水龙头的选择进行实现，并且实现单个使用者的多项需求的集成呢？现在已出现这种方式的探索。

某公司制造的多用免触摸水龙头（如图4-37所示）造型很别致。它没有开关，出水口的旁边只有一个高科技感十足的感应盘。感应盘被划分成几个区域，上面分别标着 Soap（洗手液）、Disinfect（消毒液）和 Water（水），以及 + 和 - 控制区。感应盘的中间是一个液晶显示屏。

首先，感应盘是免触摸的。也就是说，使用者把手指悬在相应区域的上方一定时间就能启动相应的功能；其次，它可以按照使用者的需求喷出洗手液、消毒液和水三种液体。这意味着对手的清洁工作将变得异常简单：先让它喷出洗手液

图 4-37　多用免触摸水龙头

或消毒液，然后再喷出普通水冲洗，洗手的工作完成。最后，它还能调节水的温度。+ 和 - 两个区域就是温度控制区。调节的效果可以即时地显示在感应盘中间的液晶显示屏上。这款设计按照洗手所需要的条件进行功能分离，区域面板划分合理，充分实现人性化，交互感与体验感受都非常理想，合理地运用条件分离原理，解决了洗手台上洗手液的存放、漏液不卫生、水温控制与洗手过程等一系列矛盾冲突。

【案例 4-10】

如何解决停车位难的问题？

社会发展，人们生活水平提高，私有车辆日益普及，而城市建设的配套设施的发展并未跟上时代发展的脚步，越来越多的车无处可停。很多城市街道在夜间甚至只能单向通行，因为路的两侧都停满了车。

解决这一问题，首先进行因果轴分析（如图 4-38 所示）。在分析中，找到技术矛盾，即扩展停车空间，将改善"静止物体的面积"；但将恶化"可操作性"。停车场面积的增加实际上不仅不利于城市的规划和发展，也增加了正常停车的难度。然后将技术矛盾转化为物理矛盾（如图 4-39 所示）。实际上，停车场在车辆多时，承载的空间相对固定，不能扩大，而在所停车辆少时，承载的空间又会有浪费。

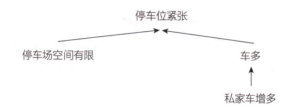

图 4-38 因果轴分析（七）

图 4-39 由技术矛盾向物理矛盾转化（七）

确定物理矛盾之后，在空间分离原理中，已经有立体停车场的尝试。目前，立体停车场的出现，很大程度上缓解了停车难的问题。除了空间分离以外，可以尝试使用条件分离的原理。能否使系统的子系统，即停车场中的车辆在停放和驶离的不同条件下，占用不同的空间？

根据前文分析的可能性，麻省理工学院设计人员设计出一种堆叠式的轻型（450kg）电动汽车（如图 4-40 所示），可从路边的堆放架借出，就像机场的行李车一样，用完之后可将它还回城

图 4-40 堆叠式电动汽车

市内的任何一个堆放架。麻省理工学院将之称为"城市之车"（CityCar，泡状的双座小车，最高时速为每小时88km），其原型只有2.5m长，折叠后尺寸可缩小一半，从而便于进行堆叠。在一个传统的停车位中，可容纳4辆堆叠起来的汽车。

将使用状态与闲置状态进行时间分离，这款设计充分合理地利用了条件分离原理，解决了车辆使用空间体积与存放空间体积的矛盾，合理规划了使用空间与储存空间，既满足了城市之间的快速移动需求，又解决了城市中停车空间紧张的矛盾。

（4）整体与部分的分离原理

所谓整体与部分的分离原理是指将矛盾双方在不同的层次上分离，以降低解决问题的难度。当矛盾双方在关键子系统的层次上只出现一方，而该方在子系统、系统或超系统层次上不出现时，整体与部分的分离是可能的。

【案例4-11】

标准化的生产无法满足个性化手机需求

电子消费类产品越来越普及，随之而来的是，越来越多的人对于例如手机这样的电子产品有更多的不满，主要体现在手机产品无法满足个性化的需求。而如今的批量化生产，无论如何也满足不了个性化的需求。

首先进行因果轴分析（如图4-41所示）。批量化的生产因需要保持一定的产量，进而能够降低生产成本，提高生产效率。而个性化生产的效率无疑是较慢的，例如现在出现越来越多的私人订制产品和手作产品。然后确定技术矛盾，将原有的批量的标准化生产转变为定制化生产，虽然可以改善"适应性"，但是恶化了"物质的数量"。进而描述物理矛盾，实际上就是生产方式与用户需求之间的矛盾（如图4-42所示），以及信息时代的批量化生产与个性化定制需求之间的矛盾。

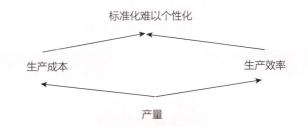

图4-41 因果轴分析（八）

图4-42 由技术矛盾向物理矛盾转化（八）

在解决这一矛盾的时候，可以参考条件分离原理，在一定程度上解决生产与需求的矛盾，规模生产一些半成品零部件，提供给客户一些简单的组装方式，进而使客户自己组装设计符合自身需求的手机。首先对手机的重要部件进行功能拆分，在不破坏基本功能的条件下，实现手机不同功能模块的整体与部分的分离，通过模块化设计达到满足个性化的需求。

目前已有了这个设计方向的解决方案——PuzzlePhon（如图4-43所示）。对比起其他模块化手机的设计，它的可行性非常高，就分为了三部分：Brain（大脑），包含CPU、GPU、RAM、ROM，还有主摄像头都在这个模块上，用户可以根据自己的需要自由选择，更新换代会比较快；Spine（脊柱），这几乎就是整个手机的骨架，屏幕和一些耐用的元器件整合在该模块上，降低了更新频率；Heart

图4-43 模块化手机

（心脏），这部分简单地说就是一大块电池加上部分电子元件，用户可随时更换（算是一个可更换电池设计）。

这款手机的设计理念体现了整体与部分的分离。模块化的设计思路也可以溯源到分离原理中。这种在整体中可替换的部分的设计思路也被广泛应用于家电设计中。例如，人们熟知的irobot扫地机器人，其各个部件包括易耗件在内，都可以实现用户自主替换更新，非常人性化且实用。

【案例4-12】

如果遭遇堵车或者紧急拥堵等情况，如何实现快递移动？

随着社会的高速发展，人们经常遭遇交通拥堵，而在交通拥堵的时刻，如果车内的人有紧急的事情需要处理，甚至需要弃车而去，如何实现快速地移动呢？

首先进行因果轴分析，交通堵塞，汽车难以移动，主要是由于汽车自身结构尺寸大，没有足够的路面空间；最直接的改进方式是缩小车的尺寸，于是可描述技术矛盾为，改善"运动物体的体积"，而恶化了"形状"。通过分析和转化技术矛盾可知，这实际上也是车辆自身空间的问题。在面临拥堵时，车辆自身空间要足够小；而在通常情况下，车辆的空间要满足实用的需求，乘人载物，空间要足够大。

然后将针对空间的物理矛盾进行分离。考虑到快速移动的速度等因素，是否可以将汽车的发动机与轮子等部件实现整体与局部的拆分？

图4-44展示的就是这样一款概念汽车，它是一款可分解为摩托车的汽车。这款概念汽车不仅外形炫酷，同时功能也非常强大。当发生紧急情况时，后面的两个轮子可以变为两台独立的摩托车。未来世界的警车、安保车辆均可运用这种设计。当路面上发生紧急情况时，交通必定会产生拥堵，困在车里的人寸步难行。弃车步行，移动速度慢，无法实现快速撤离或者迅速移动至目的地，此时，可分解的摩托车解决了这个矛盾。从整体上拆下的局部，分离出两台摩托车，满足车内驾驶员和乘客的快速移动需求，良好地解决了拥堵车辆无法移动的矛盾（如图4-44所示）。

图4-44 可分解为摩托车的汽车

3. 分离原理与发明措施的关系

TRIZ中能称得上是发明原理的，除了科学效应这样精细化的原理之外，还有一个归一化的发明原理——分离原理。众所周知，消除物理矛盾必须使用分离原理。分离原理是统领所有发明措施的顶层原理，所有的发明措施都从属于分离原理，是分离原理的子集。分离原理是高层次、高水平、高效率的发明原理。技术系统问题的最终解决，基本上都是以各种各样的形式与技术手段、各式各样的系统结构与规模，在宏观特别是微观的层面上合理应用了分离原理。

分离原理是归一化的，但是一个分离原理可以有四个分离方法，每个分离方法都与若干发明措施相对应。它们之间呈现出体系化的"原理—方法—措施"从属关系。达雷尔·曼恩（Darrell Mann）通过研究提出，用于解决物理矛盾的四种分离方法与用于解决技术矛盾的40个发明措施之间存在一定的关系。对于每种分离方法，可以有多个发明措施与之对应（见表4-11）。

表 4-11 分离方法与发明措施之间的对应关系

分离方法	发明措施
空间分离	1. 分割原理
	2. 抽取原理
	3. 局部质量原理
	17. 空间维数变化（一维变多维）原理
	13. 反向作用原理
	14. 曲率增加（曲面化）原理
	7. 嵌套原理
	30. 柔性壳体或薄膜原理
	4. 增加不对称性原理
	24. 借助中介物原理
	26. 复制原理
时间分离	15. 动态特性原理
	10. 预先作用原理
	19. 周期性作用原理
	11. 预补偿（事先防范）原理
	16. 未达到或过度的作用原理
	21. 减少有害作用的时间（快速通过）原理
	26. 复制原理
	18. 机械振动原理
	37. 热膨胀原理
	34. 抛弃和再生原理
	9. 预先反作用原理
	20. 有益效作用的连续性原理
条件分离	35. 物理或化学参数改变原理
	32. 颜色改变（改变颜色、拟态）原理
	36. 相变原理
	31. 多孔材料原理
	38. 强氧化剂（使用强氧化剂、加速氧化）原理
	39. 惰性环境原理
	28. 机械系统替代原理
	29. 气动与液压结构原理

(续)

分离方法		发明措施
系统级别上的分离	转换到子系统	1. 分割原理
		25. 自服务原理
		40. 复合材料原理
		33. 同质性（均质性）原理
		12. 等势原理
	转换到超系统	5. 组合（合并）原理
		6. 多功能性（多用性、广泛性）原理
		23. 反馈原理
		22. 变害为利原理
	转换到竞争性系统	27. 廉价替代品原理
	转换到相反系统	13. 反向作用原理
		8. 重量补偿原理

　　从词义上识别，分离原理是发明措施的上位词；从内容上区分，发明措施是实现分离原理的具体措施。这些对应关系清晰而明显，并不容易混淆。但是有一些 TRIZ 爱好者，在初学阶段容易把发明措施与分离原理搞混。常见的现象是在学习和理解发明措施的过程中，把 1 号措施"分割原理"写成了"分割/分离原理"，把 2 号措施"抽取原理"写成了"分离原理"等，乍一看似乎正确，但是稍加辨识，即可发现含义上的不准确和上位词与下位词的颠倒——发明措施只能是分离原理的子集，而分离原理不是发明措施的子集。建议读者从一开始就建立正确的概念，夯实后续学习 TRIZ 的基础。

　　由于分离原理是统领所有发明措施的归一化发明原理，因此在可能的情况下，把技术系统中的问题转化为物理矛盾，然后用分离原理求解，解题往往会比较快捷，发明水平往往会较高。

思考练习题

1. 发明措施与分离原理的关系是什么？
2. 经典 TRIZ 中分离原理的 11 种解决方法是什么？
3. 现代 TRIZ 中分离原理的四种解决方法是什么？

本章附录：
消除技术矛盾的 40 个典型发明措施[一]

1. 拆分原则

a. 将物体分成独立的组分。
b. 将物体制成可拆卸的。
c. 提高物体的分散程度。

例子：用气体发光玻璃管制造公路上的发光字母和符号；后来用许多玻璃球制造，它们能很好地反射及散射汽车前灯的灯光，再后来用撒在漏花板上的细碎玻璃屑制造。

2. 移出原则

从物体中移出干扰部分（性质）；或相反，只移出需要的部分（性质）。

原则 1 说的是将物体拆分成相同的部分，而这个原则说的是将物体分成不同的部分。

例子：用于开阔空间的照明装置由强光源和散射型反射器组成；为了简化结构，将光源安装在被照明的地面上，而将反射器安装在气球的下表面上（就是说，并不是全部照明装置都升上天，而只是反射器被气球带上天）。

3. 局部性质原则

a. 从物体（或外部环境、外部作用）的单一结构过渡到不同结构。
b. 物体的不同部分应当有（执行）不同的功能。
c. 物体的每个部分都应处于最适的工作条件下。

例子：为了减少开裂的谷粒数量，在晾晒稻谷前将谷粒按粒度分级，使不同级的谷粒在不同的条件下晾晒。

4. 不对称原则

a. 从物体的形状对称过渡到形状不对称。
b. 如果物体已经是非对称的，那么就提高非对称的程度。

[一] Г. С. Альтшуллер, Б. Л. Злотин, А. В. Зусман, В. И. Филатов. Поиск новых идей：от озарения к технологии（Теория и практика решения изобретательских задач）[M]. Кишинев：КартяМолдовеняскэ，1989：285 – 292.

例子：用于分装松散材料的漏斗由圆锥部和它下面的圆柱形管道组成。为了提高漏斗的通过能力，将圆柱形管道的轴与圆锥部的轴心移开 0.35~0.5 信圆柱形管道直径的距离。

旋转刷子上的刚毛是以偏心的方式安装的，这样工作效率高。为了不使旋转刷子移到被刷的表面上，带有刚毛的圆盘也要制成偏心的，但偏心的方向与刚毛偏心的方向相反。

5. 联合原则

a. 将物体的相同操作或混合操作联合起来。

b. 在时间上将相同操作或混合操作联合起来。

例子：双拖拉机推土机，推土铲位于前面的主动拖拉机与后面的从动拖拉机之间，由主动拖拉机驾驶员进行控制。

栽果树苗时，一个坑里栽三棵，让它们形成一丛。成活两个月后从三棵中选一棵最好的留下来，将另两棵的地上部分锯掉，将它们的根留在土里，与留下的那棵的根结合在一起。由于留下的那棵树苗的根吸收了三倍的水和肥料，因此长得极快。

6. 普适原则

让物体执行几个不同的功能，这样就不需要别的东西了。

例子：在进行电蚀加工前，一般要将机器零件去油，这要花费时间。于是发明一种能同时去油及进行电蚀的溶液。

7. 嵌套原则

a. 一个物体放在第二个物体之内，第二个放在第三个物体之内。

b. 一个物体通过空腔进入第二个物体之内。

例子：在给汽车加油时一部分汽油蒸发了。为了降低蒸发损失，美国工程师建议使用双层同轴软管加油。内层管加油，外层管吸收汽油蒸汽。

为了减少发动机的尺寸并提高它的效率，建议在安装螺旋桨的时候，使一个螺旋桨的桨叶在另一个螺旋桨的桨叶之间旋转。

8. 减重原则

a. 将一个物体与另一个有浮力的物体连接起来以抵销第一个物体的重量。

b. 通过与环境的相互作用（利用空气动力或液体动力）来抵消物体的重量。

例子：重载传送带的支柱经常出问题。如果将传送带放到浮子上，浮子放到盛满液体的池子内，就可以避免这个问题。

9. 预先反作用原则

a. 预先给物体施加应力，以应对工人达不到的或不需要的应力。

b. 如果根据课题条件必须完善某一作用，应该预先完善它的反作用。

例子：为了使钢弹簧更结实，可以先拉伸坯料和扭转拉伸出的部分，然后再拉伸，最后才绕成弹簧。

为了防止车削金属时发生振动，先向杯形车刀上加力，力的大小接近于车削时产生的力，而方向相反。

10. 预先作用原则

a. 预先执行所需要的作用（全部作用、部分作用都可）。

b. 预先将物体摆放好，使得不费时间就能从最方便的地方拿到这个物体并对它施加作用。

例子：为了迅速地确定售卖爆炸品的商店，美国人建议利用铁磁材料作为记号。记号的成分能够根据居里点温度辨认出来。这样一来，爆炸发生后很快就能确定炸药来自哪家商店。

11. 预先"垫枕头"原则

如果物体的可靠性不高，就用事先准备的应急手段加以补偿。

例子：为了使辊子不至于因里面的水冻结而胀破，预先向辊子里加入泡沫塑料制的小圆柱体，后者满是充气的蜂窝。气体的体积应大于水冻结时胀出的体积。

先给安眠药片包一层缓溶剂，然后再包一层催吐剂。如果吃下过多的安眠药片，催吐剂将达到临界量，于是安眠药片将被吐出。

12. 等势原则

改变工作条件，不必将物体抬起或放下。

例子：山区旅行者有一条金科玉律，那就是遇到石头最好绕过去或迈过去，不要踩上去。

13. "反过来做"的原则

a. 不做课题条件规定的动作，而做相反的动作。

b. 使物体或外部条件的活动部分变成不活动的，使不活动的变成活动的。

c. 将物体上下颠倒或从里向外翻过来。

例子：在对螺纹表面进行精加工时，建议在每一车削行程中先加工螺纹沟的底，然后将车刀移到螺纹顶部。

在给牲口打烙印时,建议不用热烫而用冷烫,就是用液态氮冷却的工具在牲口身上打烙印。这种方法对牲口几乎无害。

14. 球形化原则

a. 从直线形元件过渡到曲线形元件,从平面过渡到球面,从立方体及平行六面体结构过渡到球形结构。

b. 利用滑轮、球体和螺旋。

c. 从直线运动过渡到旋转运动,利用离心力。

例子:为了便于进行汽车的技术维修而发明了转台。

为了使交通工具能沿任何方向运动,建议用球形车轮。

15. 运动性原则

a. 当改变物体的性质时,应当使这些性质在任何工作阶段上都是最佳的。

b. 将物体分成彼此能相互移动的各个部分。

c. 如果整个物体是不活动的,就将它制成活动的、能移动的。

例子:形状像弹性带那样的推土机铲斗能根据不同的工作条件而改变自己的形状。

曾建议设计一种汽车,当它从低矮的桥下通过时,它的驾驶室会降低。

16. 局部作用或过剩作用原则

如果很难百分之百地满足要求,那就满足得稍少一点或稍多一点,这时发明课题将大为简化。

例子:有一种防止冰雹的方法,道理是借助化学药品(譬如碘化银)使冰雹云结晶。为了显著地节省化学药品,只使云中含大粒水滴的部分而不是整块云彩发生结晶。

用等离子弧切割金属的方法。为了使切割更有把握,将等离子弧的力量调到最大(达到多余的程度)。

17. 过渡到多维的原则

a. 如果因为物体沿着直线运动(或配置)而出现某种困难,那么使这物体能够在两个方向上(就是在平面上)运动,这困难就可能消除;相应地,如果困难是因为物体在一个平面上运动而产生的,那就让这个物体能够在三维空间中运动。

b. 使一层结构的物体变为多层结构的。

c. 使物体倾斜或躺着放。

d. 利用一个物体的另一面。

e. 利用射到与现有面积相邻面积上的或现有面积反面上的光流。

例子：有一种双层的锯子，它下面的锯齿比上面的锯齿错开得大一些。这样的锯子能很干净地将纤维性材料锯开。

18. 利用机械振动

a. 使物体发生振动。

b. 如果已经有了振动，就增加振动的频率（直到达到超声）。

c. 利用共振频率。

d. 不用机械振动器，而用压电式振动器。

e. 将超声振动与电磁场结合起来利用。

例子：制造了一种泵送液体的振动泵，这种泵在液体中激起超声频的振动，它减少了液流中分子间的衔接力以及液体与它接触到的表面的摩擦力，所以增加了泵送的速度。

19. 周期作用原则

a. 从非周期性作用过渡到周期性（脉动式）作用。

b. 如果已经有了周期性作用，就改变作用的周期。

c. 利用每个作用的脉冲之间的间歇期。

例子：为了将清洁电过滤器的过程自动化，要向过滤器的电极上施加交变高电压而不是直流高电压。这时灰尘层将在自身重量的作用下掉下来。

一种刺激植物生长的方法是向植物上施加相互垂直的空气脉冲流，这是以相互垂直的方向交替地吹向植物的。

20. 使有益作用连续的原则

a. 不间断地进行工作（物体的各部分都应满负荷地不停工作）。

b. 消除空转的或中间行程。

例子：有一种锯子，无论锯木架正向运动还是反向运动，都能锯原木。

有一种犁，安装有左向拨土板和右向拨土板。翻出一条垄后，按一下按钮，犁头就转过来，向反方向翻出一条垄，而翻出的土都被堆到需要的方向。

21. 快跑过的原则

以高速进行操作或经历操作的某个阶段（有害的或危险的操作或阶段）。

例子：在铸造或热处理时如果提高金属冷却的速度，那么金属的硬度将提高，但同时金属的脆性也会提高。如果冷却得极快，金属来不及形成晶体结构，产生所谓的金属玻璃，它有极佳的性质而且一点也不脆。

22. 化害为利原则

a. 利用有害的因素（包括环境的有害作用）来得到有用的效果。

b. 将有害因素与其他有害因素相叠加而消除它。

c. 将有害因素加强，直到它不再有害。

例子：为了清除废气中的酸性成分，用热电站除灰装置中排除的碱性废水来吸收废气。

23. 反馈原则

a. 进行反馈。

b. 如果反馈存在，那就改变它。

例子：在轧钢时，为了掌握钢板的精确尺寸而安装反馈传感器。当接近轧辊的钢板尺寸发生变化时，传感器接收电子射线（由电子枪在钢板的另一面发射，使电子射线通过钢板）强度变化的信号，并向电子枪发出指令。钢板越厚，电子枪移动得越慢，钢板被加热的程度就越高。

24. "中介"原则

a. 利用中间物，它携带或传递着作用。

b. 暂时将另一个容易控制的物体结合到研究中的物体上。

例子：将不同的金属譬如铜与铝结合起来，方法是利用中间材料，它能很好地与铜和铝焊接。

一种向零件表面涂覆挥发性大气腐蚀抑制剂的方法，就是向零件表面吹送含有饱和抑制剂蒸汽的热空气。

25. 自助原则

a. 物体应能执行辅助操作或修理操作以实现自助。

b. 利用剩余物（能量或物质）。

例子：在制造木质纤维板时对废水进行辐射化学净化，水进入循环，而沉淀物进入木质纤维中。

26. 拷贝原则

a. 不使用弄不到的、复杂的、昂贵的、不方便的或脆弱的物体，而用它的简化的及廉价的复制品。

b. 用物体或物体体系的光学拷贝（影像）来代替物体或物体体系，这时可以改变比例（放大或缩小拷贝）。

c. 如果利用的是可见光的拷贝，就改用红外光或紫外光拷贝。

例子：有一种装置可以更准确地确定病灶在体内的位置。该装置由一套尺子组成，上面有 X 射线对比剂。当病人透视时，病灶的分界在荧光屏上看得更清楚。

为了节省短缺的电焊条，在培训电焊工时建议使用挤压器。老师将染上色的物质像挤牙膏那样挤出来，弄到硬纸板上的缝隙中。

27. 用廉价的不耐用品代替昂贵的耐用品

用一套廉价的物体代替一个昂贵的物体，这时要牺牲某些品质（譬如耐用性）。

例子：为了将道路中的危险地段圈起来，人们发明了一种路障，如果汽车撞到它，它将被撞坏，但汽车将得救。路障中的一块障板特别容易变形，这就减轻了碰撞的力量。

活动的路带，可铺在沼泽地或其他难以通行的地方，铺设出一条临时交通线。这条临时道路可在几分钟之内展开，而且相当结实，甚至可以让卡车通过。

28. 代替机械系统

a. 以光学、声学或"味觉"系统代替机械系统。

b. 利用电场、磁场或电磁场与物体发生相互作用。

c. 从不动的场过渡到活动的场，从固定的过渡到随时变化的，从无结构的过渡到具有一定结构的。

d. 将场与铁磁性微粒结合起来利用。

例子：有一种指示过滤器堵塞的信号器，它在过滤器情况不好时发出强烈的气味。

为了精确播种及节省种子，人们发明了一种磁性播种机，在播种前需要给种子包上铁磁性材料层。

如果给磨轮及被磨的零件表面都加上同一种且大小相等的电压，那么磨轮及被磨的零件就不会粘上油污。

29. 利用气压及液压结构

不用固体的物体零件而用气体的及液体的，即充气的及充液体的零件、气枕、流体静力学零件、流体反冲式零件。

例子：重达数吨的钢管很难在炽热的炉气中移动。建议在炉中装置鼓风口，形成强大的气流，使钢管在气枕上滑动。

有一种借助气障将石油斑固定在水面的方法。用穿孔的橡胶管在水下将油轮卸油的地方围起来，用空气压缩机向管里打气。天气晴好时，气泡可固定住约 800m³ 的石油。

30. 利用柔性外壳及薄膜

a. 利用柔性外壳及薄膜代替常见的结构。
b. 利用柔性外壳及薄膜将物体与外界环境隔离。

例子：将制成导热薄膜状的电热器安装在绝缘管的表面，而将绝缘管安装在真空的镜面反射器上。

31. 利用多孔材料

a. 将物体制成多孔的，或额外利用多孔元件（作为嵌入物或覆盖物）。
b. 如果物体已经是多孔的，就用某种物质将孔充满。

例子：有一种对零件进行钎焊的方法，就是将欲焊接的零件放在金属网中，将网放进水盆内产生毛细管力，该力将焊药吸起。

32. 改变颜色的原则

a. 改变物体或外界环境的颜色。
b. 改变物体或外界环境的透明度。

例子：在晴天不容易看清交通信号灯的信号。建议在信号灯窗口前放两片玻璃，在两片玻璃与两个电极之间放置液晶膜。液晶不透光，所以不开灯时看来像黑色的表面，如果灯亮了，那么电场使液晶分子重新定向，于是黑色表面又变透明了。

33. 均质性原则

与被研究物体相互作用的物体应当用相同的（或性质相近的）材料制成。

例子：为了润滑冷却的滑动轴承，用制造轴承套的材料制造润滑油。

为了抵消用铸模铸造的零件的收缩，用制造零件的材料制造铸模及制造铸模的模板。

34. 抛弃及再生零件的原则

a. 在一个物体中，执行完了自己的功能或变得不再需要的那些部件应该被抛弃，或在工作过程中直接改变自己的形态。
b. 物体的消耗部分应当在工作过程中直接再生。

例子：用易熔材料制成晶簇，再借助晶簇用难熔材料制成多孔零件。方法是将上述晶簇晶体尖朝上放在底板上，再让制作多孔零件的材料从该材料的蒸汽混合物中沉降到上述的底板上。熔掉晶簇后就在制品中留下孔。

为了避免灵敏的仪器不致在火箭猛然起动时受到破坏，将灵敏仪器放到泡沫塑料中。当泡沫塑料完成减震功能后就在太空中蒸发掉。

在对零件的内腔进行喷砂加工时，用干冰块代替砂子。加工后干冰块将蒸发掉，不会造成堵塞。

35. 改变物体的物理－化学参数

a. 改变物体的聚合状态。

b. 改变浓度或质地。

c. 改变柔顺性。

d. 改变温度。

例子：用液体二氧化碳冷却焊枪的方法。

将松散货物的表面加热到熔化，使表面平滑。

为了将货物保持在倾斜的传动带上，就将货物冻结在传动带上。

为了提高锯树的效率，将要锯的地方用超高频电流加热。

36. 利用相变

利用相变时产生的现象，如体积的改变、放热及吸热等。

例子：有一种具有形状记忆功能的千斤顶，它用一叠平板举起重物，其中的每块平板都"记得"它在受热时应当弯曲。

将润滑－冷却液冻成长条形，然后送到金属的加工部位。

37. 利用热膨胀

a. 利用材料的热膨胀（或热收缩）。

b. 同时利用热膨胀系数不同的数种材料。

例子：提议利用受热时体积显著增加的金属制造复合金属管的方法，利用硅、锗、镓等作为膨胀剂。

用铰接起来的空管子制造温室的屋顶，管内装有容易膨胀的液体。当温度变化时，管子的重心发生变化，于是它自己升降。

38. 利用强氧化剂

a. 用浓缩空气代替普通空气。

b. 用氧气代替浓缩空气。

c. 将电离辐射作用于空气或氧气。

d. 利用臭氧化的氧气。

e. 利用臭氧代替臭氧化的或电离的氧气。

例子：为了从二氧化钼中得到三氧化钼，使反应在氧气含量达 30%～60% 的空气中进行。

用臭气作氧化剂给谷物消毒。

为了在鸡蛋壳上形成保护膜，将鸡蛋浸在熔化的石蜡中，然后再用臭气处理。这样鸡蛋能长期保存。

39. 利用惰性环境

a. 用惰性环境代替普通环境。

b. 在真空中进行操作。

例子：为了修理残留着石油制品的油罐，需要进行焊接，为了避免发生爆炸，建议用烟及干燥的冰块将有油的空间都充满。

为了保存果汁，将果汁在真空中冻结及干燥。

40. 利用复合材料

例子：有一种导电的黏合胶。胶里加入了碳纤维作为导电配件。在黏合木制部件时通电，将黏合处加热。

环氧树脂对流体动力及摩擦作用具有很高的耐受性，因为它至少 1/3 的成分是刚玉和玻璃纤维。

第5章 创造性解决问题综合训练

本章关键词：

- 元认知
- 新产品开发
- 知识产权保护

5.1 创造性解决问题的元认知训练

大家学习了很多创新方法，但可能还是不会有效地进行运用。这是为什么？

一是对创新方法还不熟悉；二是还不适应，改变传统的"走着瞧""试着来"的工作方式和行为方式并非易事；三是还没有建立起创造性解决问题的整体认识。对任何事情，只是了解还不够，还要理解，最重要的是在理解的基础上实践运用。

下面，先做一个有趣的游戏：比点数（时间：20min，3min 讲解规则和填表要求，各组使用 10min 讨论形成方案，7min 演示交流）。

游戏规则：四人一组参加比赛。

各小组成员合作，想办法让自己组的成员身体连在一起，并且使接触地面的点数尽可能地小（见表 5-1）。

点的计算方法：

用一只脚着地支撑全组人，计 1 点；

用两只脚着地支撑全组人，计 2 点；

用身体的其他部位着地支撑全组，计 1 点；

整个人躺在地上，四肢朝天，计 2 点；

若以手着地支撑全组，计零点。

各组必须维持该"最少点"姿态 5s，方为合格。

请填写这个表格，回答：解决问题大致分为几个阶段？用了什么策略？

表 5-1 比点数的解决方案

解决问题的阶段	使用的策略	效果如何（交流后再填写）

5.1.1 创造性解决问题的元认知理论

前文的创造性思维训练，往往侧重于某一种创造性思路，如逆向思维或横向思维。前文的创造技法学习，将重点放在如何学习运用这种方法。本章的练习侧重于创造性解决问题的全过程，会把前面学习的内容综合一起。

1. 创造性解决问题的含义

创造性解决问题的含义有两层：

1）面对前人没有解决的问题，用前人没用的方式去解决它，就是创造性解决问题。

2）一般来说，创造性解决问题面临的问题都是开放性的，没有唯一答案，只有更好，即更适合的答案，这在技术领域和社会领域常常如此。

傅世侠教授认为，"从问题解决来看，如果根据常规的方法得不到问题解答时，其认知活动就需要对心理能力进行符合创造性品质的应用，事实上，这也就是创造性问题解决。由此可见，在问题解决过程中，创造性常常表现为它的一种特征。换句话说，问题解决的过程，往往也就是创造性思维的过程。"⊖

2. 创造性解决问题的元认知

在比点数的游戏中，其实是以小组形式尝试解决了一个问题。让大家填写表格，是重新审视解决问题的过程大概分为几个阶段，用了什么策略，这些策略好不好，解题的效果如何。这种对自己思维的反省和思考，其实是在使用"元认知"。它帮助你从问题中抽离出来，以一种旁观者的角度重新审视事件本身，这是人类和高级哺乳动物才有的能力。

所谓元认知，是对认知的认知，是人的意识功能的一种高级控制过程。具体而言，它既包括对认知本身的知识，同时也包括对认知过程的监控，因而元认知也就能对一些低层次的技能进行选择、协调和排序，从而建立起有目的的认知策略。元认知实质上是描述了人类自我意识在认知、调节上的一种功能，活动对象是认知过程，所以说它的核心意义是对认知的认知。正因为元认知的存在，思维的有效性才得以增强，解题活动也才显得有智慧。

元认知主要包括三大部分：① 元认知知识，对解题过程本身的认知；对自己的认知能力、认知策略等方面的认知；② 元认知体验，对解决问题不同阶段运用不同策略的感受和掌握；③ 元认知调控，提高解题效率的调控能力。元认知结构图如图 5-1 所示。

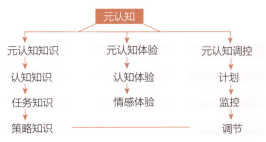

图 5-1 元认知结构图

⊖ 傅世侠，罗玲玲. 科技创造方法论 [M]. 北京：中国经济出版社，2000.

3. 创造性解决问题的阶段

对解题过程的认知、体验和调控非常重要。创造性解决问题的过程是千变万化的，只能大致地分为四个阶段：发现（或提出）问题、确定问题、提出解决方案和评价方案。

在实践中，许多人解决问题的过程中总是习惯性地缺少一个或两个阶段。有的人在工作中遇到问题时缺少事实发现阶段，习惯于还没有充分地寻找与解题有关的事实和情报，就匆忙地解决问题，最后得出的设想或者流于肤浅，或者做重复劳动；有的人缺少确定问题阶段，以为困境就是要解决的问题，没有真正弄清楚要解决的问题究竟是什么，结果不是问题过于笼统，就是对问题的理解拘泥于过去的界定，影响了创造性设想的产生；有的人解决问题缺乏好的策略，走了许多弯路；还有的人忽视创造性解决问题的后一个阶段，因此始终停留在设想阶段，没有得到成效。

本章就是针对解决问题过程中人们经常忽略的阶段，进行创造性解决问题的技巧和策略的训练。

5.1.2 发现问题训练

引导案例

杨振宁谈爱因斯坦："他厉害在哪里？"[一]

"20 世纪物理学的三大贡献中，两个半都是爱因斯坦的。"杨振宁先生这样评价爱因斯坦。而作为过去 1 000 年最伟大的科学家之一，爱因斯坦也确实配得上这样的评价。杨先生所说的"20 世纪物理学的三大贡献"，指的是狭义相对论、广义相对论和量子力学。在 2014 年，与相对论相关的物理学论文多达 2000 多篇。并且，很多理论，如量子霍尔效应、多重宇宙等，都是从相对论发展而来的，而这些理论，都是当今物理学的前沿研究领域。这足以证明，在过去 100 年里，相对论对物理学领域产生了多么大的影响。

爱因斯坦厉害的地方是，一方面，他知道一些数学，对于数学中很妙的地方有直觉的欣赏的能力；另一方面，他对物理中的现象也有他的近距离的了解。他跟所有人都不同的地方就在于，他既能近看，又能远看。这就好像电影中既有近距离的镜头，又有远距离的镜头；既能从近处又能从远处自由地切换，那就很厉害了。大多数人都只有一个镜头，或只能从近处看，或者只能从远距离看，不会自由切换。

[一] http://tech.163.com/15/1004/10/B52TL5K200094O5H.html#from = relevant#xwwzy_35_bottom-newskwd[2016 - 6 - 25]

在任何前沿的科学研究领域，都有一个永远存在的问题，就是你看不清楚的东西中，哪个是值得你抓住不放的，哪个是你不要花太多时间去研究的。能分辨出这一点，爱因斯坦特别厉害。他花八年时间抓住对称不放，表示他能看出什么是真正重要的。另外再举一个例子：曾有一位年轻的印度人 Bose（玻色，Satyendra Nath Bose）给他寄来一篇英文文稿，说英国的期刊不肯发表此文，可否请爱氏将它翻译成德文在德国发表。这样唐突的请求没有触怒爱氏，他不但将文章翻译成德文，署名 Bose 寄去发表，并且加上一句他的评语，说这篇文章很有道理，他自己还要加以发展。以后他连续发表了几篇文章，发展成了 Bose - Einstein（玻色 - 爱因斯坦）凝聚理论。

他的这个理论是惊人的、革命性的，发表以后他同时代的人都认为他疯了，连他最好的朋友、荷兰人埃伦费斯特（Paul Ehrenfest）都反对他。Bose - Einstein 凝聚理论到了 20 世纪 50 年代终于被物理学界认为是极重要的正确理论。这个故事表明当年 Bose 看不清的一种模糊的想法，爱因斯坦一下子就看中了，抓住不放做出了革命性的贡献。

讲到埃伦费斯特，他是爱因斯坦的好朋友，于 1933 年自杀。他死后，爱因斯坦专门写了一篇文章纪念他，说他有很多好的创意，但他创造的本领比不过他批判的本领，所以他的很多创意都胎死腹中了。

爱因斯坦在写下方程式之后，还问有没有什么办法去检验分析这个方程，这个分析不是物理的，而是数学的。在接下来一两年他写的文章中，给出了如何用实验验证广义相对论的方法。这些实验被验证之后，他的声名一下子达到全球家喻户晓的地步。所以，如果你问历史上的物理学界大人物，我认为只有牛顿能和他相提并论。

爱因斯坦在不同的时期对数学的重要性有不同的看法。他在晚年的一篇文章中提到，他早年没有意识到数学在物理学中的作用，相反却很早对物理学中什么是重要的问题就有直觉的了解了。所以爱因斯坦早年是从对物理现象的直觉兴趣开始的。后来在发展广义相对论时他才了解到数学对物理结构的重要性。而到了 20 世纪 30 年代他再进了一步，指出理论物理学的"创新思维来自数学"。以后一直到临终，他都坚持这个新说法。

善于质疑对于发现问题和解决问题尤为重要。从某种角度说，提出一个有价值的问题，就意味着问题解决了一半。善于提出问题，可以充分发挥人的想象力。而问题提得不好，则往往会挫伤人的想象力。善于质疑的品格，通过有意识的后天努力是可以养成的。质疑法是学会提问题的简便途径之一。人们提的最多问题往往有"有什么缺点？""有什么毛病？""是什么？""什么时候？""什么地方？""为什么？""怎么样？""谁？"等。发现问题是通过观察和思考，并通过提问的方式，对拟改进的事物进行分析、展开、综合，以明确问题的性质、程度、范围、目的、理由、场所、责任等，从而通过问题的明确化来缩小需要探索和创新的范围，发现解决问题的线索，寻找发明创造思路的方法。

常言说，发现问题就意味着问题解决了一半，足见发现问题在解决问题中有多么

重要。有些问题的提出，要经过数代人的努力才能解决，可见发现问题的人多么睿智，多么富有想象力。在科学研究、技术发明和管理社会中，总有一些明显的缺点、毛病，这些问题的发现一般来说比较容易。但是有些感知比较迟钝的人，或者在某一个环境中生活太久的人，反而见怪不怪，意识不到问题的存在，这就需要运用前文所讲的缺点列举法提出问题。

1. 问题的来源

概括来讲，问题主要来自以下几个方面：

1）问题来自麻烦和困境：儿童不愿意量体温怎么办？老年人爬楼梯拎东西如何才能省力？旧理论与新的实验不相符合，等等。

2）问题来自希望和幻想：我想在家里就能测血常规，人类想登上外星球，这些能实现吗？

3）问题来自一个发现：一个人偶然发现雨伞的尖容易碰掉稻粒，是否可用于发明脱粒机？

2. 发现问题的基础——观察

在科学研究中，观察导致发现新的事实，这种事实又会导致新的实验与观察。科学家们就是经由这些弯弯曲曲的途径才有了新的发现的。

这个观察和实验说明，在科学面前不能有半点疏忽，要善于观察，尤其是在实验中出现新的现象时决不要轻易放过。要想真正了解意外现象，就必须有穷追不舍的探索精神，只有这样，才能真正有所创造，有所发明。

发电机的发明，与两个杰出的科学巨人有关：一个是法拉第，一个是西门子。世界上第一台发电机，诞生于西门子之手，它是电磁学理论的产物，但奠定电磁学的实验基础的，是英国物理学家法拉第。1820年，当奥斯特发现了电流对磁针的作用时，法拉第便敏锐地认识到它的重要性。1821年，他在日记中写下了一个设想：用磁生电。10年之后，他终于发现线圈在磁场运动中可以产生电流，指出了制造发电机的原理。

德国采矿工程师怀亚特在制作风箱时发现用扭曲的钉子钉木头钉得特别牢，想拔出木材里的扭曲的钉子也很困难。扭钉难拔是搞建筑的人常遇到的，多数人遇见了也并不在意。怀亚特则与众不同，他主动观察这个现象，认真进行了研究。后来他有意识地将钉子挫出凸凹螺纹，并将头部磨尖，另一头开上槽。实验结果证明，这种变形钉子的连接性能比普通钉子好，这种变形钉子就是我们现在用的螺丝钉。

利用各种感官有意识地去了解周围的事物，便是通常意义上的观察。表面看来，观察是件非常容易的事情。很多人都以为我们观察得一样好。其实不然，不仅训练有素的科学家、艺术家在观察能力上高出常人，就是普通人中间，观察能力也是参差不齐的。

如果让大家凭记忆画一部手机，尽管你几乎天天在使用，也没有多少人能画全。很奇怪，人们没有把所"看"的每一信息都记录下来。是什么原因使我们都在"看"，又"看"不全呢？

在我们周围有许多人之所以不能有所创造，就是因为他们不再有惊奇的感觉，好像人为地把自己的眼睛、鼻子、耳朵、嘴等封闭起来，不善于观察事物，也不善于发现事实，也不善于发现问题。

原有的思维方式、思维角度、记忆的信息量对人们观察的质量影响非常大，这时需要跳出原来的圈子，重新审视观察对象。

3. 全新化观察的技巧

（1）重新分类

一般我们都是把家里的东西按电器、家具、床上用品、厨房用品等分类，现在让我们打破常规，分别用色彩、造型、质感进行分类，也可以随机把不关联的两种事物归在一起成为一类，如：把红色与床分为一类。这种新的方式肯定会使你获得一些全新的体验。

（2）颠倒

就像弯腰透过两腿看事物，一切都颠倒了，找一个熟悉的孩子的照片，将其倒置，从中发现原来没有观察到的新信息。或者准备一张画，颠倒后，从上往下画这张画，不要想画上画的是什么，把注意力集中到线条的走向上。画好后，再把你的画正过来，你会为自己的倒画技能惊呼的。

（3）有意忘记

观察你的同座，在纸上写下他（她）的一些特征。然后将纸条揉成团，扔进纸篓，再拿出一张纸，忘记他（她）的一般特征，重新观察你的同座，看是否能得到你过去从未注意到的一些特征。这才是全新的观察！

（4）运用比例观察

下面是一种形式方面的专业化训练。

把一张白纸剪成许多2cm宽的带状，用眼睛估计比例，把纸带剪成下述尺寸的矩形：2cm×2cm，2cm×4cm，2cm×8cm，2cm×16cm。剪之前，想象矩形的宽度由各个方格的边长重叠而成。

用一直尺量每个矩形的长边，找出比例的偏差，重复进行，直到偏差最小为止。

另取一张白纸，画相似的矩形，用纸带对比检查精确与否，标出矩形的偏差尺寸。用一直尺量每个矩形的长边，找出比例的偏差，重复进行，直到偏差最小为止。

练习：

远离家乡的你，时时凭借想象来填补乡愁。头脑中家乡的老屋印象深吧？如果模糊了，那么再回家时，请细细观察、体验家乡房屋这一特殊的环境：

风的体验——触觉与温度觉共同作用的体验。

肌理的体验——视觉与触觉共同作用的体验。

阳光阴影的体验——视觉、触觉、温度觉共同作用的体验。

空间顺序体验——视觉、运动觉（步移）、触觉（脚着路面）。

思考练习题

请你运用缺点列举法和希望点列举法发现校园安全问题，并提出好的建议。

5.1.3　确定问题训练

引导案例

彩色泡泡（如图 5-2 所示）发明的曲折之路

玩具发明家基姆 10 年前就梦想发明一种彩色的肥皂泡。

第一次确定问题：发明一种彩色的肥皂泡。

图 5-2　彩色泡泡

基姆花了两年时间发明了彩色泡泡，不过彩色的泡泡弄得到处都脏极了，很难洗干净。试用这个产品的人都不喜欢。能不能发明一种不会污染环境的彩色泡泡呢？

第二次确定问题：发明不会污染环境的彩色泡泡。

经过艰苦尝试，基姆制造出一个从未见过的彩色泡泡，而且也比较容易清洗。

但在新产品发布现场，即使基姆告诉家长和孩子这种染料是可以用洗衣粉洗掉的，但是他们还是被吓坏了。可见，可擦去痕迹的彩色泡泡还是不受欢迎。

第三次确定问题：能否发明一种能自动消失的彩色泡泡。

于是基姆又开始了新的探索。另一位化学博士萨布尼斯帮助了他。萨布尼斯曾研究过一种能自动消失的水溶液。

最终他们合成了一种能够在肥皂泡中表面活性剂相联结的染料，使肥皂泡具有鲜艳的颜色，而这种颜色如果受到摩擦，或者遇到水、暴露在空气中，就会逐渐消失——不是褪色，也不移到其他地方。而是完完全全消失不见。

通常，人们会认为发现"问题"之后就应当着手去解决。其实不然，这时的"问题"可能还是一个很大、很笼统的问题范围，需要真正明确你到底要解决的是什么问题。思路必须再集中到要解决的具体问题上，抓住要解决的问题究竟是什么这一核心，这就是缩小问题和限制问题。确定问题对于最终顺利地解决问题十分重要。如果没有弄清楚问题究竟是什么就匆忙去解决，往往会走许多弯路。

这一章，我们要试着解决以下这三个问题：

问题1：在公园的地上，经常看到扔掉的汽水瓶盖，影响环境卫生。怎么解决这个问题呢？

问题2：在非洲缺水的地方很难找到干净水，即使找到水，运输也不方便，怎么解决？

问题3：每年美国加利福尼亚州奶牛场需干燥100万t湿牛粪，以前用电加热炉干燥。2001年电价上涨，使电炉干燥非常昂贵。如何解决这一问题？

让我们先看一段视频《从地球到月球》。

分析整个过程：几个重要的解题阶段。

确定问题：是用一个大航天船登月，还是在轨道上组装，后来发现都不必要。设计一个小的飞船就可以了，小飞船登月后再回来。

抓住问题的实质：减轻飞行器的重量。

去除伪问题：航天员需要坐着吗？需要那么大的窗户吗？

确定问题类型

请分析求点数、登月和上述几个问题都属于什么类型的问题。

第一类，最优解问题——如求点数。

第二类，探索性的复杂问题——要弄清欲解决的到底是什么问题，如登月问题。

第三类，明显的转化性问题——如何向其他领域或产品转化，如雨伞功能的发现。

第四类，不明显的转化问题：困境问题——需要先找出矛盾在哪里，才能创造性地转化，即解决它。

第四类问题是最常见的问题类型,可从事物存在条件分析(5W2H),使用TRIZ的管理矛盾、技术矛盾和物理矛盾分析,确定问题。

《从地球到月球》的视频给我们的启发是什么?

(1) 确定问题的方法之一:针对探究问题,缩小范围,抓住问题实质

分析问题是解决问题的重要步骤,分析问题的作用就是抓住问题的实质,或者将问题分解成几个问题,然后分别解决;或者根据分析的结果,找到一个最重要的核心问题加以解决,这就是缩小问题和限制问题。

例如,在最初发明隐形飞机时,人们一开始听说隐形飞机,就误以为它是让人看不见的飞机。实际上,专家们接到这个问题时,已经将这个问题进一步明确为:设计雷达难以探测的飞机。但对于专家们来说,这个问题的范围还是太大了。因此,他们进一步研究究竟什么样的飞机是雷达探测不到的,又将问题缩小到研制非金属材料制成的飞机;制造表面没有锐角的飞机;只能产生很少热量和噪声的飞机。这样,要解决的问题就变得具体而明确了。最后,在1988年,第一架隐形飞机终于在加利福尼亚的一家军工厂露出真面目。

再举一个建筑设计的例子。2000年大学生设计竞赛中有一项为民俗文化中心做的设计。民俗文化的范围很大,设计时,首先要缩小范围,某一学生决定设计"茶文化中心",但"茶"文化涉及面也很广,因此,该学生又继续深入研究怎样在建筑设计上传达茶文化,于是又将问题缩小,以展茶、制茶、品茶为主要途径去传达茶文化,最终以上面三个目的为载体设计了不同场景,完成了最终茶文化中心方案。

缩小问题范围对初学者及学生最有效。

明确问题很重要。如果到最后,问题的范围还是很大,并且含糊不清,就会影响到设想的最后落实。确定问题可以使我们集中焦点、把握要点、扩展重点,以便进一步地自由幻想,综合新奇巧妙的想法。

例如,要设计一种清洁地毯的新方法,我们可以做以下分析:

以往清洁地毯的各种方案:

a. 水洗(用水冲刷)。

b. 干洗(用干洗剂和刷子)。

c. 雪洗(放在雪上敲)。

d. 拍打(直接用棒子敲打)。

上述方案可概括为:

借用其他物质,如水、雪、汽油、干洗剂、空气等,把灰尘除去。

用机械力(敲打、蹭刷)使灰尘掉下来。

问题的实质是怎样使灰尘与地毯脱离。

请思考：

彩色泡泡的发明故事说明了什么？重新审视你的发明或创意不成功的原因，为什么你的创意不被接受？是不是没有发现真正的痛点？是不是没有抓住关键——你要解决的问题究竟是什么？

彩色泡泡的发明非常曲折，如果学会用创新方法来确定问题，其发明者可能会少走弯路。

（2）缩小问题的范围可运用5W2H分析法（如图5-3所示）定位问题

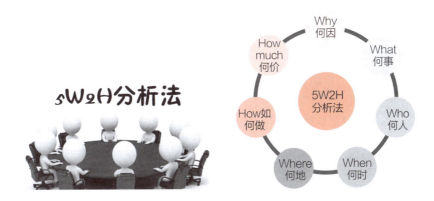

图5-3　5W2H分析法

5W2H分析法和TRIZ分析问题的方法都会有效地确定问题。

问题1：在公园的地上，经常看到汽水瓶盖，影响环境卫生。怎么解决这个问题呢？请运用5W2H分析法缩小问题范围的策略，试着确定问题，解决问题。

解决汽水瓶盖到处乱扔的问题，可以分析Who（谁扔和谁回收）以及What（什么是最大的问题）。

谁回收？瓶盖回收费劲是因为没有动机，需要调动回收动机。解决Who是个管理的问题，解决What是个设计问题，而设计问题的解决可能带来动机问题的解决。

该题可以从公德培养与行政管理角度考虑，也可从瓶盖本身去考虑问题。要解决汽水瓶盖设计的问题，可先把问题模糊为"什么东西怕扔"，从而得到以下思路：人们不扔有价值的和有趣的东西。也可把问题模糊为"人们不反对扔什么"来开阔我们的思路。随后，再把注意力集中到瓶盖问题上。

那么我们就可以选择任何一个方面把问题深入。

例如把问题分别确定为：

1）从Who角度解决，如何从社会管理角度解决乱扔瓶盖的问题。

2）从Who和What角度设计一种人们不愿丢弃的瓶盖。

3）从What角度发明一种不怕丢弃的瓶盖。

由于问题进一步明确,就为解决问题奠定了很有利的基础。

(3) 解决困境问题——用TRIZ方法提取矛盾来确定问题

那么在发明和设计中,所谓"问题实质"是指在转化中具有重要作用的要素。一旦抓住了这个关键,就有可能为转化的突破打开缺口或提供契机。其实,对实质性要素的把握并无一定之规,很大程度上取决于发明者用"发现"的眼光去感受、捕捉,并能对此做出独特的解释,甚至需要导出矛盾才能抓住问题的实质。

导出矛盾,就是完全不考虑现实条件的限制,只要大胆地去想:如何改变现状,才能克服现有缺点?

问题2:水的运输如何省力?把问题推到极端:水的运输非常省力,小孩子也能运走很重的水。

现有矛盾:现有运输工具,如水桶运水,除非有力气的大人才能提动。小孩子没有力气提,如果拖拉,水桶与地面会产生很大的摩擦力。

矛盾1:水的重力造成摩擦力又大,又小。

矛盾2:水桶与地面接触,又不接触。

怎样使水桶与地面的摩擦力变小?怎样使水桶与地面少接触?

问题3:干燥牛粪如何省电?把问题推到极端:干燥牛粪不用电。

管理矛盾:用电干燥牛粪技术与成本高的矛盾。

技术矛盾:去除糊状牛粪中的水分,用电与不用电的矛盾。

物理矛盾:去除糊状物中的水分,加热与不加热的矛盾。

总结:

通过分析上述几个案例,你认为确定问题的关键是什么?

要点:确定问题有两层含义

1)确定你要解决的是什么类型的问题,处于什么层次。

2)确定你要解决的问题究竟是什么。

那么确定问题的策略有哪些?

要点:确定问题的策略

1)缩小问题的范围,运用5W2H法定位问题。

2)提取矛盾,抓住内在原因。

3)确定问题阶段,还需要注意去除伪问题。

思考练习题

现在要设计一种清洁地毯的新方法,我们应如何抓住问题的实质?

5.1.4 提出解决方案训练

引导案例

著名建筑师张永和重定中心

著名建筑师张永和，1986年参加日本《新建筑》杂志住宅设计竞赛获一等奖（张永和的获奖设计如图5-4所示）。在参赛过程中，有全面的分析、紧张的构思，也有不经意的启示和灵感的爆发。他一度得到了一个好像很不错的方案，结果却忍痛放弃了，重新调整思路，最终他把自己引向了成功。

设计题目是想象一个在高密度市区中四面临街的300ft×300ft×300ft①的立方体，在其中设计一个居住建筑。该建筑必须触到立方体的六个面。

张永和在下手之前首先想到的是美国城市中的流浪汉收容所，又称无家可归者之家。其性质和旅馆相似，但没有单间，两间大通仓，男女分住。厕所、浴室、饭堂都是公用的。接着他又想到美国城市的另一特殊现象：大量的单身人口，他们住在传统的独门独户的公寓里，孤独寂寞是个大问题。把无家可归者之家的集体生活方式借鉴到单身住宅设计中来，是他第一个设计方案的中心思想。设计的建筑形式也是借来的——中国福建的客家民居。在边长为300ft的立方体中放了三圈建筑，分别是入口更衣室厕所浴室、厨房餐厅、起居卧室(从里到外)。这个顺序是根据大部分单身下班后的生活习惯排列的。私密性从入口到卧室层层递减。此方案具有很强的批判性和讽刺性，但作为解决实际问题的手段，它显得很单薄；而且归根结底，方案所示的生活方式和传统的学生宿舍大同小异。于是该设计就此停滞不前了。

图5-4 张永和的获奖设计

当时张永和正在找房子租住。偶尔在报纸上看到一则广告："四间房单身汉公寓出租。"四间房实际上是起居室、卧室、厨房、厕所，大的大，小的小。看了这套公寓，他一下子为设计打开了两条新的思路。

他重新研究了单身汉下班后的活动顺序后，意识到原来设计依据的生活模式尽管具有普遍性，但它是一个僵死的东西，不能包容许多因人而异的因素。

于是开始考虑空间和家具的关系，发现了家具限定空间的功能，特别是想到了传统的东方住宅的灵活空间。

根据上述想法，他重新开始设计，原来的考虑减轻单身城市居民孤独问题的努力放弃了。

他的获奖方案是一个透明的正立方体。

单身公寓——一个未婚城市居民的矛盾。

确定空间体现了对方便的需要,是正视现实的、都市性的、理性的、功能性的。

不确定空间体现了对自由的渴望,是追求理想的、非都市性的、感情的、精神的。

在确定性空间里求变化,在不确定性空间里求统一。

措施:四间可以任意排列组合的房间。

每个居民都有机会参与自己"家"的建设。因此这个寓所也就会更像一个"家"。居民也就更具有主人翁的精神,而不是自己住所的俘虏。家具在作为空间限定因素之后,它失掉了原来的意义。

从中心过道到结构外缘依次是:洞、阁、亭、台。大结构的平面是以中心过道为轴而对称的。大结构的每个开间中都将插入一个单元。四间房的唯一区别是建筑性的:台,开敞;亭,半开敞,四根柱;阁,半封闭,两根柱;洞,封闭。每个房间中心有管道孔,具有上下水、电、煤气等管线。

有的问题的解决不是求唯一正确答案的过程,一百个人就有一百个方案。方案与方案之间的优劣,除了问题没有确定好之外,平庸与优秀往往就差在解决问题的策略上,前者总是陷入常规角度,而后者却能出其不意,另辟蹊径。本章主要讨论如何能够摆脱陈腐之见,创造性地重新审视问题和解决问题。

不同的问题采用不同的策略:

最优解问题——重定中心。

探索性的复杂问题——重定中心,转换视角。

发现性问题——创造性地向其他领域或将产品转化,具体方法如等价变换公式。

困境问题——运用分离原理解决,扩展问题空间。

1. 重定中心

(1) 重定中心的含义

韦特海默在他的《创造性思维》一书中曾讲了这样一个研究案例:男孩 A 12 岁,B 10 岁,两人一起打羽毛球。前者比后者的水平高许多。连打数局,B 屡败不胜;后来,B 扔下球拍不打了。经过一段劝说仍不奏效,A 忽然说他有个新打法:让球在他们之间打来打去而不让它落地,看能坚持打多少次。B 愉快地同意了,两个孩子便重新以一种明显的友善方式高兴地玩起来。

一开始,A 在整个情境中,将"自我"放在"中心"。B 在其中所处的只不过是一个 A 的战胜品的地位。结果,游戏便以遭到 B 的拒绝而告终。所幸的是,A 没有一直坚持这种片面观点,因为他开始现实地看待整个情境:如果以游戏本身性质和需要为中心，他们则都是其中的一部分。重定中心，事物内部结构都产生了变化，于是问题也就立即得到了解决。

重定中心是转换视角，系统要素之间关系调整，不好的结构变成好的结构。

1）重定中心的操作是从一种片面的观点，转向更符合客观要求的全面观点。

2）改变各部分的意义，使它们的结构地位、作用和功能都达到一种新的和谐。

3）重定中心是要素关系的总体调整，通过抓住问题的关键带动全局的变化。

例如解决瓶盖乱扔的问题：

1）从销售者角度考虑，可以要求零售商交空瓶换汽水时，必须同时交上瓶盖。这样零售商就成了监督者，他们会主动要求买汽水的人还回瓶盖，由此大大减少了扔瓶盖的行为。

2）从顾客角度考虑，发明一种瓶盖，启下后，可以做拼装玩具的零件，拼成各种动物图案；还可以发明军棋瓶盖，会有人专门收集瓶盖，凑成一副军棋；还可以发明纪念章瓶盖。

3）从所有人角度考虑，发明一种用特殊材料制成的瓶盖，扔在地上会自动降解，与大地融为一体。还可以发明一种瓶盖，里面封装着一粒粒花种子。一旦扔在地上，遭受风吹雨打，封纸破了，种子就会发芽。这样，扔一个瓶盖，就相当于栽一棵花。

在这个问题中，销售人员、管理人员与顾客的关系中，调动顾客积极性要比调动销售人员积极性更有效，所以方案2要比方案1更好。但最优的方案是瓶盖用环保材料做成，对所有的人来说，从根本上克服了调动动机的问题，彼此关系没有矛盾，是最合理、最好的方案。

（2）重定中心要打破思维定式

重定中心涉及打破思维定式。"定式"是一个心理学术语，是指心理活动的一种准备状态，影响或决定着后继心理活动的趋势。它使人们按照一种固定了的倾向去反映现实，从而表现出心理活动的趋向性和专注性。

定式效应常常是不自觉的，它在许多场合不知不觉地影响着主体的创造倾向和创造态度。

思维定式就是"准备进行特殊的思维过程"。它使我们每次在新任务面前，习惯于按照固定的思路进行特殊的思考和创作。这种定式一旦形成就难以改变，除非做出有意识的努力。贝弗里奇曾说："我们的思想每采取特定的思路一次，下一次采取同样思路的可能性也就越大。"

思维定式对构思的影响主要表现在以下两个方面：①它在一定程度上阻碍了构思的创造性，使思路狭窄、固化，不能从独到的角度提出崭新的构思；②它还影响构思的灵活性，使人不能在适当的和必要的时候及时地转移构思方向，以便多方面地探索发展的可能性。

如果在构思中不断地重复过去，就会形成构思惯性。惯性对创造性说来是致命的。相反，灵活性则是创造性的基础。在创作中，能否摆脱思维定式的影响是衡量构思是否灵活的重要标志。

打破思维定式的一个有效办法就是放下手中的工作，去干别的事。在长期艰苦思考而无果时，使自己放松一下，往往一些好主意就会从天而降。因为紧张的逻辑思考禁锢了其他信息的介入，只有在放松状态下，表面上不相关但实际上有用的信息才能进入思考过程，你才会产生"啊！我过去怎么没想到！"的惊讶。法国建筑大师保罗·安德鲁曾说过："我发现在设计创作过程中，除了对逻辑、条理和建筑本身的考虑之外，常常有某种潜意识的东西在我毫无知觉的情况下萌芽、发展，最终成为整个设计的点睛之笔和最具创新精神的部分，往往是在设计完成之后我才意识到这一点。"

创造性的构思一般都要经过多次的反复和波折才能获得。原始构想在发展中由于碰到某种无法逾越的障碍或者主体的自我否定而遭遇挫折是司空见惯的。而此时不仅要学会放弃，多方向思考，最重要的还要让大脑适时休息，唤起思维的潜意识，激发灵感。创造心理学的理论认为，机遇往往不是出现在思维持续紧张的时刻，而总是在创作主体适时的放松、休息、娱乐或交谈、阅读等随机活动中出现。齐康先生在构思南京大屠杀纪念馆设计方案的初期阶段，仍然沿着以往的纵深轴线、对称布局、深远空间、过渡序列等老路走，结果得到的第一个方案是一组对称轴线的群组，沿着弧形的纪念馆正立面，悬挂着 13 块板，分别记载着 13 个大屠杀场地的悲惨史实。面对这样一个没有多少新意的方案，作者深为苦恼。一位同事来访，见他正勾画着对称的方案图，就问："为什么一定是对称的呢？"于是作者就在这对称的草图旁勾了两个不对称的示意图。一句话，两幅图，犹如当头棒喝，使作者从惯性思维中解脱出来，看到了用不对称布局创造悲剧气氛的新前景。

我们经常会遇到这种情况，最好的解决办法就是保证身体状态轻松，让大脑放松。在思考不下去的时候，可以翻翻资料，听听音乐，与多人交流。具体的思维水平转化方法有禅定法、瑜伽法和冥想法。

做个训练：在这里我们借用心理学的一道放松训练题。

清除杂念。

舒服地坐直，手放在大腿上，闭上眼睛，只用一分钟领会你的想法，但不要去判断它。

慢慢地开始呼吸。闭上嘴，让空气从鼻孔进出，注意吸气——停——呼气——停的整个周期。

对呼吸计数。吸气数 1，呼气数 2……直至数到 10，然后重新开始数。

开始分散注意力。慢慢地放松眼睛,让你的脑子变成空白。当你能够放松时,就能做到这一点。如果出现想法,断然拒绝之,不要注意它们,也不要追随它们,慢慢地进入安静状态。

2. 创造性转换

对于一些答案很明确的问题,则不需要再确定问题,只是着眼于如何解决问题即可。在解决问题的阶段,仍然有许多创新方法可以有效地使用。如一个人偶然发现雨伞尖容易碰掉稻粒,他就马上想到是否可用这个原理发明稻谷脱粒机,这就是利用原型进行创造性转化。那么转化中发生了什么?雨伞和脱粒机在哪里具有一致性?发明脱粒机又加了些什么?雨伞的形状还需要保留吗?

日本学者市川龟久弥创立的等价变换方法对于借助原型创造性转化的过程研究最为透彻。他强调新事物是在旧事物的基础上发展演变而来的,新旧事物具有某种共同的本质,这是一种借助原型来获得启示和推进创造的方法。等价变换理论抓住了"否定之否定"的原理:所有经由创造而实现质的飞跃的事物,每一个更高级的阶段都保留了前一个阶段的合理内核,去掉了一些无用的要素,重新组成了一个新的事物。

3. 分离原理

运用 TRIZ 的矛盾分析方法,已经确定了问题 2:
怎样使水桶与地面摩擦力变小,怎样使水桶与地面少接触。
运用分离原理分析解决问题(见表 5-2)。

表 5-2 用分离原理分析问题

矛盾 1:水的重力造成摩擦力又大,又小		
空间分离	一部分加很多水	一部分不加很多水
时间分离	一会儿加很多水	一会儿不加很多水
矛盾 2:水桶与地面接触,又不接触		
空间分离	水桶与地面一部分接触	一部分不接触
时间分离	水桶与地面一会儿接触	一会儿不接触

如何解决物理矛盾:
根据矛盾提示语"水桶一部分与地面接触,一部分不接触",可以想到水桶通常是桶底部分与地面接触,如果变成桶壁部分与地面接触呢?圆形的桶滚动起来会大大降低摩擦力。设计这样一只水桶,小孩子也能拖动了(如图 5-5 所示)。

4. 扩展问题空间

扩展问题空间——问题层次提升到一般问题。

提升问题层次，进行抽象概括。

从特殊问题到一般问题，从一般解到特殊解。

确定问题阶段的秘诀之一是聚焦。

解决问题阶段的秘诀之一是扩展思路——扩展解决问题的时空范围。

重新定义问题，把特殊问题上升到一般问题。一般概念要比特殊概念包括更多的个体，在更高的层次上发现共同属性。

问题3：牛粪干燥用电价格太高的问题

重新定义问题，扩展解决问题的时空范围。打破专业和领域界限，不管是哪个领域的问题，只要是同类问题，就可以相互借鉴解决方案。

首先将实际问题归结为TRIZ的标准问题，应用TRIZ理论寻求标准解法，然后演绎成初始实际问题的具体解法（如图5-6所示）。

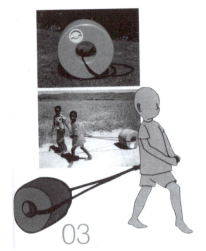

图5-5 小孩子能拖动的圆桶

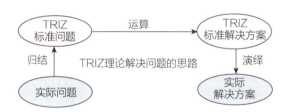

图5-6 TRIZ 理论解决问题的思路

第一步，抽象问题，表述问题时提升层次，将问题"如何有效干燥牛粪？"转化为"什么是将糊状物中的水分排除掉的最廉价方式？"。

第二步，得到一个解，搜索全球专利库，农场主找到一个40年前的专利：利用亲水气体浓缩橙汁。

第三步，把专利与干燥牛粪特殊的条件结合，得到一个新的解决方案。

第四步，农场主利用此专利投资建厂，使得干燥牛粪的成本仅为电炉干燥的1/3。

思考练习题

1. 如何解决电梯门夹手的问题？请提取矛盾，并用分离原理来解决。
2. 设计一款能够产生降温效果的凉帽。为了不受现有方案的影响，我们不是直接提出这个问题，而是将问题抽象为一般性问题"解决降温问题"，通过扩展问题空间得到一般性答案，再回到凉帽设计的具体条件。你会得到哪些新想法呢？
3. 有一个著名的设计师，他在教学生时设计出了一道练习题，先让学生画人的各种姿势，然后让学生设计一些能支撑住人的各种姿势的物品。请问设计师在让学生做什么？他为什么这么做？

5.1.5 评价方案的训练

我们用各种技巧和策略解决了上述问题，那么这些解决方案是否足够好呢？怎么评价它们？按什么标准去评价？这就是该部分要解决的问题。

药物、球囊扩张和冠脉搭桥是目前国内外治疗冠心病的三大"法宝"，而当这些法宝对一些患者治疗无效或不适宜时，心血管病专家是否都会陷入"回天乏术"的境地？北京协和医院首获成功的钬激光"打孔"术对此做了否定的回答。激光"打孔"即激光心肌血管重建术（TMR）是国际上刚刚兴起的治疗冠心病的新技术。该术是在不开胸、心脏不停跳的条件下，使激光通过小切口在心肌上打几十个直径为1mm的孔，使心肌与心腔之间形成直接的供血通道，从而改善心肌与腔之间的供血状态，进而改善心肌缺血的症状。

如何评价这一技术的价值和局限性？

协和医院心外科主任万峰副教授认为，TMR虽然给那些过去认为已无法手术和药物治疗效果不佳的冠心病病人带来新的希望，从技术上看，不开胸、心脏不停跳，对病人造成的痛苦少，在经济上也较节约。但任何方法都有其局限性，钬激光"打孔"能改善心肌与腔之间的供血状态，但不是根本的治疗手段。因此，万峰将钬激光"打孔"与冠脉"搭桥"术共同使用，取得了显著优良的效果。

上述评价从缺点、优点两个方面去评价，观点非常鲜明。这是一种简洁的评价标准。一般来说，评价的标准要根据科学性、进步性、新颖性和可行性来评价。

有些产品用舒适、节约、方便的标准来进行评价，这是内容评价。

方案评价的内容包括技术评价、经济评价和社会评价三个方面。

1. 评价的内容

（1）技术评价

技术评价是以所提出的方案能否满足要求的技术性能及其满足程度为目标，来评价方案在技术上的先进性和可行性。具体包括性能指标、可靠性、有效性、安全性、保养性、操作便利性和能源消耗等方面。

技术评价要利用理论计算和试验分析获得的数据资料。有时，为了便于在几个方案之间进行分析比较，可以把一些技术指标换算成评分指数。

（2）经济评价

经济评价是围绕方案的经济效益进行的评价，要求方案的成本最低，效益最大。

经济评价要考虑以下一些指标和内容：

成本：应以制造成本和使用成本最低为主要目标。

利润：利润是销售收入扣除成本与税金后的金额。不同对象降低成本提高利润的方式不同。有的成本低，利润也少，应考虑薄利多销；有的成本高，利润也高，适合顾客对产品性能高和坚固耐用的要求。

（3）社会评价

社会评价是评定方案实施后对社会带来的利益和影响。社会评价考虑的因素相当多，一般视不同情况而有所侧重。要评价的方面有：

是否符合国家科技政策和国家科技发展规划的目标。

是否有益于改善物质环境和社会环境，节省资源和能源。

是否有益于提高人民的物质文化生活水平。

是否有益于提高生产力，包括扩大生产规模、提高生产率、加工制造的高效化、节省人力和物力。

是否符合当地文化和习惯。

2．评价的标准

简洁的评价标准，就是从优点和缺点来衡量，如 TRIZ 提出的理想解。

解决问题的理想解就是方案是否成功的评价标准：

1）保留原来的优点。

2）克服原来的缺点。

3）没产生新缺点，或新缺点还可接受。

4）简单易行，花钱少。

这四个标准缺一不可。

赤壁之战时，因为船颠簸摇晃，北方的战士忍受不了，于是曹操的解决方案是把战船联起来，这个方案虽然克服了原来的缺点，但是产生了新的缺点，那就是机动性很差，最后被一把火烧光，这就是没有严格对比这四个标准的结果。

3．评价的实施

适宜性的评价是根据一个设想能满足多少需要来判断该设想的实际作用和价值。判断设想的价值，不仅与设想的独特性、新颖性有关，更重要的是考虑在一定范围内，该设想是否能被实际应用。

1）评价的初步判断，按理想解的四个标准评价。

练习题：请按理想解的四条标准评价刚才解决的四个问题并与其他人交流。

2）详细评价。

a）先列举这个设想满足的所有需要。

b）按重要性排列需要。

c）分析该设想满足了哪些最重要的需要，没满足哪些需要，得出适宜性的评价。

例题：

有位发明家想开发一种玩具——拼音扑克牌。扑克牌上不再是数字，而是字母。玩时，要以字母拼成单词为规则。这一玩具是否可行呢？

解答：

首先，列举玩具应满足的所有需要：

1）好玩，有趣。

2）安全。

3）开发智力。

4）价格适中，想买它的孩子都能买得起。

5）包装精美，让孩子一眼就能从货架上发现它。

其次，按重要程度排列所有的需要。

对玩具来说，趣味性是最重要的，但有时安全性更重要。如果玩具会伤害孩子，再有趣的玩具也不能上市。所以安全性排在第一，依次是趣味性、开发智力、价格适中、包装吸引人。

这个设想能够满足前四项需要，只是在包装上还未考虑。

总之，这个设想具有适宜性，只需做好包装设计就可上市。

实际案例

办公楼设计

美国某大学建筑系的学生参加大学生设计竞赛的题目是设计州办公大楼。

第一小组以确定办公楼本身的环境设计要求作为思考的切入点。他们对办公位置的考查做了一个调查报告，草拟了一个"典型结构布局"的设计草图。图中标明了主要建筑结构和服务系统，提供了遮蔽、畅通、舒适明亮、各自独立的空间，有很强的环境适应性。

第二小组认为办公楼本身并不重要，他们把注意力放在建筑物所在地的某些更显著的特点上。他们注意到设计简章上谈到，"办公楼不应给纳税者一种冷漠的感觉"。以此为切入点，他们设计了绿荫覆盖的办公楼，一条两边种满鲜花的小径穿过办公楼，在心理上拉近了行政机关与普通纳税者的距离。他们还在办公楼的另一面斜坡上种上一排树，隔开来自繁华闹市的噪声。在办公楼中他们设计了各种不同的单元，根据不同的需要进行调整配备。

第三小组的注意力不是放在来访者上，而是放在办公楼的使用者身上。他们分析了一些失败的设计，多是因为只注重建筑的形式，建筑物有着大而华丽的正立面，内部结构却是一团乱麻，易识别性很差，人们总是找错地方。所以，他们的设计着眼于整体的组织结构，在此基础上再提出建筑的形式。建筑的每一单元都有着明确的意义，轮廓分明地结合起来，并用中央入口处的空间系统加以联结。

上面三个方案，究竟哪个更好，很难评价，要想说出哪个是正确的，哪个是错误的则更为困难。

为什么同一个题目会有不同的解答呢？因为他们有不同的立意与构思。那么立意与构思从何而来呢？源于他们对问题的不同理解：

在第一小组成员眼中，问题是如何解决办公楼工作条件的有效控制。

在第二小组成员眼中，问题是如何解决办公楼的亲切感。

第三小组又将问题集中在，根据人的行为和认知环境心理规律来组织办公楼内部空间。

可以说，对建筑设计题目的"重新表述"，就是我们所说的发现问题与确定问题，确定问题的重点不同、切入点不同，方案也就不同。

不像自然科学解决问题，结果真的具有唯一性，建筑设计的解题，方案是多解的。因此，发现问题和确定问题具有特殊含义，这与设计者的主观理念和把握十分密切。在某种程度上可以说，设计水平的高低，往往也取决于设计者眼力的高低，以及对"设计问题"的理解程度。

建筑设计中发现问题亦即确定了设计的方向，设计没有唯一答案，什么样的问题提出就顺应有什么样的设计结果。例如，学生做一高层住宅设计，有的同学发现高层住宅中人际关系冷漠是最大问题，于是在设计中加入共享空间；有的同学认为北方住宅朝向是很重要的问题，为保证每户有南向采光，将平面设计成蝶形平面，等等。

思考练习题

用理想解的四个标准评价一个方案。

5.2 新产品开发中的解题训练

引导案例

贝尔塔·美杜莎耳机——第一款能调节耳机大小，但不破坏整体外形的头戴式 HIFI 耳机⊖。

贝尔塔携手洛可可设计公司联合设计、研发代号为"美杜莎 Medusa"的一体式时尚耳机，荣获 2013 年德国 iF 设计大奖，正式上市型号为"贝尔塔 M1"。该产品在造型上打破常规耳机

⊖ 洛可可设计学院. 产品设计思维 [M]. 北京：电子工业出版社，2016.

的形态,以简单的单一曲面的变化作为产品设计元素,让此款耳机做到极简。外壳为整体成形,无须拆件;内部为流线型设计,改变头戴式耳机的一贯耳罩式设计,让耳机更具特色。用不可思议的优美线条勾勒出你对未来的想象,设计师用一款全新的作品为世人预见未来。倘若眼睛能够听见,这就是音乐存在的样子——美丽、神秘、诱惑。

该产品从需求解读就是为年轻一代做设计,为未来做设计。"90后"以年轻、活泼、勇于接受新鲜事物的态度,被大众定义为"玩得酷,靠得住"的一代。设计者从"90后"的生活方式特点——衣、食、住、行、娱,研究对用户的"吸引力"是什么,通过设计深访问卷、甄选对象调研、调研资料整理、解析原因/寻找问题,提出解决方向。调研过程中,设计者总结出"90后"的特征(如图5-7所示)。

产品定位于"90后"文化先锋,他们是下一个时代的引领者,也是耳机的蓝海。这个群体有些微夸张,另类但不异类,个性但不个别,出位但不出轨。所以,经设计解读微夸张,最后再将产品视觉化。整个产品设计经历了需求解读、项目目标描述、研究思路确定、深入研究用户、风格定位、方案视觉化的过程。设计师需要用创新的设计思维去理解人、环境、需求和产品的关系。

图5-7 "90"后的特征

5.2.1 创意形成与概念设计

在当今世界,创意产业已不再仅仅是一个理念,而是有着巨大经济效益的现实实践。在一些国家增长的速度更快,纵观全球,发达国家的众多创意产品、营销、服务,吸引了全世界的眼球,形成了一股巨大的创意经济浪潮,席卷世界。各发达国家的创意产业以各自擅长的取向、领域和方式迅速发展,展现了一幅创意产业全球蜂起的热烈景象。

创意英国:受电视广告和软件行业的推动,十年来英国创意产业规模几乎翻一番。英国曾经是世界制造业大国,后来失去了制造业大国的地位,如何调整国内产业,获取更高的附加值,为国内劳动力找到更好的职业,是英国面临的主要任务。所以布莱

尔1997年当选英国首相后所做的第一件事，就是成立"创意产业特别工作组"。这个特别工作组于1998年和2001年两度发布研究报告，分析英国创意产业的现状，并提出发展战略。根据英国文化媒体体育部2001年发表的《创意产业专题报告》，到英国创意产业产值为112.5亿英镑，占GDP的5%，已超过任何制造业对GDP的贡献；2001年的出口值高达10.3亿英镑，且在1997至2001年间每年约有15%的高成长率，而同期英国所有产业的出口成长率平均只有4%。2002年应创意产业增加值达80.9亿英镑。十年来英国整体经济增长70%，而创意产业增长93%，显示了英国经济从制造型向创意服务型的转变。

创意美国：创意经济是知识经济的核心内容，是新经济的主要表现形式，没有创意，就没有新经济。美国新经济的本质，就是以知识及创意为本的经济，创意是知识经济的核心动力。所以美国人发出了"资本的时代已经过去，创意的时代已经来临"的宣言。比尔.盖茨宣称"创意具有裂变效应，一盎司创意能够带来无以数计的商业利益、商业创奇"。1997年美国版权产业从国外销售和出口中创利668.5亿美元，超过了包括农业、汽车、汽车配件和飞机制造在内的所有主要产业。据统计，到2001年，美国的核心版权产业的国民经济贡献了5350亿美元左右，约占国内总产值的5.24%。美国新英格兰地区2001年6月提出了《创意经济计划：新英格兰创意经济投资蓝皮书》，纽约将城市精神确定为"高度的融合力、卓越的创造力、强大的竞争力、非凡的应变力"。

其他国家的创意产业：日本高度重视创意产业，喊出了"独创力关系到国家兴亡"的口号，索尼员工的座右铭就是"日日创新"。日本在2000年的电影与音乐创收分别列世界第二位，电子游戏软件创收则位居世界第一。韩国政府在1997年对这一新兴产业进行扶助性介入，尤其注重电子游戏、音乐及电子网络等新兴产业倾斜支持，当年世界第三大钢铁企业——韩国浦项制铁株式会社大门上的标语是"资源有限，创意无限"。澳大利亚政府自从1994年发布了一个国家文化发展战略以来，就将创意产业发展作为一个国家战略加以实施，并且成立了布里斯班大学创意产业研究中心，作为澳大利亚联邦政府直接支持的国家级创意产业振兴机构，努力以财政支持和政策扶持带动民间资本进入，实现技术创新和市场创新，孵化产业主体，主导产业发展。新加坡早在1998年就将创意产业定位于21世纪的战略产业，出台了《创意新加坡》计划，又在2002年9月全面规划了文化创意产业的发展战略，称要树立"新亚洲创意中心"，使之成为"一个全球的文化和设计业的中心"。

如今在中国，大大小小的会议都充满着创意、创造力、创新等这样的词语，从中可以看到大家对创意的渴望和呼唤。而有无创意其实很重要的一点是是否能够掌握创新的方法。

每天早上，26岁的美国青年古斯汀·吉内克，就赶在清洁工人清扫大街前，在纽约街头精挑细选垃圾，然后用透明胶将它们包装成精致礼盒，放在网站上出售。令人惊讶的是，买家趋之若鹜，垃圾的售价一度高达 50～100 美元。古斯汀还自己设立网站，将这些垃圾直销全球。这是创意的力量还是网络的魔法？试着想一想，这个奇特的、令人兴奋的创意案例，如果没有网络，将会是什么样？

在网络中，个体可以自由地利用自己的直觉创造、分享新创意，可以自由地让这些新创意成为生活中的重要内容，并利用创意提高自己的知名度，塑造人格品质和个人形象，建立更高更具价值的地位，打造赚钱的能力，最终，这些资产也就转变为创意资本。

据说，能在创意时代决胜千里的人才，必须具备六大能力，即设计、故事、整合、同理心、玩乐与意义，而这六大能力中除了同理心（即领导力，就是设想体验他人感受、激起共鸣，带给人快乐，并赋予他人生命意义的能力）是个体拥有的素质以外，其他五大能力无一例外，都是在和网络发生化学反应，也就是我们通常所说的——需要给创意插上"电"。

5.2.2 新产品功能结构设计与生产

1. 产品设计

产品设计（Product Design）并不仅仅是产品外观的设计。确切地说，产品的外观设计应称作工业设计（Industrial Design）。一些人认为，产品要实用，因此，设计产品首先考虑的是功能，其次才是形状；而另一些人认为，设计应是丰富多彩的、异想天开的和使人感到有趣的。实际上，产品设计过程是一系列的技术和经济决策过程，需要全面确定整个产品的概念、外观、结构和功能，具有"牵一发而动全身"的重要意义。一项成功的产品设计应满足多方面的要求，包括市场和用户的要求，既有产品功能、质量和效益方面的要求，也有制造工艺的要求。如果一个产品的设计缺乏生产观点，那么生产时就将耗费大量费用来调整和更换设备、物料和劳动力。相反，好的产品设计，不仅表现为功能上的优越性，而且便于制造，生产成本低，从而使产品的综合竞争力得以增强。成功的企业都十分注意产品设计的细节，以便设计出造价低而又具有独特功能的产品。产品设计既要赢得用户的青睐，又要为企业带来效益，对企业产生重大的战略意义。

（1）产品概念

人们对产品概念的认识是一个不断发展的过程，人们最早认为产品就是商品本身，对产品的完全物化理解是从用户的角度来认识和理解产品，仅仅反映了用户对产品需求最表面和最初始的形态。营销界广泛认同的是产品三层次结构，分为核心产品（使用价值或效用)、有形产品(包括质量、特点、式样、品牌、名称及包装)和附加产品(附加服务或利益)。产品三层次结构是基于生产者在产品价值和利益形成过程中的主体地位构建的,引导生产者和销售者根据用户的需求提供产品和服务。

用户购买产品不仅是购买产品的物质形态,而且是购买该产品所提供的总体价值,必须树立产品的整体概念,以满足用户需求为出发点,塑造准确的"核心产品"、合理的"有形产品"和有效的"附加产品"。只有对三者的关系有清晰而深刻的认识,才能更好地满足用户需求。

(2) 产品设计阶段

在开发过程的设计环节中,具体的设计方法是多种多样的,但各种设计流程都需要设计团队来完成,如技术人员、专家和工程师等。在流程中,设计团队要根据产品创意来找出解决问题的具体方案,制作产品原型或模型等,最终实现产品制造。然而,设计流程往往不是一次成功的,需要循环往复或者利用迭代的方法不断进行。随着3D打印等新技术的出现,近年来产品设计流程飞速进步。设计流程主要分为以下三步:

第一步,分析阶段(Analysis)

1) 项目承接:设计团队承接设计项目并找出问题所在,然后利用自身资源找到最优解决方案。

2) 分析:设计团队进行研究,收集材料,然后从中寻找解决问题的办法。材料包括数据、调查问卷、文章以及其他来源的材料。

第二步,概念阶段(Concept)

概念阶段是确定主要解决问题的阶段。之前提出的问题在这个阶段变成了主要解决对象,而设计要求的限制条件就成为新产品开发过程中的边界。

第三步,整合阶段(Synthesis)

1) 创意形成:设计团队为解决问题而提出不同的想法和方案,这些想法和方案不能带有任何偏见,并且必须是原创的。

2) 选择:设计团队筛选解决方案,选出成功把握性大的方案并据此编写产品设计纲要。

3) 实施:该阶段需要制作产品原型,实现上一阶段的设计纲要以及产品制造。

4) 评估:这个阶段需要做产品测试,并根据测试结果改善产品。然而,这个阶段并非产品设计的最后一个环节,产品原型也许未能达到预期效果,所以产品开发过程是不断循环的。

(3) 最简可行产品

最简可行产品(Minimum Viable Product,MVP)又称最小化可行产品,是指在产品设计和开发当中只具备最基本功能的产品,而这些最基本的功能又能够为产品及其后续开发提供足够且有效的研究基础。最简可行产品的概念最早由弗兰克·罗宾逊

(Frank Robinson)提出,旨在解决产品开发,尤其是产品的初次发布中的问题。在很多产业中,减少产品功能会让开发、测试和生产成本大幅降低,因此,将产品功能简化会让投入和产出的比例更加合理。但是,产品功能过少,自然会导致其日后投向市场的失败;而产品功能过于繁杂,则会导致收益回报率降低,甚至有亏损的风险。所谓的"最简",到底需要简化到什么程度?这也是需要开发团队仔细斟酌和把握的。在这里需要指出的是,最简可行产品可以是制作和销售产品的策略,也可以是在创意产生阶段、产品原型阶段、产品演示阶段或产品展示阶段运用的概念。换句话说,与本章后面介绍的产品原型不同,最简可行产品不是用于回答技术难题的,而是用于验证商业假设能否达到盈利目标的。

在产品开发阶段,一个最简可行产品可以让技术人员或工程师用最短的时间、花费最少的精力完成技术突破和成型优化。因此,从这个角度看,最简可行产品似乎让开发阶段变得更加容易,而实际上它要求开发者在其他阶段投入更多的精力。例如,在产品测试阶段,产品原型不仅需要开发者进行内部测试,也需要早期忠实用户进行测试。早期忠实用户即忠于购买未开发所有功能的产品的用户,并且他们还会向亲友推荐这些产品。有些书中称之为"天使用户"或"早期使用者"。

运用最简可行产品这一概念的目的是降低成本和节约资源,因而其核心概念包括两个方面:①最简可行产品只需要最基本的功能,以便将每一分钱的效用发挥到最大;②它是针对早期忠实用户的。

那么,在产品开发阶段应如何确定最基本的功能呢?领英公司(Linkedin)创始人里德·霍夫曼(Reid Hofman)对初创企业有一个非常有趣的建议:"你从悬崖上跳下来,在跌落的过程中组装飞机。"在确定最基本功能的时候,首先要了解用户最基本的需求,也就是鉴别用户痛点。在此基础上,有针对性地决定开发哪些功能,但同时也要警惕是否有可以进一步精简或剔除的功能,在决定开发哪些功能时,"冒烟测试"(Smoke Test)是一项非常简单的方法,"冒烟测试"常常是一个网页,上面对产品进行描述并要求访问者填写邮箱地址。通过改变产品或其特性来进行快速迭代,能够快速地掌握用户的兴趣所在。而在服务方面,"礼宾测试"(Concierge Test)是一项行之有效的方法。通常创业者是向挑选过的用户提供服务,而且这种服务是高度定制化的,是人工进行的。上述两个例子都是将"最简"做到了极致,大学生在创业的过程中,也可采用如下方法:用户访问(Customer Interviews)、着陆页(Landing Page)、A/B测试(VB Tests)、广告宣传(Ad Campaigns)、资金募集(Fundraising)、产品解说视频(Explainer Video)、逐件拼装MVP(Piecemeal MVP)、SaaS&PaaS(软件即服务和平台即服务)、博客(Blog)、手动优先MVP(Manual-first MVP,又名Wizard of Oz)、数字化原型(Digital Prototype)、纸质产品原型(Paper Prototype)、单一功能MVP(Single-feature MVP)和预订页(Pre-order Page)等。

2. 产品开发

(1) 产品方案

在多数人的印象当中,产品方案(Proposal)是由很多文字堆砌而成的,所以很难将其与产品开发联系起来。其实,产品方案中对产品性能的描述是应用较为普遍的一种产品开发方式。例如,在一个建造项目中,产品方案能够直观地反映建造过程的输入和最终成品的产出,因而投资者能够很快得出是否值得投资的结论;或者一个创业项目在争取政府支持的时候,专业而又详尽的产品方案能让评估人员有效地鉴别该项目能否达到相应政策的要求。

(2) 产品模型

模型(Mockup)是指等比缩放的产品或等体积的结构样例、设备样例。一般情况下,模型的外观、形状和颜色等特性与最终成品是很接近的。与产品原型类似,模型也是为了从用户那里获得反馈,目的也是对产品设计进行修改。模型的存在不仅是为了收集用户对外观的意见,同时也可以发现产品外形是否有缺陷,从而避免影响其使用、操作、放置和搬运等。相对产品原型而言,模型的制作速度较快,而且成本较低。模型在以下产品中的使用较为广泛:

1) 汽车、飞行器及高速列车。此类行业中的风洞试验分为实物试验和模型试验。为了降低成本及节省时间,开发人员需要利用模型来进行试验。

2) 消费品。此类模型主要用于展示产品外观,并从用户或投资人方面获得他们对外观的修改意见。例如,相机、饮水机以及抽油烟机等。

3) 家居装潢。此类模型主要用于家具市场的展示和楼盘样板间等。

4) 建筑。例如,售楼处的小区模型。

5) 餐饮业。例如,餐厅门口的菜品模型。

6) 系统工程和软件工程。模型与产品原型经常被混淆。在这些领域中,模型是在纸上或者计算机图片中设计的用户界面,而且往往是静态的。

(3) 产品原型

产品原型(Prototype)是指早期用来测试一个概念或流程的样品,而制作产品原型是为了之后的生产和制造,或者从中进行认知和迭代,以便对产品设计进行修改和完善。制作产品原型是将产品制造要求清晰化的过程。本书中的产品原型与产品模型(Mockup)不同,后者比最终成品的真实度低,通常与成品的尺寸相同,但不具备操作功能。制作模型所使用的材料多种多样,例如塑料和硬纸板模型展示是让人观察并了解产品的外形、颜色、尺寸甚至质量等的手段,而且这种方式较为廉价。产品原型是产品设计过程中的早期样品,且往往和成品的尺寸相同,内含真实的组件,也包括有操作功能说明。其作用一方面是让设计人员直观地了解产品的运行情况,从而得知各项功能运行正常与否;另一方面,产品原型在吸引投资方面也有着非常重要的作用。

在产品设计过程中,有些失误和不足是难以直接发现的,所以制作产品原型的目的之一就是让这些缺点充分暴露出来。但是,这并不意味着设计人员进行一次修改后就能让产品的功能达到设计预期。根据以往的经验,产品原型需要多次制作修改后才能完成设计过程。随着计算机科学的发展,计算机建模技术越来越成熟,这让一部分实体的产品原型不再那么重要,但顺应这个潮流,数字化的产品原型也出现了。下面分别介绍实体产品原型和数字化原型。

1)实体产品原型。实体产品原型(Physical Prototype)就是将一个设计概念实现并制作出一个实体的过程。制作实体产品原型的材料可以跟最终成品的材料一样,也可以用较为廉价的相似材料代替。制作产品原型的方法与生产和制造产品的方法类似,例如3D打印技术。针对产品原型而言,3D打印技术能够实现快速成型。早期的3D打印技术用于制造产品模型,而现在的3D打印技术更多地被应用于航空航天器、医学以及汽车制造等行业。

2)数字化原型。数字化原型(Digital Prototype)是指利用3D建模技术将产品的设计转化成数字化的产品原型。数字化原型在设计过程中的一大优势就是它可以允许不同部门、不同职责的设计人员建模,让各方的设计数据实时更新和快速修改,保证了各设计人员之间数据传输的准确性,进而提高了设计的效率。由于存在上述优点,数字化原型的出现让实体产品原型的重要性大大降低,但很多行业中还是将数字化原型作为辅助方式,与实体产品原型一起共同展示产品的功能。

除了设计的便捷性,数字化原型的另一个优点是能迅速将设计内容可视化。为了降低成本,实体产品原型的材料与最终成品的外观有时是不一致的,而数字化原型可以做到外观与设计意图保持一致,且无须增加成本。

此外,数字化原型与实体产品原型一样,可以测试产品的性能,但数字化原型的开发时间常常比实体产品原型的制造时间短。因此,数字化原型能够为产品开发的迭代节省大量的时间。

目前可以进行数字化原型设计的工具包括Autodesk公司开发的数字原型工具以及UXPIN等。Autodesk在2D设计时代是全球最大的工程软件设计公司。进入3D设计时代以后,Autodesk也推出了一些功能较强的3D设计软件。UXPIN是一个具备较多功能的网站,其中包括数字化原型的设计,操作较为方便。

3. 用户体验

用户体验是指用户对产品、系统或服务的使用或预期使用的认识及反应。用户体验包括用户在使用前后及使用中的情感、信念、选择倾向、认识、心理和对产品实体的选择及做出的行为。影响用户体验的因素有三个,分别为系统性质、用户状态及其经历和使用环境。

（1）产品展示

产品展示是指向用户或投资者详细介绍产品规格、款式和性能等。需要指出的是，这里介绍的产品展示是广义的产品展示，是包括服务展示的。产品展示的最终目的只有吸引潜在用户来购买。产品展示的方式多种多样，一些方法跟最简可行产品和营销有重合部分。

1）产品演示。产品演示是在新品发布会、产品展会以及路演等过程中运用得最多的一种展示方式。近年来，越来越多的科技产品在新品发布的时候会用多媒体的方式进行演示，其中运用最多的就是 Powerpoint 和视频。这种演示常常会让用户产生对该企业或产品的第一印象。产品演示具有很强的灵活性，当演示对象不同的时候，产品演示的内容可以做出相应的调整，以吸引演示对象。所以，事先了解演示对象的兴趣和喜好是产品演示成功的基础。在进行产品演示的时候，需要特别注意以下几点：①产品演示的目的；②目标受众；③演示导向；④演示人员。

准备产品演示的过程不是一次成型的，而是根据上述几点不断修改的。不仅要在目标受众不同时进行修改，如果演示人员不同，也要在每次演示之前调整内容。在现场进行演示时，一个成功的产品演示是易于理解的、让人印象深刻的、有感染力的。

所谓的易于理解，是指在演示中要减少或者避免使用较为深奥的行业术语和晦涩的表达方式。由于微博等社交网络的出现，现在人们对长篇大论越来越缺乏耐心。因此，使用简洁而全面的语言在演示中是最有效的沟通方式。例如，苹果公司在发布 iphone 6 时，中文的广告语是"岂止于大"，相应的英文广告语是" Bigger than bigger"。简短而直白的一句话直接指出了这款手机的最大优势。这也是苹果公司为了让传媒在新品发布会后准确报道新手机性能的策略之一。由于中文非常精练，有些人认为在描述产品性能的时候，用短短的几十个字就足够了。

另一方面，产品演示要给人留下深刻的印象。如果目标受众无法记住产品的特性，那么无论演示的水准多么高，都不能算是成功的。在介绍产品功能的时候，精简字数的同时，还要做到条理清晰。心理学家认为，人脑在接收信息时，7 条信息和 8 条信息有着本质区别。一旦信息超过 7 条，人脑就很难将其整理并记忆。也就是说，当产品具备较多功能的时候，应选取其中最重要或最吸引眼球的功能进行演示，并且尽量保证功能不超过 7 条。

最后，要理解"理性"展示和"感性"渲染的重要性。在新品发布会或产品展会上，理性的分析对于介绍产品功能是至关重要的。然而，能够打动人也是成功的产品演示必不可少的一部分。产品介绍中往往会使用一些事例来引入某一话题，或者说明一些问题。在叙述这些事例的时候，有必要用感性的方式来进行渲染，让受众感同身受，进而对产品功能产生好感。

2）产品解说视频。产品解说视频（Explainer Video）是一段很短的动画，其长度一般为 1~3min，目的是介绍一个项目、企业、网站或产品。产品解说视频之所以很短，一方面是因为展示方希望用户能够迅速掌握产品的功能特性，另一方面这也是控制产品展示成本的需要。产品解说视频最成功的案例之一是 Dropbox。Dropbox 是全世界最早提供云存储的服务商之一。在 Dropbox 刚刚推出的时候，产品首页只有一个产品解说视频，而且没有其他链接。仅仅凭借着这个视频的成功，Dropbox 的用户增加到 500 万，同时市值增长到 40 亿美元。

产品解说视频为什么能起到这么大的作用呢？首先，Dropbox 的功能并不复杂，仅仅需要 1~3min 的视频就能解释清楚；其次，产品解说视频是经过精心编排和制作的，因而能够在最短的时间内将大量的信息清晰而简洁地传递给用户。此外，产品解说视频是同步地通过视觉和听觉传递信息的，所以大脑接收的效率较高。在制作产品解说视频的时候，有一些事项需要注意：

1）不应做"网络爆红"式的视频。爆红的视频能在短时间吸引很多人关注，并且在微博等社交网络上被大量转发。但是，转发的人往往并不会关注所介绍的产品，而且视频能否爆红也难以预测。

2）介绍产品的内容要生动活泼。较为成功的产品解说视频的共同特点是形式不呆板、内容很简洁。这样的视频更能在短时间内激起用户的兴趣，并让用户快速掌握产品的性能。

3）视频时间最好不要超过 3min。过长的视频会让用户疲倦，也让他们无法捕捉到视频的关键；但视频也切忌过短，以免用户认为它是一个产品广告。

4）视频最后要指引用户的下一步行动。例如，如果希望用户了解产品或企业的详细情况，应注明咨询电话或邮箱地址。

5）要注重视频质量。质量较高的视频无疑对解说是有利的，而如果视频制作较为粗糙，会令用户对该企业的专业性产生怀疑。

3）着陆页。着陆页（Landing page）是点击 PPC（Pay Per Click，点击付费广告）或搜索结果链接时出现的网页。着陆页不只是指网站的首页，网站的其他页面也有可能成为搜索引擎上的链接。着陆页的目的往往是获得用户的联络信息来完成营销。从这个层面上讲，着陆页是一种营销手段。可是，为了吸引用户来填写联络信息，着陆页上需要对产品的功能做出最简洁而又最吸引人的介绍。所以，着陆页也与产品展示有着紧密联系。

在着陆页的制作技巧当中，很重要的一条是推广"好处"而非推广"性能"。例如，在云存储服务的着陆页上，如果在页面上写"××云有高达 2048GB 的存储空间"，那么这就是推广"性能"；如果在页面上写"××云可存储约 500 部高清电影"，那么这就是推广"好处"。这能让那些对技术不熟悉的用户非常直观地了解该产品能够做到什么，所以这种理念对产品展示有着非常正面的作用。制作着陆页需要注意如下几点：

1）网页设计要简洁。在产品展示中，强调最多的一个词就是"简洁"，过于复杂的网页内容会让用户失去耐心。

2）正确及合适的展示内容。着陆页绝对不等同于广告，所以着陆页的任务更多的是展示产品，而不需要较多的营销内容。

3）逐步攻破用户的心理防线。着陆页的最终目的是吸引用户提供他们的个人信息，以便日后使用，所以需要使用一定的技巧，才能让用户心甘情愿地提交手机号码和邮箱地址等个人信息。

4）明显的注册表单，且注册内容简单。繁杂的注册表单会让用户不耐烦，所以很多着陆页的注册内容只有用户名和邮箱地址或手机号码。

（2）概念体验

概念体验是指对产品或服务的概念进行体验的过程，是没有实物的。产品展示方式中的产品演示、产品解说视频等都是让用户对产品概念进行体验的方式。很多概念体验都是在产品开发过程中进行的，也就是让用户在没有产品实物的前提下就对产品或服务的情况有深入的了解。这种概念体验对用户体验分析非常有帮助，因为可以通过体验反馈来进行产品修改。概念体验需要特别注意以下几个方面：

1）用户需求。通过概念体验，观察用户对产品的哪些功能较满意，以及需要增加哪些功能。

2）产品使用的便捷性。一些产品展示方式，例如产品解说视频，会直接向用户介绍产品的使用方法，因而能通过用户反馈得知他们认为该产品是否便于使用。

3）产品长期反馈分析。通过长期对用户反馈的观察，了解市场动向。

现在较多的概念体验是通过网站来实现的，而提高用户体验的方法也比较多，例如，提高网页的美观度和操作的便捷性，简明扼要的标题和产品描述，以及保证网站服务器的稳定等。

相对于实物体验而言，概念体验较为便捷，成本也比较低，而且在有些情况下不受地域和时间的限制。所以，概念体验很适合为企业的研究型分析提供支撑数据。研究型分析是指企业对用户体验所做的总体研究，对用户群特征、用户心理和用户对产品功能的喜爱程度等内容进行系统性分析，最终为实物体验和产品开发提供用户方面的数据。

（3）实物体验

与概念体验不同，实物体验是指用户对产品或服务的模型、产品原型或成品等实物进行使用体验的过程。产品设计的表现如果仅仅用视觉和听觉的方式让用户进行体验，有时无法满足用户对产品的了解需求，因而实物体验能够使产品与用户进行直接的沟通，并让企业人员直接了解到用户的情感和心理。实物体验可以在产品开发过程中进行，也可以在产品投向市场的时候进行。实物体验较多地受到时间和地域的限制，它具有如下特征：

1）情境性。体验效果与体验情境有关，当情境有利时，体验效果也会提升。
2）差异化。对于同一个产品，体验效果因人而异。
3）辅助性。体验效果的好坏，可能受辅助手段的影响。

实物体验的基础就是从用户的生活感受和生活情境中找到出发点，让用户从自身感受中找到共鸣并认可所体验的产品，通过亲自参与体验过程，产生一些印象深刻的回忆。实物体验的最高境界便是让用户觉得拥有这款商品能够让自己的生活更有意义。所以，实物体验要挖掘用户的心理需求和生活形态，并据此对体验过程加以设计和完善，最终让用户认为该产品能够满足其生活或工作中的需求。此外，如果实物体验所表达的概念是用户不曾接触过的，但经过体验后用户改变了自身看法或行为模式，那么这种体验便引领了一种新的生活方式。因此，实物体验能够打破传统需求的模式，创造新的需求，使整个产品研发达到一个全新的层次。

思考练习题

1. 从创意到产品设计的过程中，都需要关注客户的体验，你的创意想法的客户群体是什么样的呢？
2. 为你的创意设计一个最小可行性产品。
3. 选择一种方式对你的产品进行展示。

5.2.3　新产品市场开发策略

为了更好地制定营销策略，我们需要掌握顾客的购买历程以及市场分析的手法。以下几种方法都是初创企业常用的几种工具，同时也是哈佛大学 MBA 课程中新创企业创始人必修的内容。

1. AIDMA 法则

AIDMA 法则是美国的 Samuel Roland Hall 在 20 世纪 20 年代提出的购买行为历程，即从认知/注意（Attention）到兴趣/关心（Interest），然后演变成购买欲望（Desire），产生记忆（Memory），这时才会引发购买行为（Action）。AIDMA 法则对创新营销策略很有帮助。比方说收入状况不佳时，可以利用这个法则确定原因，探究原因出现在"AIDMA"的哪一个阶段，不同的阶段会有不同的处理方法。如果商品未被消费者认识，那就说明消费者还处于认知阶段；如果商品无法引起目标客户群体的兴趣、关心，

那么他们就是在兴趣阶段；如果是购买动机不明确，那就是在产生记忆阶段，要是不清楚在哪里有销售的话，那就是在购买行为阶段。一个阶段一个阶段地分析，可以有效地查明"原因"。

2. STP 分析与市场调查

STP 分析是由美国市场学家温德尔·史密斯提出来的，即市场细分（Segmenting）、选择目标市场（Targeting）和产品定位（Positioning）。STP 法则是整个营销建设的基础，STP 法则对各自的市场进行了细分，并选择了自己的目标市场，传达出各自不同的定位。通常，一般化、模糊的商品概念无法引起使用者的购买意愿，所以必须将市场区隔开，选定最具吸引力的市场，有效地针对目标市场进行分析。市场区分可以依据国家、地区、城市、人口、气候、文化、宗教的地理变数，年龄、性别、职业、收入、学习、家庭结构等人口动态数据，生活方式、心理特征、价值观等心理变化数据，购买情况、购买历程、使用频率、购买的好处、购买态度等行为变化数据来区分。此外，计量的可能性、可接近性、实质性、营利性、竞合性、有效性等，都是评估各个部分的重要标准。

选择目标市场后，便可以确定公司的定位，也就是产品定位。分析完成后，若是在商品、服务的开发阶段，就要进行市场调查，掌握市场现状；若是在商品、服务销售后的评价阶段，市场调查的重点则是广告效果的测定，购买者的满意度，对不满意点的掌握，经销商的意见调查，以及品牌形象、品牌定位及忠诚度的掌握。

3. 营销 4P 策略

4P 营销理论被归结为四个基本策略的组合，即产品（Product）、价格（Price）、渠道（Place）、宣传（Promotion），由于这四个词的英文首字母都是 P，再加上策略（Strategy），所以简称为"4P's"，这四个元素的重要程度因产品而异，有些产品以低价格吸引消费者，有些以高功能吸引消费者。

产品方面，大致分为重技术的种子型和重需求的需求型两类。种子型即以技术上的创意为重的产品开发，从研究开发的成果和创意，想到能利用它们开发出什么样的产品。需求型是根据顾客的需求，开发满足顾客需求的产品。当然，也一定要具备能够开发产品的技术，过去以研究——开发，应用——产品化、销售这种被归类为种子型的先行产品开发居多，但是目前，观察市场，从需求中发掘产品的需求型，开始越来越受重视。

价格会因为市场竞争对手的多寡，是否可能成为独占市场或双占、寡占市场而大不相同，而且还要考虑制造成本等种种因素才能决定。

渠道方面的重点是如何建立分销通路。分销通路如果未建立，会错失销售机会，因此有必要选定销售区域。

促销方面常分为两个部分，有销售方通过推销等方式主动吸引消费者，激起后者购买意愿的推式策略，和利用广告等引起消费者购买意愿的拉引式策略。

4. 免费理论——4 个 "Free"

免费理论——4 个"Free"，让大多数人认识到长尾理论的克里斯·安德森将"Free"大致分成四种类型。①"买一件，第二件免费"这种直接交叉补贴；②以媒体行业为代表的三方市场，即由广告主等第三者付费让消费者免费获得内容；③基本版免费，即靠付费的升级版使事业经营下去的分级收费；④以社群网络为代表，靠点评和关注这类金钱之外的诱因维持的非货币经济。在流量变现的时代，数据技术的进步使得数据成本逐渐趋近于零，我们有必要建立能预见未来科技发展的新收费制度。

5.2.4 知识产权保护

引导案例

企业的 IP，资本的追逐，谁在共享充电宝市场？[一]

2017 年是共享经济大爆发的一年，除了在全国范围内飞速发展的共享单车，还出现了共享汽车、共享雨伞、共享充电宝等新型业态，随之而来的不仅有产品创新，还有创意"模仿"。2016 年上半年，来电科技发现深圳市云充吧科技公司涉嫌侵犯其多项专利并将其告上深圳中级人民法院，经法院审理于 2016 年 10 月 12 日获得一审胜诉，这是知识产权保护的一项成功案例。

该案件涉及包括"一种吸纳式充电装置""一种移动电源租借终端""一种移动电源"三种专利侵权（如图 5-8 所示），其背后暴露出的是现有企业一味追求扩张带来的行业隐患，无论哪种行业，如果只盲目追求发展而不遵守商业规则，其付出的代价一定是惨痛的。

图 5-8 侵犯实用新型"一种移动电源租借终端"专利

[一] http://www.sohu.com/a/136083955_195414 [2017-4-27]

"云充吧侵权是事实，我们能够获得一审胜诉，就有信心获得最终的胜诉！在云充吧侵权案件中，来电科技能够赢得一审胜诉，说明国家对于知识产权的保护意识越来越强。面对同样的两起侵权案件，我有信心法律会给我一个公平公正的判决。"来电科技CEO袁炳松在采访中说道，由此也可以看出掌握核心专利技术对公司未来发展极其重要。

思考练习题

为你的产品指定一份营销策略。

1. 知识产权的定义

知识产权，顾名思义，是人们对自己知识创造成果享有的一系列权利，知识创造成果包括发明创造、包装设计、文学艺术作品或者商标、logo的设计，等等，体现了人们对于知识这种无形财产所创造出的价值的所有权。知识产权的标准概念为：知识产权（Intellectual Property）是指人们就其智力劳动成果所依法享有的专有权利，通常是国家赋予创造者对其智力成果在一定时期内享有的专有权或独占权（Exclusive Right）。

如果从词语拆解的角度对知识产权进行理解，可以分为两个名词，一为知识，二为产权。知识是人类通过学习、归纳、总结所获得的对物质与精神世界的认知，产权在法律层面上为财产所有权，整合出的含义即为"通过智力活动创造的内容所获得的财产"，人们对这部分财产享有支配权。

2. 知识产权的分类

知识产权从广义层面进行划分可以分为著作权与工业产权。著作权偏重于文学创作，又可称为版权和文学产权，泛指在文学、艺术、科学领域内的独创性智力成果，受保护的主体包括著作、绘画、摄影、美术、建筑、软件等；工业产权偏重于商业创作，又可称为专利权与商标权，泛指在商品生产和流通中产生的独创性智力成果，受保护的主体包括发明、实用新型、外观设计、商标等。

知识产权从狭义层面进行划分可以分为版权、专利、商标、产品外观设计与地理标志。版权是人们因为文学和艺术品的创作而享有的权利，涉及音乐、绘画、著作、计算机程序等；专利是对发明创造授予的专有权利，包括发明专利与实用新型专利；商标是能够区分不同企业的商品与服务的标志，属于受保护的知识产权；产品外观设计是指产品的装饰性与美学特征，体现产品的独特性；地理标志是一种用于具有特定地理来源的商品的标志，农产品是此类商品的典型，其产生主要归因于产地的特殊地理因素。

3. 知识产权保护措施

随着通信网络水平的不断提高，传统产业链的地理约束被打破，产品的生产贸易活动逐渐扩大到全球范围，全球价值链分工模式逐渐形成○。信息和技术可以顺着全球价值链进行传递，各个国家有更好的平台与机会利用全球资源达成合作，特别是发达国家可以实现对发展中国家廉价的劳动力和丰富的资源的充分利用，但飞速发展的通信水平也在一定程度上让先进的技术受到模仿，为了鼓励产品研发和技术创新，知识产权保护显得尤为重要。

为增进人们对于知识产权的认识与理解，WIPO 的成员国在 2000 年将 4 月 26 日——1970 年《WIPO 公约》生效的日子定为世界知识产权日。每一年的世界产权日会拟定特定的主题，让世界各地的人们都有机会认识到知识产权为我们的日常生活、艺术领域做出的贡献，让人们发散思维驱动技术创新，用创新的角度改变世界。

我国的知识产权保护法律法规创建于 20 世纪 80 年代，经过快速的发展，已形成国内、国际两个层面的较完备的法律保护体系，是具有中国特色的社会主义法律体系的重要组成部分，对于知识产权保护，鼓励发明创新具有重大意义。从国际层面来看，我国于 1980 年 6 月 3 日成为"世界知识产权组织"的第 90 个成员国，并立足于国内与国际产权保护并行发展，通过一系列协议法规的签订，一步步融入国际知识产权保护体系；从国内层面来看，我国立足于建立符合我国特色的知识产权保护法律，在保护知识产权人应有的权利基础之上，完善我国的法律制度。随着时代的变迁，网络技术飞速发展，《网络商品交易及有关服务行为管理暂行办法》实施，意味着网络经营也更加规范，网上交易有法可依。

4. 知识产权的应用

我国知识产权法律制度发展迅速，体系趋于完善，知识产权真正的价值体现在知识产权的应用方面，只有在应用过程中才能体现竞争优势或者获得社会收益。知识产权的应用体现在应用主体上，主体为知识产权人和社会大众，所对应的应用方式为本人应用和他人应用。知识产权人通过对知识产权具有支配权来实现本人应用，包括对知识产权的积极实施与消极间接实施、知识产权转让、授权使用、禁止他人侵权使用等，社会大众则是在法律规定范围内实现对知识产权的他人应用，包括知识产权的合理使用、获得法定许可、转让、出资、信托拍卖等。

○ 李沛珊. 知识产权保护与全球价值链分工地位变动——基于跨国行业面板数据的分析 [D]. 杭州：浙江大学，2017.

在应用过程中避免滥用知识产权,即禁止在知识产权法律规定范围外,非法限制竞争或排除竞争的行为,包括违反知识产权法的滥用行为与限制竞争的垄断行为。表现形式有拒绝许可、掠夺性定价、过高定价、限制适用范围与顾客范围,这种为达到个人利益最大化所采取的各种不恰当行为,对于我国知识产权法律甚至国家发展都是非常不利的。

思考练习题

1. 你的产品在申请知识产权保护的过程中可能会遇到哪些问题?
2. 新产品开发过程中,你觉得哪个部分最重要?

扩展学习

码5-1 创新方法与大学生创业

参 考 文 献

[1] 罗玲玲. 创造力的理论与科技创造力 [M]. 沈阳：东北大学出版社，1998.

[2] 傅世侠，罗玲玲. 科学创造方法论 [M]. 北京：中国经济出版社，2000.

[3] 吉尔福特. 创造性才能——它的性质、用途与培养 [M]. 施良方，沈剑平，唐晓杰，译. 北京：人民教育出版社，1991.

[4] 博诺. 横向思维——一步一步创造 [M]. 金佩琳，等译. 北京：东方出版社，1991.

[5] 赵惠田，谢燮正. 发明创造学教程 [M]. 沈阳：东北工学院出版社，1987.

[6] 罗玲玲. 创意思维训练 [M]. 北京：首都经济贸易大学出版社，2008.

[7] 孙洪义. 创新创业基础 [M]. 北京：机械工业出版社，2016.

[8] 冯林. 大学生创新基础 [M]. 北京：高等教育出版社，2017.

[9] 辽宁省普通高等学校创新创业教育指导委员会. 创造性思维与创新方法 [M]. 北京：高等教育出版社，2013.

[10] 贝弗里奇. 科学研究的艺术 [M]. 陈捷，译. 北京：科学出版社，1979.

[11] 麦金. 怎样提高发明创造能力——视觉思维训练 [M]. 王玉秋，吴明泰，于静涛，译. 大连：大连理工大学出版社，1991.

[12] 戈登. 综摄法——创造才能的开发 [M]. 林康义，等译. 北京：北京现代管理学院（内部资料）.

[13] 阿尔伯特. 天才和杰出成就 [M]. 方展画，译. 杭州：浙江人民出版社，1988.

[14] 江丕权，李越，戴国强. 解决问题的策略和技能 [M]. 北京：科学普及出版社，1992.

[15] 劳森. 设计师如何思考 [M]. 惠晓文，罗玲玲，译. 北京：北京现代管理学院（内部资料），1985.

[16] 阿恩海姆. 视觉思维 [M]. 滕守尧，译. 成都：四川人民出版社，1998.

[17] 阿恩海姆. 艺术与视知觉 [M]. 滕守尧，朱疆源，译. 北京：中国社会科学出版社，1984.

[18] 张钦楠. 建筑设计方法学 [M]. 西安：陕西科学技术出版社，1995.

[19] 彭一刚. 创意与表现 [M]. 哈尔滨：黑龙江科学技术出版社，1994.

[20] 罗. 设计思考 [M]. 张宇，译. 天津：天津大学出版社，2008.

[21] Stephen Kirk, Kent Spreckelmeyer. Creative Design Decision [M]. New York：Van Nostrand Reinhold Company Inc.，1988.

[22] 钦. 建筑、形式、空间和秩序 [M]. 邹德侬，方千里，译. 北京：中国建筑工业出版社，1987.

[23] 拉索. 图解思考——建筑表现技法 [M]. 邱贤丰，刘宇光，郭建青，译. 北京：中国建筑工业出版社，1998.

[24] 王健. 创新启示录：超越性思维 [M]. 上海：复旦大学出版社，2005.

[25] 陈昌曙. 自然辩证法概论新编［M］. 沈阳：东北大学出版社，2001.

[26] 贝里维尔，格里芬，塞莫尔梅尔. PDMA新产品开发工具手册2［M］. 赵道致，译. 北京：电子工业出版社，2011.

[27] 陈凡. 自然辩证法概论［M］. 北京：人民教育出版社，2010.

[28] 罗玲玲. 建筑设计创造能力开发教程［M］. 北京：中国建筑工业出版社，2003.

[29] 韦特海默. 创造性思维［M］. 林宗基，译. 北京：教育科学出版社，1987.

[30] 高桥诚. 创造技法手册［M］. 蔡林海，译. 上海：上海科学普及出版社，1989.

[31] 张伶伶. 建筑创作思维的过程与表达［M］. 北京：中国建筑工业出版社，2001.

[32] 约狄克. 建筑设计方法论［M］. 武汉：华中工学院出版社，1983.

[33] 科特勒. 市场营销管理：分析、计划、执行和控制［M］. 9版. 北京：清华大学出版社，1997.

[34] Don Koberg, Jim Bagnall. The Universal Traveler：A Soft Systems Guide to Creativity, Problem-solving and the Process of Reaching Goals［M］. Los Altos：W. Kaufmann，1991.

[35] Eric Ries. Minimum Viable Product：A Guide［M/OL］.［2009－08－03］. http://www.startuplessonslearned.com/2009/08/minimum-viable-product-guide.html.

[36] 龚焱. 精益创业方法论：初创企业的成长模式［M］. 北京：机械工业出版社，2014.

[37] Andrei Klubnikin. 5 Great Examples of Minimum Viable Product in App Development［EB/OL］［2016－02－28］. http://www.business2community.com/mobile-apps/5-great-examples-minimum-viable-product-app-development-01464934#2DkQKmv2ojmyoGvl.97.

[38] Anonymity. "Fail fast" Advises Linkedin Founder and Tech Investor Reid Hoffman［N/OL］.［2011－01－11］. http://www.bbc.com/news/business-12151752.

[39] 克里斯坦森. 创新者的窘境［M］. 胡建桥，译. 2版. 北京：中信出版社，2014.

[40] Christopher Bank. 15 Ways to Test Your Minimum Viable Product［EB/OL］.［2014－11－12］. http://thenextweb.com/dd/2014/11/12/15-ways-test-minimum-viable-product/#gref.

[41] Amy H Blackwell. UXL Encyclopedia of Science［M］. U·X·L，2015.

[42] Margaret L Loper. Modeling and Simulation in the Systems Engineering Life Cycle：Core Concepts and Accompanying Lectures［M］. Berlin：Springer，2015.

[43] Javed Nehal. Advantages-Disadvantage of Prototyping Process［EB/OL］［2009－11－24］. http://www.iotap com/blog/entryid/124/advantages-disadvantage-of prototyping-process-model.

[44] Carmine Gallo. The Three Basic Secrets of All Successful Presentations［EB/OL］.［2013－02－22］. http://www.forbes.com/sites/carminegallo/2013/02/22/the-three-basic-secrets-of-all-successful-presentations/#5f75fc102138.

[45] 高杰. "绝对"的成功——瑞典"绝对"牌伏特加开拓美国市场案例［J］. 企业改革与管理，2001（2）：15－17.

[46] 陈睿. "绝对"伏特加，绝对创意营销［J］. 广告大观（综合版），2007（2）：63－65.

[47] 广导. "无极"创意营销——工体3号"亚洲首块实物样板间"大型户外广告牌创意秘技［J］. 大市场（广告导报），2005（12）：136.

［48］杨文琴．"新十景"创意营销掘金省会市场［J］．中国邮政，2007（3）：24-25．

［49］李楠．I'M 大旗 创意营销［J］．软件世界，2007（6）：20．

［50］徐立洋．MSN 的中国"道"［J］．中国计算机用户，2007（8）：23-24．

［51］何亦名，姜荣萍．QICQ 的商业模式探析［J］．江苏商论，2007（1）：50-51．

［52］李向民，王萌，王晨．创意型企业产品特征及其生产决策研究［J］．中国工业经济，2005（7）：112-118．

［53］吴建荣．发展中国文化创意产业之我见［J］．财经界，2006（8）：114-116．

［54］于萍．产品的市场概念及其嬗变［J］．东北财经大学学报，2002（4）：72-74．

［55］张冠尧．从"中国制造"迈向"中国创造"——开发我国创意产品活力的思考［J］．财经界，2006（9）：261-262．

［56］蒲欣，朱恒源，李广海．中国与欧美发达国家企业产品创新的比较研究［J］．科研管理，2007（6）：66-75．

［57］潘石屹．创意是生命的"意义"［J］．中国市场，2007（3）：44-45．

［58］初蕾．当创意邂逅网络［J］．上海信息化，2007（3）：35-37．

［59］陈征．借势体育 创意营销［J］．国际公关，2007（3）：86-87．

［60］李敏．逆向思维在经营中的典型个案分析［J］．重庆工学院学报，2004（2）：66-67．

［61］杜杜，颜俊龙．葡萄酒的创意营销——访 ENOTERRA 公司董事总经理皮埃尔·莫尼埃［J］．中外食品（酒尚），2007（4）：74-76．

［62］金元浦．世界步入创意时代［J］．瞭望新闻周刊，2005（1）：25-27．

［63］郭振海．世界各地创意营销大回放［J］．管理与财富，2003（2）：36-38．

［64］赵文宏．世界各地的创意营销［J］．广东电脑与电讯，2002（9）：78-79．

［65］贾立图．透视时尚的创意营销［J］．管理与财富，2006（1）：40-41．

［66］姚东旭．文化创意产业的界定及其意义［J］．商业时代，2007（8）：95-96．

［67］刘奕，马胜杰．我国创意产业集群发展的现状与政策［J］．学习与探索，2007（3）：136-138．

［68］阳林．新需求时代的营销思考［J］．商业研究，2002（4）：83-84．

［69］白晓艾．用博客做营销［J］．城乡致富，2007（9）：52-53．

［70］斯利维尔斯特恩，迪卡罗．创新商品化与六西格玛［J］．中国质量，2006（11）：12-14．

［71］广洛．创意的产品有卖点［J］．中国城市金融，2006（10）：55．

［72］赵丽颖．创意的个性化与产品的标准化——论创意产品的营销策略［J］．现代传播，2005（1）：134-136．

［73］Ivy．创意的精彩——2007 经典创意产品回顾［J］．缤纷家居，2007（12）：138-139．

［74］王红亮，李国平．从创意到商品：运作流程与创意产业成长——基于"一意多用"视角［J］．中国工业经济，2007（8）：58-65．

［75］杨海霞，郑晓红．国外创意产业发展情况及其启示［J］．经济师，2006（10）：53-54．

［76］陈亚鸥，杨再高，陈来卿．加快广州创意产业发展的思路与对策研究［J］．特区经济，2008（1）：37-39．

[77] 王志欣. 创意无极限 [J]. 软件世界, 2006 (20): 14.

[78] 张华. 创意营销 [J]. 现代制造, 2007 (8): 5.

[79] 杨玉田. 创意营销赢市场 [J]. 乡镇企业科技, 2000 (5): 29.

[80] Jeffrey dyer, Hal Gregersen, Clayton Christensen. The Innovator's DNA [M]. Boston: Harvard Business Review Press, 2011.

[81] Andrew Hargadon. How Breakthroughs Happen: The Surprising Truth about How Companies Innovate [M]. Boston: Harvard Business School Press, 2003.

[82] Jeanne Liedtka, Tim Ogilvie. Designing for Growth [M]. New York: Columbia University Press, 2011.